SDGs達成に向けた
ネクサスアプローチ

― 地球環境問題の解決のために ―

谷口真人 編

SDGs
Nexus
Approach

共立出版

The United Nations Sustainable Development Goals web site：
https://www.un.org/sustainabledevelopment/

"The content of this publication has not been approved by the United Nations and does not reflect the views of the United Nations or its officials or Member States"

まえがき

すでに地球は，急速に増大した人間活動による負荷が様々な形でその許容限界を超え，地球環境問題が人類の日常生活に脅威を与える人新世（人類世）と呼ばれる時代にある．地球温暖化問題だけを他から切り離し，温室効果ガスの削減だけを優先すれば，人類生存の基礎である水・エネルギー・食料供給に不全をきたすなど，別の問題を各地域で新たに引き起こしてしまう．2015年に合意され2030年を目標年とする国際連合の「持続可能な開発目標（SDGs, Sustainable Development Goals）」では，「誰一人取り残さない（Leave No One Behind）」との理念のもと，持続可能な社会の構築に向けた様々な取り組みが始まっている．しかし各地域の自治体や企業では，SDGsの目標に向けてどのように取り組めばよいのか模索状態が続いている．また17の目標（カバー前ソデ）と169のターゲットが，お互いに強く関連しているにもかかわらず，個別バラバラに取り組みが行われているのが現状である．2050年の温室効果ガス排出量実質ゼロ目標を達成するうえで，水問題や食料問題，生態系を維持する土地利用を犠牲にすることなくその達成は可能か？　また，地球上の将来人口100億人を満たす食料生産を進めるうえで，窒素の過剰負荷や水・エネルギー・土地不足を招くことはないのか？　生態系を維持する保護区を含めた土地利用の将来シナリオで，温室効果ガス排出量実質ゼロを達成しつつ，他の資源の供給と保全が可能なのか？　これらの問いは，お互いが連関している「複合的地球環境問題」であり，その同時解決が求められている．

　本書では，SDGsの主な3つの柱である環境・経済・社会をつなげる新しい概念として，複合的地球環境問題の解決に向けて進められている「ネクサス」研究を取り上げ，数多くの実例を紹介する．ネクサスは，相関関係・因果関係・相互作用関係などのこれまでの関係性概念にはなかった，直接的な連関と間接的な連関をつなげ，トレードオフ関係（二律背反）やシナジー関係（相乗効果）などの質的関係性を取り入れた，様々な課題同士，地球と地域，現在と未来のマルチ時空間スケールをつなげる，新しい地球環境連関概念である．水・エネルギー・食料・土地・労働などの資源間には，一方を追求すれば他方を犠牲にせざるを得ないというトレードオフや，一方を利用する際に他方も便

益を得るシナジーなどの連関関係があることがわかっている．また地球と地域との間にも，食料のグローバル貿易による温室効果ガス排出量の全球への影響と，食料生産に伴う地域の水資源減少との関係などが見られる．

またネクサスは，持続可能な自然と社会の構造を理解し，SDGs の各要素同士のつながりを明らかにする「地球環境連関概念」でもある．自然・社会・経済を構成する多様な地域からなる地球においては，46 億年間の地球史上で最も古くから地球上を持続的に循環している物質は大気と水である．この水と大気の循環に伴う物質循環は，物理的多様性と化学的多様性として自然界に現れ，これらが生命史の結果としての生物多様性につながっている．またこの大気・水・陸や海の生態系は，持続可能な開発目標（SDGs）の中の最も基礎となる生存基盤でもある．このような多様な自然環境の基盤の上にある地域社会においては，その構造のもとに多様な経済・政治・生活様式が現れ，これらが歴史の結果としての地域文化の多様性につながっている．

一方，比較的温暖な気候の完新世において拡大した農耕文明後，化石燃料に依存した産業革命を経て，社会では工業化と都市化が進行した．また，緑の革命による食料生産の拡大により，人口の爆発と，過剰肥料による窒素問題や，食料生産による水資源の枯渇などを招き，現在の人新世に至っている．自然と社会および経済の各要素は，構造的に強く連関しているため，これまでの文明的な資源利用による地球環境への影響の伝搬は，加速度的に早まっている．

本書では，人類の生存を脅かす地球温暖化，生物多様性喪失，水資源枯渇，窒素過剰負荷などの地球環境問題の根源に通底する，人と自然の相互作用環・連鎖網を，マルチスケールで広がる「地球環境 SDGs ネクサス」として捉える．そして，その構造とつながりを数多くの事例を用いて示し，持続可能な社会の構築に向けて，新しい地域間連携につながる基礎となる考えを示す．

本書では，まず第 1 章において，地球環境問題の解決と SDGs 達成に向けた新しいアプローチであるネクサス概念を説明する．続いて第 2 章から第 5 章では，工業化や都市化に伴う様々な資源と社会との関係性について概説する．さらに第 6 章から 9 章においては，SDGs と地球温暖化，生物多様性，水資源，窒素との関係について説明する．そして第 10 章から第 12 章では，科学と政策，情報，持続可能な地域と地球の観点から．SDGs 達成に向けたネクサスアプローチを取り上げる．

　なお本書は,「文部科学省 大学の力を結集した,地域の脱炭素化加速のための基盤研究開発 JPJ009777」により実施された成果の一部である. この出版をお引き受けいただいた共立出版の天田友理氏,編集作業のお手伝いをいただいた三浦友子氏に,心よりお礼を申し上げる.

2023 年 1 月

谷口真人

目　次

第1章　地球環境問題の新しい関係性概念　　　　　　　谷口真人　1

1.1　人新世を迎えた地球　1
　　1.1.1　産業革命・工業化と地球環境　2
　　1.1.2　緑の革命と地球環境　3
　　1.1.3　都市化と地球環境　5
　　1.1.4　人新世における地球環境　8
1.2　地球環境の関係性概念　8
　　1.2.1　相関関係と因果関係　8
　　1.2.2　相互作用とテレコネクション　9
　　1.2.3　システム・ダイナミクス　11
1.3　ネクサス概念　11
　　1.3.1　テレカップリング　12
　　1.3.2　ヴァーチャル・コネクション　13
　　1.3.3　フットプリント　17
　　1.3.4　トレードオフとシナジー　20
参考文献　21

第2章　資源ネクサス：水・エネルギーを中心に　　　　増原直樹　24

2.1　資源に関連する統計と利用上の問題点　25
　　2.1.1　水に関する統計　25
　　2.1.2　エネルギーに関する統計　27
　　2.1.3　労働力に関する統計　29
2.2　工業化と資源ネクサス　30
　　2.2.1　工業化と水使用　30

2.2.2　工業化とエネルギー消費　32

2.2.3　工業化（都市化）と労働力　34

2.3　都市化と資源ネクサス　35

2.3.1　都市化と水使用　35

2.3.2　都市化とエネルギー消費　37

2.4　地域の資源ネクサスと公共政策　38

2.4.1　水・エネルギーの相互連関　38

2.4.2　工業化，都市化と水・エネルギーの推移　41

参考文献　43

第3章　都市緑化と健康ネクサス　大畠和真・原口正彦　44

3.1　都市における環境問題と健康問題のつながり　44

3.1.1　都市化社会と都市型社会　45

3.1.2　都市が抱える環境問題　45

3.1.3　都市の環境問題が引き起こす健康問題　47

3.2　都市緑化の効果とその取り組み　48

3.2.1　都市緑化の効果とその多様性　48

3.2.2　都市緑化の取り組み　49

3.3　都市緑化と健康への直接的影響と間接的影響　50

3.3.1　緑化と大気汚染の関係　50

3.3.2　緑化と騒音被害の関係　52

3.3.3　都市緑化と健康への間接的影響　53

3.4　事例研究：熱中症と都市緑化の関係について　54

3.4.1　熱中症とは　54

3.4.2　WBGT の効果と問題点，および改善方法　55

3.4.3　UHI・地球温暖化と緑化と熱中症の関係　57

3.4.4　緑化と身体活動の関係　60

3.4.5　シナジーとトレードオフ　62

参考文献　63

第4章　SDGs ネクサス　　　　　　　　　　松井孝典　66

4.1　持続可能な開発目標（SDGs）　66

4.2　知識駆動とデータ駆動の両輪で SDGs ネクサスを解明する　　68

4.3　日本の SDGs ネクサス：ローカル SDGs の視点から　　71

4.4　SDGs を中心に，人々と物語とを紡ぐ　75

4.5　SDGs の先に　79

参考文献　81

第5章　ストック型社会と都市の持続可能性　　谷川寛樹・山下奈穂　85

5.1　人間活動を支える物質ストック　86

　　5.1.1　20 世紀における物質ストックの増大　86

　　5.1.2　我が国の物質フローと物質ストックの現状　88

　　5.1.3　日本における物質ストックの時空間分布　90

5.2　資源生産性の向上に資する物質ストック指標の提案　91

　　5.2.1　物質フロー指標と政策目標　92

　　5.2.2　物質フロー指標を補助する物質ストック指標　93

　　5.2.3　ストック型社会の形成に向けた循環指標のあり方　97

5.3　ストック型社会の形成に向けて　97

参考文献　99

第6章　脱炭素化の地球環境 SDGs ネクサス　　豊田知世　100

6.1　気候変動と脱炭素への動き　100

　　6.1.1　温室効果ガスの増加　100

　　6.1.2　地球温暖化による影響　102

　　6.1.3　二酸化炭素排出源と炭素循環　103

　　6.1.4　ゼロカーボンに向けた動き　105

6.2　農山村の脱炭素化　106

　　6.2.1　農山村からの炭素排出　106

　　6.2.2　地産地消のエネルギー　108

　　6.2.3　脱炭素への取り組み事例　111

　6.3　脱炭素のための都市と農山村の連携　119

　参考文献　121

第7章　生物多様性の地球環境 SDGs ネクサス　　　森　章　122

　7.1　保全と利用のバランス　122

　7.2　持続可能性シナリオ　125

　7.3　生物多様性，自然資本と生態系サービス　126

　　7.3.1　生物多様性　126

　　7.3.2　自然資本と生態系サービス　127

　　7.3.3　生物多様性が支える生態系サービス　131

　　7.3.4　生物多様性の役割の背景にある理由　133

　7.4　生物多様性への脅威：ネクサスの観点から　134

　　7.4.1　土地と海の利用変化　136

　　7.4.2　気候変動　137

　　7.4.3　乱獲　138

　7.5　生物多様性消失と気候変動：トレードオフとシナジー　140

　　7.5.1　双子の環境課題　140

　　7.5.2　自然に根差した解決策　141

　　7.5.3　食料システム　143

　参考文献　146

第8章　グローバル水資源の地球環境 SDGs ネクサス
：ヴァーチャルウォーター(VW)に着目して　　鼎　信次郎　148

　8.1　ヴァーチャルウォーター　148

　　8.1.1　VW の登場　148

　　8.1.2　水という資源　149

　8.2　日本の VW 輸入量　150

8.2.1　VW 輸入量の概観　150

8.2.2　VW 輸入とは　151

8.2.3　国内の水資源利用量と VW の比較　152

8.3　VW を理解するための追加説明　153

8.3.1　水と土地　153

8.3.2　ヴァーチャル＝仮想？　154

8.4　グローバルな VW 貿易量　155

8.5　ヴァーチャルウォーターとリアルウォーターのネクサス　158

8.5.1　両極端な考え方の例示　158

8.5.2　トレードオフ　159

8.5.3　水・エネルギー・食料ネクサスと VW　161

8.6　SDGs6 と VW　162

参考文献　163

第9章　持続可能な窒素利用と地球環境 SDGs ネクサス　林　健太郎　164

9.1　地球システムにおける窒素　164

9.1.1　全球スケールの窒素循環　164

9.1.2　局地スケールの窒素循環　167

9.1.3　窒素循環を駆動する微生物代謝　169

9.1.4　窒素循環と他の物質循環の関わり　171

9.2　人類と窒素　172

9.2.1　なぜ窒素を必要とするのか　172

9.2.2　人工的固定技術確立前の窒素の獲得　173

9.2.3　人工的窒素固定技術　173

9.2.4　ハーバー・ボッシュ法後の人類の窒素利用　174

9.3　窒素問題　176

9.3.1　問題のあらまし　176

9.3.2　世界の取り組み　178

9.3.3　日本の取り組み　179

9.4　窒素問題の多様なネクサス　180

9.5　持続可能な窒素利用に向けて　183

参考文献　184

第 10 章　科学と政策の対話による参加型シナリオ構築手法
：ネクサス思考の向上に向けて　　　　　　馬場健司　186

10.1　参加型シナリオ構築手法の概要　186

10.2　参加型シナリオ構築手法の適用事例　187

　　10.2.1　ネクサスを題材とした手法　187

　　10.2.2　SDGs を題材とした手法　192

10.3　手法の効果：ネクサス思考を中心として　196

10.4　今後における手法の適用可能性　200

参考文献　204

第 11 章　地球環境 SDGs ネクサス知識の情報デザイン　　熊澤輝一　206

11.1　SDGs ネクサス知識とは　206

11.2　ダイナミックにデザインされる SDGs ネクサス知識情報　208

　　11.2.1　SDGs ネクサス知識を捉える　208

　　11.2.2　可視化参照物として SDGs ネクサス知識を記述する　211

　　11.2.3　SDGs ネクサス知識の意味連関の可視化技法　213

11.3　SDGs ネクサスを可視化するということ：地球環境学ビジュアルキー
　　　ワードマップ（VKM）のデザインと開発から　215

　　11.3.1　開発の背景と目的　215

　　11.3.2　地球環境学 VKM の可視化機能　217

　　11.3.3　地球環境学 VKM のサイトストーリーと可視化の意味につい
　　　　　　て　220

11.4　知識を記述するということ：地球環境学 VKM のオントロジー開発か
　　　ら　223

　　11.4.1　オントロジーとは　223

　　11.4.2　地球環境学 VKM のオントロジー構築　226

11.5　SDGs ネクサス知識に触れやすくなるデザインへ　　228

　　参考文献　230

第 12 章　　地球環境 SDGs ネクサスによる地域間連携　　谷口真人　232

12.1　自然・社会・人のつながりに基づく地域の構造化　　232

　　12.1.1　地域の構造に基づく社会の類型化　　233

　　12.1.2　人々の行動・意識の類型化　　235

12.2　持続可能な社会に向けた地球-地域間連携　　237

　　12.2.1　平等・衡平・正義　　237

　　12.2.2　福井県小浜市の民家の井戸印が示す個と集団の関係　　238

　　12.2.3　ネクサスゲーム/decision theater　　239

　　12.2.4　内と外，および個と集団の関係性　　241

12.3　ネクサス研究の国際的展開　　242

12.4　持続可能な社会へのアプローチ　　246

　　12.4.1　人の生き方と地球環境をつなぐアプローチ　　246

　　12.4.2　地球-地域ネクサスアプローチ　　247

　　12.4.3　連環と共創アプローチ　　248

　　12.4.4　人と社会と自然の新たなあり方の提案　　249

　　参考文献　251

索引　　252

第1章
地球環境問題の新しい関係性概念

谷口真人

　産業革命以降の工業化，緑の革命，都市化が進行する現在の人新世において，持続可能な社会を脅かす地球温暖化や生物多様性の減少，水資源の枯渇などの複合的な地球環境問題を解決に導くには，自然と社会，および人を連関して考える，新しい関係性概念である「ネクサス（nexus）」の思考が重要である．ネクサス関係は，相関関係から因果関係，相互作用，テレコネクション，システム・ダイナミクスなどの物理的なつながりに加え，テレカップリングやヴァーチャル・コネクションなどの社会経済的なつながりを含み，フットプリントなどの環境的なつながりによる外部環境の内在化と，質的なつながりであるトレードオフ（二律背反）やシナジー（相乗効果）を含む概念である．この新しい関係性は，水とエネルギー，食料といった資源間（あるいは課題間）の関係性や，社会と経済，環境の間の関係性の議論が必要な，持続可能な社会のための地球環境問題の解決に必要である．本章では，上記のような，本書全体の基本事項を中心に解説する．

1.1　人新世を迎えた地球

　人間活動による地球環境変化が急激に増大した人新世において，太陽系の中の地球史としての氷期・間氷期の周期的な地球環境変動からの逸脱を警告したホットハウス・アース（hothouse earth）（図 1.1；Steffen et al., 2018）や，「地球の限界」を示したプラネタリー・バウンダリー（planetary boundaries）（図 1.2；Rockström et al., 2009）など，地球環境の限界と閾値を超える連鎖の危惧が差し迫っている．その中でも，さらなる開発と豊かさの希求を続ける現状において，どのように持続可能な社会を構築できるかが問われており，その先には「人はどのように生きるべきか」という根本的な問いがある．人新世における，持続可能な社会を脅かす地球温暖化や生物多様性の減少，水資源の枯

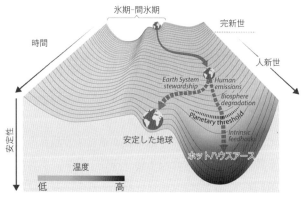

図 1.1　ホットハウス・アース（Steffen et al., 2018）
地球温暖化が進行し，気候変動が人間の手では回復不可能なレベルに至った状態．

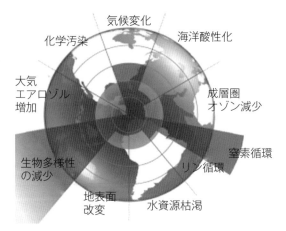

図 1.2　プラネタリー・バウンダリー
人類が生存できる安全な範囲の限界点．

渇などは，複合的な地球環境問題として連関している．そしてこれらは，知識
が不確実で，人々の異なる価値観が関わっており，利害関係が大きい「厄介な
問題（wicked problems）」として認識されている（Brown et al., 2010）.

1.1.1　産業革命・工業化と地球環境

　現在の地球温暖化は，産業革命後の人間活動による化石燃料の使用に伴う温
室効果ガスの排出が主な原因である．気候変動に関する政府間パネル第 6 次評

価報告書第 1 作業部会報告書（IPCC AR6, Intergovernmental Panel on Climate Change Assesment Report 6th, 2021）においても，「1750 年頃以降に観測された温室効果ガス（GHG）の濃度増加は，人間活動によって引き起こされ，人間の影響が大気，海洋及び陸域を温暖化させてきたことには疑う余地がない．大気，海洋，雪氷圏および生物圏において，広範囲かつ急速な変化が現れている」とされている．

　地球温暖化につながる産業革命とその後の工業化は，多量の化石燃料の使用による経済発展と社会の繁栄をもたらしたが，産業革命前は，モンスーンアジアにおける大きな人口扶養力により，アジアが実質 GDP（国内総生産）の最大地域であった（杉原，2021）．しかし輸送可能な化石燃料の使用による産業革命後の工業化により，経済の中心は欧米に移った．その後の，第二次世界大戦後の 1950 年頃を境にしたグレート・アクセラレーション（Glreat Acceleration, 大加速時代）は，急激な人間活動により，様々な社会の指標と環境の悪化が指数関数的に急激に拡大した時期にあたる．この時期にあたる人新世（Anthropocene，あるいは人類世）は，ノーベル化学賞受賞者のドイツ人化学者 Paul Crutzen によって考案された「人類の時代」という意味の新しい時代区分を指す．この人新世は，人類が地球の生態系や気候に大きな影響を及ぼすようになった時代であり，完新世の後の地質時代を表している．

　第二次世界大戦後のアジアでは，移動を可能にしたエネルギーとしての化石燃料と，水が豊かなモンスーンアジア沿岸地帯での多量の水の合体が，産業革命後の工業化の進行を加速させ，エネルギーと水とのシナジー効果として経済成長をもたらした（谷口，2021）．一方で，地域に発生した公害問題（大気汚染，水質汚濁，地盤沈下）は，40 億年にわたる地球史・生命史・人類史・歴史の中での共有資源としての大気・水の環境を急速に悪化させ，経済成長とのトレードオフとなった．そしてこの産業革命により，数億年をかけて生成された化石燃料を短期間で大量消費することに伴うグローバルな地球温暖化が進行した．同時に，地域に発生する様々な問題（水質汚染・地盤沈下などを含む）がユニバーサルな環境問題として，地球環境問題と認識されるに至った．

1.1.2　緑の革命と地球環境

　ハーバー・ボッシュ法（Haber-Bosch process）の発明によるアンモニアの

人工生成は，化学肥料の大量生産を可能とし，人口の増加に伴う食料不足を補うことに貢献した（9 章）．これがいわゆる緑の革命（Green Revolution）である．特にアジアでは，国際稲研究所（IRRI）が開発した熱帯向けの高収量品種の普及とそれに伴う施肥量の増大により，稲の単位面積当たりの収量が飛躍的に上昇した（Hayami & Godo, 2005）．またアメリカでは，1950 年代を境にコーンの生産量が飛躍的に拡大し，それ以前は 1,700 kg/ha 程度であったのが，2000 年には 8,500 kg/ha と 5 倍以上に生産性が向上した．

　一方，窒素を含む多量の化学肥料の自然環境への散布は，自然に循環する窒素の量を超え，地球における深刻な窒素汚染を引き起こしている．地球の限界を示すプラネタリー・バウンダリーでは，地球温暖化と生物多様性に加えて，窒素汚染がすでに地球の安全な状況を超えているのではと指摘されている（Rockstoröm, 2009）．

　この緑の革命による食料増産は，他の地球環境にも大きな影響を与えている．現在，世界中の淡水利用の約 7 割が農業に使用されているが，人新世に入り，農業用灌漑面積が急激に拡大し，その多くで地下水が利用されている．特に穀倉地帯であるアメリカやインドでは，全農業用灌漑水の地下水に占める面積割合の増加が見られた．インドでは 1951 年に 28％であったのが，2003 年には 62％にまで増加し，アメリカでも 1940 年に 20％であったものが，2003 年には

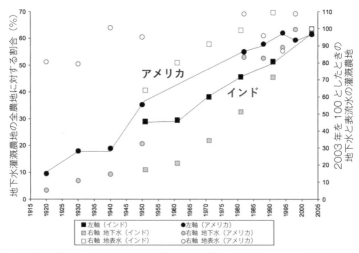

図 1.3　農業用灌漑に占める地下水灌漑面積の割合（Siebert et al., 2010 に加筆）

61%にまで上昇した（図1.3，Siebert et al., 2010）．このように，緑の革命による食料の増産は，農業用灌漑水としての地下水消費の増大を通して，広範な地下水の減少につながっている．

その結果，世界における地下水の減少は加速度的に広がり，特に世界の地下水減少の78%がアジア（主にインド・中国）で発生していることが明らかになっている（Taylor et al., 2012）．図1.4は人新世における全世界の地下水の状況を示しており，地下水貯留量の減少量は1960年に126 km³/年であったものが2000年には283 km³/年と，加速度的に減少している．このように，地下水を含む水資源の利用は，食料をはじめ，エネルギーや土地，労働などとも連関しており，実際の水の利用・移動と，ヴァーチャルな水の移動（8章）などの量的な連関を明らかにする必要がある（D'Odorico et al., 2018）

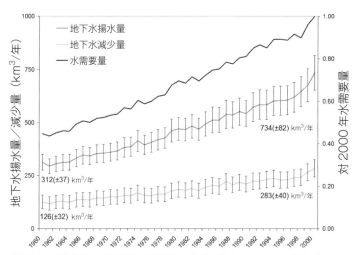

図1.4 地下水の揚水量・減少量・需要量の変化（Wada et al., 2010）

1.1.3 都市化と地球環境

世界人口は2019年の77億人から，2030年には85億人（10%増），2050年には97億人（26%増），2100年には109億人（42%増）に達すると予測されている（United Nation, 2018）．1950年には，30%にすぎなかった都市部における人口は急激に増加し，2007年には都市人口（33.8億人）が非都市人口

（33.3 億人）を追い抜いた（図 1.5）．そしてその都市人口は 2050 年には 68%
に達すると予測されている．世界の都市人口の半数近くが，50 万人未満の都
市に居住する一方，8 人に 1 人が人口 1000 万人以上の規模である 33 メガシテ
ィに居住していることも報告されている．このように，都市における過密化と，
一方ですすむ農山漁村における過疎化は一体の現象であり，地球環境に与える
都市化の影響を評価する際には，都市域だけではなく農山村地域も一体とした
評価が必要である．

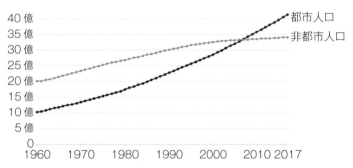

図 1.5　都市と非都市の人口変化（UN, 2018）

　都市化に伴う水利用に関しては，初期コストの小さい地下水利用から，過剰
揚水による地盤沈下などの地下環境問題（Taniguchi, 2011；谷口, 2018）や，
人口増に伴う水資源需要量の増大を経て，周辺地でのダム建設による地表水利
用へと移行した歴史をもつ．これは，都市域への人の増加に伴う水資源需要の
高まりが，「近い水」である地下水の利用から，表流水を貯留するダム用水な
どの「遠い水」の利用に変わってきたことを示している．アジアのメガシティ
における地下水と表流水の割合の変化を見ると，第二次世界大戦直後において
は，地下水と表流水の割合は一時的に上昇したが，長期的にはその割合は低下
し続けている（Taniguchi, 2011）．このことは，地震や戦争などの災害時にお
ける「近い水」としての地下水の重要性を示すとともに，都市化の拡大による
水資源需要の増加に伴い，「遠い水」を利用することによる外部環境への負荷
が増大していることを意味する．
　また，都市化に伴う地球環境変化の一つとして，都市域における地下汚染は，
都市の発達段階に応じて行われる各種規制（車への有鉛ガソリンの規制など）

により，環境負荷（フロー，flow）は減少に転じるが，蓄積（ストック，stock）は増加し続けていることが明らかになっている（Taniguchi, 2011；5章）．都市化に伴う水・物質・熱環境に関する 100 年間のデータをアジアの 7 つのメガシティ（東京，大阪，ソウル，台北，バンコク，ジャカルタ，マニラ）で DPSIR[1] モデルを用いて明らかにした研究では，過去 100 年間で，アジアメガシティの地下水循環（フロー）は加速し，貯留量（ストック）は減少し，地下水がもつ環境地盤（ストック）と水資源（フロー）との間でトレードオフが生じたと結論付けた．このことは，地上の代替環境（資源・循環）としての地下環境の適応力の低下を示している（Taniguchi, 2011）．

　また，地盤沈下とその原因となる過剰地下水の揚水規制では，地盤沈下開始から地下水揚水規制の開始までの間に，東京（40 年），台北（18 年以上），バンコク（17 年）と，後発の利益を見ることができた（Taniguchi & Lee, 2020）．一方で，人新世における急激な人口増化と都市化は，都市の発達段階に応じて発生する環境影響のずれが都市間で短くなり，「後発の利益」（同様の問題が起こる場合後続の地域が解決により早く至る）を享受しにくくなっている可能性がある．科学的な知の伝達や知の実践（knowledge action）の加速のための仕組みが必要であろう．

　都市化に伴う地球環境問題に関して，水を例にとれば，経済価値と効率性・利便性に基づき，大量に生産・消費される均質な水資源の需要が，人口の増加とともに増大する．その一方で，人間活動の拡大に伴う土地利用の改変などは，地域の生活や食文化などを支える多様な水の利用に影響を与える．また都市化に伴って水資源を大量に確保するために「遠い水」を導引する水資源利用に対して，生活や生業の場での「近い水」の利用は，文明としての水利用と文化としての水利用の相克となる．人や社会が持続的に生存するためには，資源としての水の利用が不可欠であるが，均質性に基づく水資源利用のみが進みすぎると，多様な生活や文化を支える多様な水環境に影響が出る．「均質な資源としての水」と「多様な環境としての水」のバランスが重要である．

---

[1] DPSIR モデル：driving force（駆動力），pressure（圧力），state（状態），impact（影響），response（反応）．

1.1.4　人新世における地球環境

　1950 年代頃を起点とする人新世の特徴は以下のようにまとめられる．第二次世界大戦後の 1950 年頃を境に，工業化・都市化・緑の革命などが急速に進み，社会の資源利用が急激に増大した．それに伴い，複合的な地球環境問題（温暖化，窒素汚染，水資源枯渇，生物多様性減少 他）が連関して加速度的に深刻化した．また 1980～1990 年頃を境に，新自由主義・市場原理主義の浸透とともに，地球環境の変化がさらに加速した．このように，人新世においては，均質でわかりやすい効率性・貨幣経済・資本主義などの文明的価値観が急激に世界に浸透し，地域の変わらないものに依拠する多様な価値観に基づいた人の文化的営みが弱体化してきたともいえる．

　人新世においては，地球温暖化に関する IPCC や生物多様性に関する生物多様性及び生態系サービスに関する政府間-科学政策プラットフォーム（IPBES, Intergovernmental science-policy Platform on Biodiversity and Ecosystem Serrices）など，研究成果を国際的な枠組みで社会実装につなげる試みが進む中で，水問題や窒素問題は他の地球規模課題とともに，シングルイシューからマルチイシューへと転換し，複合課題の同時解決に向けた取り組みが重要となっている．人新世に至る工業化・都市化・緑の革命による，より遠く，循環のより遅いモノや資源への利用の拡大は，地球上のモノの時空間的つながりを拡大し，複合的な地球環境問題が強くリンクし，単独では解決に至らない課題を生み出している．単独の学問分野を超えた学際研究に加え，社会の中の学術としての超学際研究が重要であり（谷口，2018），これらの質の異なる課題をつなぐ，新しい関係性概念の導入が必要である．

1.2　地球環境の関係性概念

　このように複合課題となっている地球環境にまつわる様々な「関係性」を，1.2 節では整理したい．

1.2.1　相関関係と因果関係

　複合的な地球環境問題を考えるうえで最も基礎となる関係性は，科学の基礎

である「相関関係（correlation）」と「因果関係（causality）」である．「相関関係」は，2つ以上の関係性の中で，「一方が変化すれば他方も変化する関係」である．一方「因果関係」は「2つのものの間に原因と結果の関係（causality）があるもの」である．相関関係があるだけでは因果関係があるとは断定できず，相関関係は因果関係の前提になる．

統計学的には，相関係数（correlation coefficient）を中心にした相関分析と，回帰直線（regression line）を中心にした回帰分析があり，その関係性の違いを表している．相関係数は2種類のデータについて，一方の値が大きいときに他方の値も大きい（または小さい）かどうかを現象論的に要約する値である．そのため相関係数は，因果関係ではなく相関関係の指標として利用される．相関関係は2種類のデータがお互いに影響を与え合っている相互関連性を示すのに対し，因果関係は一方のデータだけが他方に影響を与える一方向（原因→結果）の関係ともいえる．

また相関係数が相関関係の指標であるのに対して，回帰直線は A が原因で B がその結果という因果関係があるときに，A が B に与える影響を直線によって要約するものである．このときの A のことを説明変数（explanatory variable）または独立変数と呼び，B のことを目的変数（criterion variable）または従属変数と呼ぶ．このように，地球環境問題を捉えるときも，相関関係と因果関係の違いを意識した分析・解析が必要なことはいうまでもない．

1.2.2 相互作用とテレコネクション

相互作用（interaction）とは，上記の因果関係が双方向に起こることを表す関係性である．A による影響を受けた B が，フィードバック（feed back）として B から A にさらに影響を与え返す関係である．つまり2つ以上のものが互いに影響を及ぼしあう関係を示す．

地球環境学の分野における相互作用の例としては，陸域と大気の間の植生を介した相互作用がある．これは大気の状態が降水や気温を通して陸上の植生を決定する一方で，陸上の植生変化が蒸発散の変化などを通して大気の状態を変えることを意味する．つまり大気と陸域が，植生を介してお互いに相互作用を起こしている関係にある．また陸域と海域の相互作用では，沿岸域における過剰地下水揚水により，陸域の地下水位が海水位より低下することにより，それ

までは陸域から海域へ地下水の直接流出があったものが，それが減少・停止し，逆に海域から陸域に，海水の侵入（塩水進入）が発生する例などが挙げられる．

この相互作用には，作用に対する反作用のフィードバックに正の（ポジティブ）フィードバック（positive feedback）と負の（ネガティブ）フィードバック（negative feedback）がある．ポジティブフィードバックは，いったん反応が起こり始めると，それをさらに加速させるフィードバックである．一方，ネガティブフィードバックとは，過剰にならないように，一定程度に変化を抑制するフィードバックを指す．

この相互作用は，隣接する二者の間だけではなく，遠隔の二者間にも見られ，これをテレコネクション（teleconnection）という．特に気象学の分野のテレコネクションが，この遠隔の相互作用を示す関係性としてよく知られている．テレコネクションは，空間的に離れた地域間で，目には見えない大気，圧力や水蒸気などを介して大気の一部に起こった変化が，遠く離れた場所に伝達される現象を指す気象用語である．

テレコネクションの例として最も有名なものには，南米のペルー付近において，半年から1年以上の間，海面温度が広範囲に異常に高温になる「エルニーニョ現象」とその影響で生じる気候変動がある．ペルー付近の沖合いでは，毎年12月から1月にかけて南向きの海流が現れ，海面水温が上昇する．それに伴い，遠く離れた乾燥地に雨が降るような天候の変化が起こる．この変化は南米西沿岸の季節的なものであるが，数年に一度，強い南向きの海流と異常な海水温上昇が起こり，普段雨の少ない地域で大雨や洪水となり，逆に雨の多い地域で干ばつに見舞われたりすることがある．このエルニーニョ現象は，当初ペルー付近の局所的な現象と考えられていたが，現在では，太平洋全域の大気と海洋の大規模な経年変動と考えられている．大気の変動は海面気圧の東西間の変動として「南方振動」といい，この大気と海洋の大規模な変動は，エルニーニョ（EL・Nino）と南方振動（Southern・Oscillation）の頭文字をつないで，"ENSO"と呼ばれる．

このテレコネクションは，遠く離れた複数の場所における大気や海洋の状態が相関関係をもつことを示している．南方振動やエルニーニョ現象では，南太平洋の東部と西部において，気圧や海面水温の変動を伴い，一方が高くなると，もう一方が低くなるといった相関が見られ，その因果関係が気象学で明らかに

されている．このように，遠隔している二者間の因果関係をつなぎ，遠隔を結合する概念がテレコネクションといえる．

1.2.3 システム・ダイナミクス

システム・ダイナミクス（system dynamics）の考えは，1956 年にマサチューセッツ工科大学の Jay Forrester により開発されたシミュレーション手法が基となっている．当初，企業行動のシミュレーションを念頭にインダストリアル・ダイナミクスという名前で始まり，都市計画を扱うアーバン・ダイナミックスなども生まれ，その後，整理統合されてシステム・ダイナミクスとなった（Lane, 2008）．

このシステム・ダイナミクスの手法は，1968 年発足の「ローマクラブ」や1972 年の世界で初めての国際環境会議である「国連人間環境会議」に端を発している．Dennis Meadows を主査とする 16 名のコマンドーチームが，システム思考（システム・ダイナミクス）による世界規模の "World3" と名付けられたシミュレーションモデルを開発し，1972 年 3 月に『成長の限界』（*The Limit of the Gloth*）が出版された（Medows, 1972）．その後，システム・ダイナミクスの手法は様々な分野で用いられているが，地球環境研究においては，後述の水・エネルギー・食料ネクサスモデルなどでも展開されている．

図 1.6 は，相関関係，因果関係，相互作用，システム・ダイナミクスの違いを図化したものである．

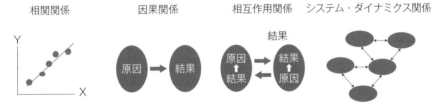

図 1.6 相関関係，因果関係，相互作用，システム・ダイナミクスの違い

1.3 ネクサス概念

本書のタイトルにもあるネクサス（nexus）概念は，上記の相関関係，因果関係，テレコネクション，システム・ダイナミクスなどの概念を含み，さらに

以下の関係性を含む，連関に関する新しい概念である（図 1.7）.

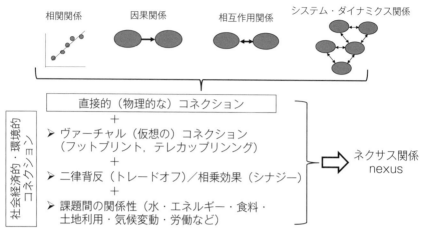

図 1.7　ネクサス関係性概念

1.3.1　テレカップリング

テレカップリング（telecoupling）とは，距離を超えた地域間の社会経済的および環境的な（非物理的）相互作用を指す．生産から供給，消費に至るサプライチェーン（supply chain）のグローバル化，貿易量の拡大などにより，ある地域における経済活動（消費活動）が，遠隔地の土地利用や自然環境に与える影響が無視できない規模になっていることから注目されている概念である．

2019 年に刊行された IPBES 地球規模評価報告書では，「自然が人間社会にもたらすもの」が世界的に劣化していることを踏まえ，社会を変革して地球の持続可能性を実現するための介入点（レバレッジポイント，leverage point）の一つに「外部性とテレカップリングの内部化」を挙げている．これは現在の生態系評価の多くが，ある地域や国内における生態系サービスにより供給される利益などや人間活動が生態系サービスに及ぼす影響を対象に行われ，その領域内の活動が遠隔地の生態系サービスに与える負荷などの影響を見落としがちであることから，外部性（外部不経済）と並べてテレカップリングの重要性を指摘することで，商品の生産や流通が引き起こす環境や社会への悪影響をコストとして計上することを求めているものと考えられる（環境イノベーション情

報機構，2021）．

1.3.2 ヴァーチャル・コネクション

　実際の（物理的な）つながりに対して，物理的に連関していないが，社会経済的にあるいは環境的に連関している関係性をヴァーチャル・コネクション（virtual connection）という．

　食料などのグローバル貿易は，人新世に入り急激に拡大しており，これに伴う様々なモノのヴァーチャルな連関がその例である．図 1.8 は，1986 年と 2010 年における大陸間の食料輸出入量の変化を示している（D'Odorico et al., 2014）．図より，近年の南米からアジアへの食料輸出の急拡大が読み取れる．これらの食料生産には，土地・水（地下水を含む）・窒素などが必要であり，食料の輸出入は，それらの資源をヴァーチャル（間接的に）に輸出入しており，社会経済的・環境的に連関していると考えることができる．

(a) 1986 年　　　　　　　　　(b) 2010 年

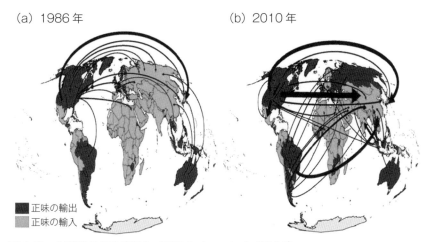

図 1.8　大陸間の食料輸出入（D'Odorico et al., 2014）

(1) ヴァーチャル・ランド

　図 1.9 は食料の世界貿易に伴う，ヴァーチャル（間接的）な土地の輸出入を示している（Davis et al., 2015）．食料生産には土地が必要であり，その土地が他の目的ではなく農業により占有されていることは，食料貿易により土地が間接的に輸出入されているに等しいとする考え方である．アジアに注目すると，

1980年代以前は，食料輸出により土地の正味の輸出入量（輸入量－輸出量）がマイナスであった（土地の輸出超過）であったものが，中国やインドをはじめとするアジア諸国の人口増加に伴う食料の輸入増大に伴い，1980年代以降は，土地の正味の輸出入量（輸入量－輸出量）がプラスに転じ，土地の輸入超過になっている．

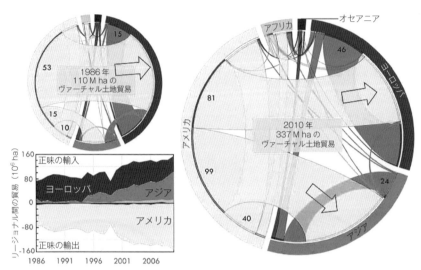

図1.9　ヴァーチャル（間接的）な土地の輸出入（Davis et al., 2015）

(2) ヴァーチャルウォーター

　ヴァーチャルウォーター（virtual water，または仮想水）とは，農産物・畜産物の生産に要する水の量を，農産物・畜産物の輸入入に伴って移動されていると捉える概念であり，食料を輸入している国（消費国）において，もしその輸入食料を生産するとしたら，どの程度の水が必要かを推定したものである（詳細は8章）．たとえば，1 kgのトウモロコシを生産するには，灌漑用水として1,800 Lの水（フットプリント）が必要であり，また，牛はこうした穀物を大量に消費しながら育つため，牛肉1 kgを生産するには，その約20,000倍もの水（フットプリント）が必要である．つまり，日本は海外から食料を輸入することによって，その生産に必要な分だけ自国の水を使わないで済んでおり，食料の輸入は，形を変えて水を輸入していることと考えることができる（環境

省, 2022).

図1.10は, 大陸間の食料輸出入に伴う, 1982年と2007年のヴァーチャル・ウオーターの輸出入を示している (Dalin et al., 2019). 外円は輸出, 内円は輸入を示す. 1982年から2007にかけて, 南米からアジアへのヴァーチャル・ウオーターの輸出入の急激な増大が見られる.

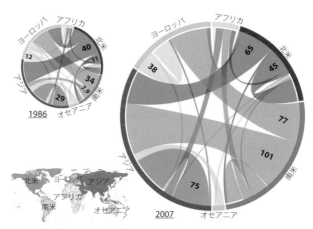

図1.10 ヴァーチャル・ウオーターの大陸間輸出入　→図8.3

(3) ヴァーチャル地下水

人新世においては, 淡水資源の約7割が農業活動に用いられており, その約半数が地下水を水資源として食料生産が行われている. 表1.1は, (a) 食料生産に使われる灌漑水としての地下水利用量, (b) その地下水利用に伴う地下水貯留量の減少量, (c) その中で食料貿易によりヴァーチャルに輸出される地下水の減少量を大陸別に表している. (a), (b), (c) ともアジア大陸が最大で, (c) 食料生産に伴うヴァーチャルな (輸出された食料に使われた) 地下水減少量は世界の58%以上をアジアが占めている. ただし (b) に占める (c) の割合は, ヨーロッパ大陸, アメリカ大陸, オセアニア大陸で割合が高くなっている (Dalin et al., 2019). なお, 地下水については後述する地下水フットプリントでは, 量による換算だけではなく土地面積にも換算されるが, ヴァーチャル地下水に関しては間接的に輸送される水量で表現される.

表 1.1

	(a) 灌漑用地下水利用 (km³/年)	(b) 地下水貯留量の減少 (km³/年)	(c) 食料輸出（ヴァーチャル地下水輸出）による地下水貯留量減少 (km³/年)	(c)/(b) (%)
対象年	2000	2001-2008	2010	
アフリカ	17.86	5.5	0.32	5.8
アメリカ	107.36	26.9	7.34	27.3
アジア	398.63	111.0	11.81	10.6
ヨーロッパ	18.21	1.3	0.69	53.1
オセアニア	3.30	0.4	0.11	27.5
全世界	545.36	145.0	20.26	14.0

(4) ヴァーチャル窒素

　図 1.11 は，全球における自然由来の窒素循環と人為的な窒素循環を表している．人為的な窒素負荷である化石燃料の燃焼（combustion）・化学肥料の生産（fertilizer production）・農地の生物窒素固定（agricultural BNF）の総量（210 Tg/年）は，自然由来の窒素循環の総量（203 Tg/年）を上回っていることがわかる（Fowler et al., 2013）.

　食料のグローバル貿易に伴う窒素の輸出入も，ヴァーチャル窒素として評価されている．図 1.12 は日本を含む世界各国のヴァーチャル窒素の正味（輸入－輸出）の輸出入量を示している．日本は純輸入国であり，主に水への窒素の

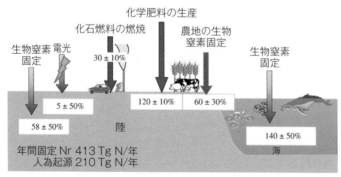

図 1.11　全球窒素収支（Fowler et al., 2013）

溶脱（N 溶脱）と大気へのアンモニア揮散（NH_3 揮散）としての負荷が大きい（詳細は9章）.

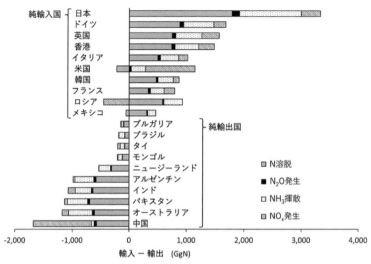

図 1.12 日本におけるヴァーチャル窒素（種田 他，2016）

1.3.3 フットプリント

モノの生産・輸送・消費などのプロセスにおいて，様々な環境的な影響が発生するが，その影響を表現するのがフットプリント（外部環境の内在化，footprint）である．これは，特に消費側の地域や国で忘れがちな，生産側での環境への影響を表すことで，「外部環境の内在化」を行う考え方である．

フットプリントには様々なものがあるが，エコロジカル・フットプリント（EF, Ecological Footprint）が最初のものである．エコロジカル・フットプリントとは，地球の環境容量を表す指標で，人間活動が環境に与える負荷を，資源の再生産および廃棄物の浄化に必要な面積として示した数値である．通常は，生活を維持するのに必要な一人当たりの陸地および水域の面積として示される．

エコロジカル・フットプリントと対比される概念に，バイオキャパシティ（BC, Bio Capacity）がある．バイオキャパシティとは，生物生産力とも呼ばれ，自然が光合成によって提供してくれる生態系サービスを意味する．このバイオキャパシティを超えて自然資源の利用を進めると，エコロジカル・フット

プリントが 1 以上の状態になり，持続可能ではない状態となる．

　上記の EF と BC を組み合わせることで表現されるものに，アースオーバーシュートデー（EOD, Earth Overshoot Day）」がある．EOD は，自然の再生能力で生まれる 1 年分の資源を人間が消費しつくす日のことで，国際環境シンクタンク「グローバル・フットプリント・ネットワーク（GFN, Global Footprint Network）」により以下のように毎年算定されている．

$$EOD = (BC/EF) * 365 \qquad (1.1)$$

　2022 年の EOD は 7 月 28 日に迎え，1971 年の EOD である 12 月下旬より年々早まっている．このことは 2022 年段階では，人類は地球の生態系が再生できる量を 74％超過，つまり「地球 1.75 個分」の生活をしていることを意味する（Ecological Footprint Japan, 2022）．

（1）カーボン・フットプリント

　地球温暖化の原因となる温室効果ガスの排出を可視化し，その削減に取り組むために用いられているものに，カーボン・フットプリント（carbon footprint）がある．カーボン・フットプリントは，商品やサービスの原材料の調達から生産，流通を経て，廃棄・リサイクルに至るまでのライフサイクル全体を通して排出される温室効果ガスの排出量を二酸化炭素（CO_2）に換算したものである．個人や家庭，団体，企業などが，生活や様々な活動を行ううえで排出される CO_2 などの温室効果ガスの出所を調べて把握するもので，「炭素の足跡」を意味する．

　このカーボン・フットプリントは，地球温暖化を引き起こす原因（人間活動の様々なプロセスから排出されるカーボンなど）と結果（地球温暖化）の両者がグローバルに起こることから，グローバルな枠組みとして IPCC などの成果をもとに評価が行われ，その削減に向けての取り組みがグローバルに行われている．

（2）ウオーター・フットプリント

　ウォーター・フットプリント（WF, Water Footprint）は，水を利用して行われている，あらゆる製品の材料の栽培や生産，製造や加工，輸送，流通，消

費，廃棄そしてリサイクルまでの「ライフサイクル」全体を視野に入れ，水環境の影響を定量的に評価する指標である．WF は環境への影響の大きさを表し，フットプリントの大小は m^3 という単位の水の量で表される．さらにこの WF は，グリーン WF（天水），ブルー WF（灌漑水），グレー WF（廃水）の3種類のウォーター・フットプリントで表現されている（Mekonnen & Hoekstra, 2010）．

なお，日本では 2018 年に消費された主要輸入農産物の生産により，40,493 百万 m^3 のグリーンウォーター（天水）と，1,974 百万 m^3 のブルーウォーター（灌漑用水）が使用された（農林水産省，2018）．このことは，国内での輸入農産物の消費により，これだけの水量が国外で消費されたことを意味し，ウォーター・フットプリントとして，外部環境へ負荷をかけたことになる．

また，この食料の輸出入によるウォーター・フットプリントは，地球温暖化のカーボン・フットプリントとは異なり，原因はグローバル経済・貿易であるが，結果はローカルな水資源の減少である点に注意が必要である．

（3）地下水フットプリント

ウォーター・フットプリントは多くの場合において水量（m^3）で表されるが，地下水に限りエコロジカル・フットプリントと同様に，土地の面積で表されることもある．図 1.13 は，世界の帯水層の地下水フットプリント（GF, Groundwater Footprint）を表している（Glesson et al., 2012）．これは，現在の地下水使用量を続けながら地下水貯留量を維持するために，地下水涵養量を得るために必要な面積を表している．地下水フットプリントを実際の地下水帯水層の面積で除した値の全世界の平均は 3.4 であり，実際の 3.4 倍の面積がないと現在の地下水利用は持続可能ではない状態を表しているといえる．このように地下水フットプリントが土地換算できるのは，地下水が河川水などの表流水とは異なり，非常にゆっくりと流れる貯留性が高い水資源であることから，土地に帰属する水資源として管理される場合が多いことと関係する．

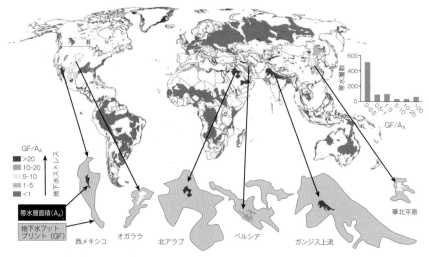

図 1.13 地下水フットプリント

1.3.4 トレードオフとシナジー

　ネクサス概念の最も重要な考え方の一つに，トレードオフ（trade off，二律背反）とシナジー（synergy，相乗効果）がある．トレードオフとは，一方を立てれば他方がうまくいかなくなる，あるいは何かを得ると別の何かを失うといったように，2 つの欲求を同時に満たすことが困難な 2 つのあり方の間の関係性をいい，二律背反の関係性といえる．これに対してシナジーとは，人，物，事柄など複数存在する関係の中で，それらがお互いに作用し合うことで，機能や効果を高め，単独で行う以上の結果を生むことを指す．一般的には共同，協力して行うことで 1 + 1 が 2 以上の効果を生むような場合をいい，相乗効果をもたらす関係性といえる．

　人間が利用する淡水資源の 70% が農業であることは前述したが，これは農業以外の水利用（たとえば家庭用飲料水，工業用冷却水など）と農業活動による食料生産が，トレードオフの関係にあることを示している．また，現在，水セクターの経費の半分以上が水の輸送（ポンプなど）に必要なエネルギー消費であることが明らかになっている（IRENA, 2015）．このことは，水の節約によりエネルギー経費が削減され，それが CO_2 削減につながるといったシナジ

ー効果があることを示している．また「ソーラーシェアリング」では，農地の直上に太陽光パネルを設置し，エネルギー生産を行うと同時に，パネル下部で農業生産を行うことで，食料生産とエネルギー生産のシナジーを生み出している．

このトレードオフやシナジーは，水・エネルギー・食料ネクサス（water-energy-food nexus）といった資源間の間にあるばかりではなく，経済と社会と環境の間や，それらをガバナンスするセクター間，「地域と地域」や「地域と地球」といった異なる空間間やスケール間，現在と将来といった時間間にも存在し，この分析を行うのが，ネクサス研究の重要な課題である．

たとえば人口73万人の熊本市の水資源は，市外上流域で涵養される地下水に100％依存しているが，しかし上流の水田（食料）への灌漑水の一部が地下水を涵養し，下流域に重力で水が運ばれることで，付加的にエネルギーをかけることなく水資源を利用できていた．近年，熊本市の下流域に位置する地下水減少の原因が，上流域での都市化と減反政策であることが判明した．そこで熊本市では，熊本市外の白川上流域の休耕田での水張り（地下水涵養）事業に，熊本市民の税金を投入することで越境資源管理（transboundary resources management）を行い下流域の熊本市の地下水を復活させた．この事例は，失われたネクサス・シナジーを越境資源管理で回復した例といえる（Taniguchi et al., 2019）．

参考文献

種田あずさ・柴田英昭 他（2016）窒素フットプリント：環境への窒素ロスを定量する新たな指標，Journal of Life Cycle Assessment, Japan.

環境イノベーション情報機構（2021），https://www.eic.or.jp/ecoterm/index.php?act=view&serial=4714

環境省（2022）https://www.env.go.jp/water/virtual_water/

杉原　薫（2020）世界史のなかの東アジアの奇跡，名古屋大学出版会．

谷口真人（2018）水文学の課題と未来—学際研究と超学際研究の視点から，日本水文科学会誌，48（3），133-146.

谷口真人（2021）地球環境変化のもとでのコロナ禍における持続可能な社会への新たな連関．学術の動向，2021年11月号．

農林水産省（2018）農林水産物輸出入概況，
https://www.e-stat.go.jp/stat-search/files?page=1&layout=datalist&toukei=00500100&kika

n=00500&tstat=000001018079&cycle=7&tclass1=000001034409&tclass2=000001127715

Brown, V. A., Harris, J. A. et al. eds. (2010) Wicked Problems: Through the Transdisciplinary Imagination, Taylors & Francis.

Dalin, C., Taniguchi, M. et al. (2019) Unsustainable groundwater use for global food production and related international trade, *Global Sustainability*, 2, e12.

Davis, K. F., Yu, K. et al. (2015) Historical trade-offs of livestock's environmental impacts. *Environmental Research Letters*, 10 (12), 125013.

D'Odorico, P., Carr, J. A. et al. (2014) Feeding humanity through global food trade. *Earth's Future*, 2 (9), 458-459.

D'Odorico, P., Davis, K. F. et al. (2018) The global food-energy-water nexus. *Reviews of Geophysics*, 56,456-531.

Ecological Footprint Japan (2022), https://ecofoot.jp/earth-overshoot-day-2022/

Fowler, D., Coyle, M. et al. (2013) The global nitrogen cycle in the twenty-first century, *Philosophical Transactions of the Royal Society B*, 368, 2013. 0164.

Glesson, T., Wada, Y. et al. (2012) Water balance of global aquifers revealed by groundwater footprint, *Nature*, 488,197-200.

Hayami, Y. & Godo, Y. (2005) Development Economics: From the Poverty to the Wealth of Nations. Oxford University Press.

IPCC (2021) AR6 Climate Change 2021 The Physical Science Basis.

IRENA (2015) Renewable energy in the water, energy and food nexus, International Renewable Energy Agency.

Lane, D. C. (2008) The power of the bond between cause and effect; Jay Wright Forrester and the Field of System Dynamics, *System Dynamics Review*, 23, 95-118.

Meadows, D. H., Meadows, D. L. et al. (1972) The Limits to Growth; A Report for the Club of Rome's Project on the Predicament of Mankind, Universe Publishing (大来佐武郎 監訳 (1972) 成長の限界：ローマ・クラブ「人類の危機」レポート，ダイヤモンド社)

Mekonnen, M. M. & Hoekstra, A. Y. (2010) The green, blue and grey water footprint of farm animals and animal products, Value of Water Research Report Series No.48, UNESCO-IHE.

Rockström, J., Steffen, W. et al. (2009) A safe operating space for humanity. *Nature*, 461, 472-475.

Siebert, S., Burke, J. et al. (2010) Groundwater use for irrigation - a global inventory, Hydrol. *Earth System Science Data*, 14, 1863-1880.

Steffen, W., Rockström, J. et al. (2018) Trajectories of the Earth System in the Anthropocene, *PNAS*, 115 (33) 8252-8259.

Taniguchi, M. ed. (2011) Groundwater and Subsurface Environments - Human impacts in Asian Coastal Cities, 312, Springer.

Taniguchi, M., Burnett, K. et al. (2019) Recovery of Lost Nexus Synergy via Payment for Environmental Services in Kumamoto, Japan, *Frontiers in Environmental Sciences*, 08 March 2019, Sec. Freshwater Science, 7 (28).

Taniguchi, M. & Lee, S. (2020) Identifying Social Responses to Inundation Disasters: A Humanity-Nature Interaction Perspective. *Global Sustainability* 3, e9, 1-9.

Taylor, R. G., Scanlon, B. et al. (2012) Groundwater and climate change, *Nature Climate Change* 3, 322-329.

United Nation (2018) Revision of World Urbanization Prospects.

Wada, Y., Beek, L. P. H. et al. (2010) Global depletion of groundwater resources. *Gophysical Research Letters*, 37 (L20402), doi: 10.1029/2010GL044571.

第2章
資源ネクサス：水・エネルギーを中心に

増原直樹

　資源（resource）には，それが使われる場面や文脈に応じて様々な種類が考えられる．一般に「ヒト・モノ・カネ」と称される3点セットも資源の表現である．本章では，SDGs に大きく関連する資源として，水，エネルギー，労働の3つを主に取り上げ，工業化・都市化とこれら3資源の関係性（資源ネクサス）を定量的に明らかにする（図2.1）．

　具体的には，日本において工業化がある程度成熟し，一方で都市化がなおも進行中であった 1975 年から 2015 年にかけて，都道府県別の水，エネルギー消費量および産業別就業者数をもとに，それらの資源投入の結果生み出される経済的な価値（県内総生産）との割合を水使用原単位，エネルギー消費原単位，労働力原単位として算出し，さらに水とエネルギーの相互連関（図 2.1 の双方向矢印）を把握する．こうした工業化，都市化に伴う3資源の投入量変化を全

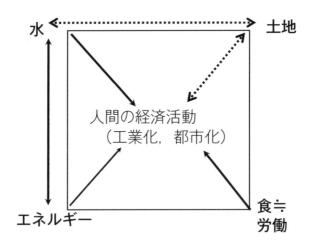

図 2.1　工業化，都市化と資源（SDGs）ネクサス
水（SDGs の目標 6），土地（目標 11），エネルギー（目標 7），食（目標 8），労働（目標 2），工業化・都市化（目標 9）.

国あるいは京都府の単位において時系列的に分析することで，工業化や都市化を推し進めてきた国土政策，地域政策の影響を考察し，将来課題の同時解決に向けた政策立案上の示唆を得ることを目的とする．

2.1 資源に関連する統計と利用上の問題点

図 2.1 は，本章で分析する資源と工業化，都市化との関係を示した見取り図である．人間の経済活動が集中している都市，あるいは工業化のためには，水や土地，エネルギーといった資源，あるいは労働力を経由して食料の投入が不可欠である．投入される資源間でも，たとえば，水とエネルギーは，「水を使うには，浄水やポンプなどのためにエネルギーが必要」「水を使って，水力発電でエネルギーを得る」といったトレードオフの関係と同時に，「節水の取り組みが省エネにつながる」といったシナジーの関係にもある．また，都市や経済活動のために市街地を拡張すると，森林が減少することを通じて，水資源の賦存量に影響が出るというトレードオフの関係もある．

本章では，これまで経済学や経済史の分野である程度分析されてきた土地をいったん分析対象から除外し，水，エネルギー，労働力について，既存の統計分析からデータを収集あるいは推計を行った．以下，統計分析結果の詳細を解説する．

2.1.1 水に関する統計

まず水については，工業（主に製造業）のために必要な工業用水と生活のために必要な生活用水を対象とし，それぞれの使用量を都道府県単位で集計し，基礎データとした．たとえば，工業用水量は，経済産業省（2000 年以前は通商産業省）が作成・公表してきた「工業統計表」の「用地・用水編」からデータを得た．この「用地・用水編」は，各工業地帯あるいは各都道府県を単位として，それぞれの産業（製造業）がどのような目的で，淡水，海水，回収水といった種類別に水を 1 日何 t 使用しているかを示す統計である．少し長くなるが，この統計が初めて作成された 1958 年当時の序文を抜粋しよう．

「工業立地条件の一つとして工業用水が，極めて重要であることが広く認識されるようになったのは，最近の事であります．醸造業や染色業が良質な水を

得られるところに発達したり，鉄鋼業やパルプ工業が豊富な水を求めて立地したりすることから，これらの産業が水とは切っても切れない関係がある（中略）それ以外のほとんどの業種についても，程度の差はあれ水とは深い関係があるということは，最近になって広く認識されるようになった（後略）」

このような認識に基づき，当時の工業用水不足の問題に対して，政府も工業用水道の敷設など努力を重ねているものの，さらに全国の工業用水の需給状況を正確に把握することになったと，統計データ作成の目的が説明されている．

このように，工業用水については 1958 年から原則毎年（例外として，1958年の次は 62 年），50 年以上にわたって都道府県別・産業中分類別データの分析が可能である点が特徴である．

また，都市のための生活用水については，国土交通省（2000 年以前は国土庁）が「日本の水資源」と題する報告書を公表しており，同書において生活用水使用量が地域別に推計，公表されている．ここでの生活用水使用量は，1 人1 日当たり使用量をベースとして推計されているため，複数の都道府県を含む地域（たとえば，東北，東海といった区分）の使用量は，都道府県ごとの人口総数を用いて，都道府県別の生活用水使用量を求めることができた．

まず，日本全体における水使用量のオーダーを把握するために，農業用水も含め，生活用水，工業用水の年ごとの合計使用量をグラフで示す（図 2.2）．図2.2 からは，すべての用途の水使用量合計は，1990 年代前半にピークを打ち，そこから減少傾向が継続していることがわかる．たとえば，1995 年から 2015年にかけての減少量としては，農業用水が最も多く 45 億 t 程度減少している．また，生活用水や工業用水も例外ではなく，減少している．図 2.2 で最も古い1975 年当時は，工業用水のほうが生活用水よりも使用量が多く，その順位が逆転したのは，1985 年前後である．少なくとも，水使用の観点からみると，日本が工業優位から生活優位に転換した画期は，この頃になる．

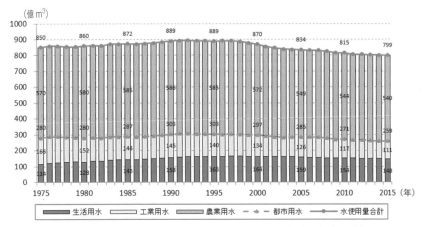

図 2.2 日本全体の用途別用水使用量（1975〜2015 年）（国土交通省）

2.1.2 エネルギーに関する統計

　一方，エネルギー統計が都道府県別で整備されるようになったのは 1990 年のデータ（都道府県別エネルギー消費統計）が最も古く，それより前の年の都道府県別エネルギー消費量算出については，別の統計に頼らざるを得ない．

　エネルギー消費の用途としては，工業化との関係では「製造業」，都市化との関係では「業務その他部門」（以下，業務部門と表記）および「家庭部門」を分析対象とし，それぞれの消費量を都道府県単位で集計し，基礎データとした．

　まず 1990 年より前の製造業におけるエネルギー消費については，「石油等消費構造統計」のデータを用いて，都道府県別産業中分類別に集計した．同統計は，1980 年から整備されているため，本章で用いる 1975〜1980 年の都道府県別エネルギー消費量については，同期間の全国消費量から算出した．

　また，「石油等消費構造統計」の対象に含まれない「業務部門」（オフィス，店舗，ホテル，病院，市場など）については，1990 年より前の全国の業務部門におけるエネルギー消費量を，都道府県別の業務用建築物の床面積で按分し，都道府県別業務部門エネルギー消費量を算出した．そのため，各都道府県において，床面積当たりのエネルギー消費原単位が同一と仮定されている点に注意が必要である．なお，この方式を採用すると，都道府県別の建築物床面積が公

表されている 1970 年度以降の推計が可能となる.

　家庭部門も同様に「石油等消費構造統計」に含まれないため，1990 年より前の家庭部門におけるエネルギー消費量は，全国の家庭部門におけるエネルギー消費量を都道府県別に人口で按分し，都道府県別家庭部門エネルギー消費量を算出した．そのため，各都道府県において 1 人当たりのエネルギー消費量が同一と仮定されている点に注意が必要である．容易に想像されるように，寒冷な北海道・東北地域と比較的温暖な九州・沖縄地域では，1 人当たりエネルギー消費量は実際には大きく異なる．また，地域ごとに平均世帯人員も異なる．これらの点は本書では考慮されていない.

　ここでは，日本全体におけるエネルギー消費量のオーダーを把握するために，産業部門，業務部門，家庭部門以外にも，運輸部門も含めた年度ごとの合計消費量をグラフで示す（図 2.3）．図 2.3 からは，すべての用途のエネルギー消費量合計は，2007 年頃にピークを打ち，そこから現在まで減少傾向が継続していることがわかる．その理由として，大きく 2 つ挙げられる．第一に 2008 年に起きたいわゆる「リーマン・ショック」の影響で，様々な業種における投資額の落ち込みとそれに伴う活動減少が起きた．その影響が緩む間もなく，さらに 2011 年に起きた東日本大震災とそれに続く福島第一原子力発電所の事故，多数の原子力発電所の稼働停止および計画停電などを契機として，企業や家庭における節電行動，節電機器（冷蔵庫や LED 照明）への買い替えが促進されていることなどが背景にある.

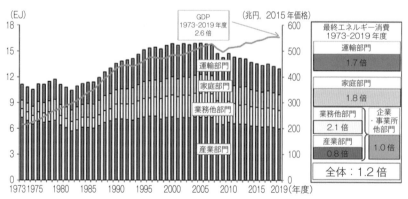

図 2.3　日本全体の部門別エネルギー消費量（1973〜2019 年度）（経済産業省資源エネルギー庁）

2.1.3 労働力に関する統計

　一般的にネクサスの構成要素は，水・エネルギー・食料の3資源がセットで取り上げられることが多いものの，本章では，Lee et al.（2021）が日本の都道府県を水，エネルギー，労働集約度の k-means 法に基づくクラスタリング結果に基づいて分類した分析枠組み（第12章，図12.2）と同様に，食の代わりに食料を必要とする労働を資源として位置付け，各産業に従事する人数を把握した．

　こうした労働力に関する統計は，前述の水やエネルギーに比較して相当程度，信頼性が高いデータが国勢調査などから得られる．あえて問題点を指摘すれば，X県に居住する就業者は，必ずしもX県内の企業で就業しているとは限らず，そうした「越境通勤」は首都圏，中京圏，関西圏といった国内の産業集積エリアでは顕著かつ一般的な例であると考えられる．しかしながら，他県で就業して役員報酬や給与を得たX県居住者は，X県で納税し，（これも論争的ではあるが）X県内を中心に日常の買い物など経済活動を営むと想定しても，それほど大きな問題は起きないと判断できる．したがって，県内総生産当たりの就業者数は，越境する通勤者の割合は考慮せずに算出した．また，国勢調査のなかった年については，線形補間した．

　最後に，日本全体での就業構造の大きな傾向を把握するために，第一次産業から第三次産業別の就業者人口に関する国勢調査の結果を図2.4に示す．1920年から1970年までは参考データであるが，1975年以降は，第二次産業の就業者数がおおむね維持されながら，第一次産業就業者数の減少傾向および第三次産業就業者数の増加傾向が継続していることが読み取れる．

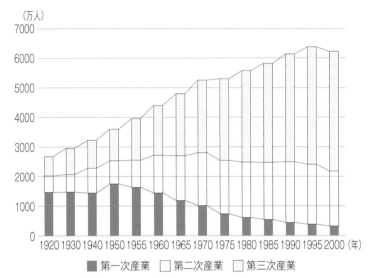

図 2.4　産業分類別就業者数の推移（1920〜2000 年，5 年ないし 10 年間隔）
（出典：総務省・国勢調査）

2.2　工業化と資源ネクサス

2.2.1　工業化と水使用

　本節では，工業化の指標として，国内および京都府内の総生産，製造業で用いられる淡水（表流水，伏流水，工業用水道などを含み，回収水を除く）およびエネルギー消費量を設定し，全国における「水使用原単位」（総生産額当たりの淡水使用量）を，今回比較対象とする京都府の同じ指標と比較する（図2.5）．なお，京都を分析対象としたのは，筆者のこれまでの研究から，推計に必要なデータが揃っているためである．

　図2.5から示唆されるポイントを，主に5点挙げる．第一に，全国では1975年度から1998年度に至るまで，製造業水使用原単位は，96 cm^3 から 24 cm^3 まで4分の1に減少し，「経済面からみた製造業の水使用効率」は大幅に向上した．ただし，減少傾向は1990年代に入ると鈍化した．

　第二に，京都府では同期間，製造業の水使用原単位は，生産額1円当たり，

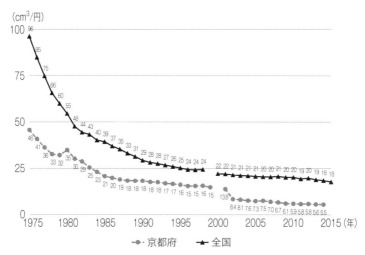

図2.5 製造業の水使用原単位の推移（全国，京都府．1975〜2015年度）
製造業で生産額1円当たり使用された淡水の量．国民経済計算の基準年の都合により1999〜2000年度前後でグラフを分割している（1999年度以前の1円と2000年度以降の1円は等価ではない点に注意されたい）（出典：内閣府および経済産業省）．

およそ46 cm^{3}から16 cm^{3}まで約3分の1に減少し，全国と同様に，「経済面からみた製造業の水使用効率」は向上した．

第三に，全国の傾向と比較して，京都府の「経済面からみた製造業の水使用効率」の向上ペースが緩やかだった理由として，1975年時点で，京都府内での製造業の水使用原単位が全国の約半分と，そもそもの出発点が低かったことが考えられる．後述するように，他の産業と比較して水を大量に使用する傾向のある鉄鋼業や石油製品製造業などの立地が京都府内に少ないことがその背景にある．

第四に，全国では2001年度から2014年度に至るまで，製造業の水使用原単位はおよそ22 cm^{3}から18 cm^{3}まで約2割減少し，「経済面からみた製造業の水使用効率」はやや向上した．ただし，減少傾向は1990年代以前に比較すると大幅に鈍化したようにみえる．

第五に，京都府では同期間，製造業の水使用原単位は，生産額1円当たり，およそ14 cm^{3}から5.5 cm^{3}まで半分以下に減少し，全国と比較して「経済面か

らみた製造業の水使用効率」は大きく向上した．その理由として，2000年前後に，大規模なプラスチック製品製造業および化学工業の工場が京都府から撤退，あるいは淡水を使用しない操業形態に転換したことがデータから推察される．

　にもかかわらず，京都府内総生産は，同期間の国内総生産が伸び悩んだのに対し，2001～2008年度のいわゆる「リーマン・ショック」期に至るまで伸び続けた．この時期に，経済成長と水使用効率向上を両立させる一つのヒントが隠れていると考えられる．

2.2.2　工業化とエネルギー消費

　ここでは，工業化の指標として，国内（京都府内）総生産，製造業におけるエネルギー消費量を設定し，全国における「製造業のエネルギー消費原単位」（総生産額当たりのエネルギー消費量）と，京都府の同指標を比較する（図2.6）．

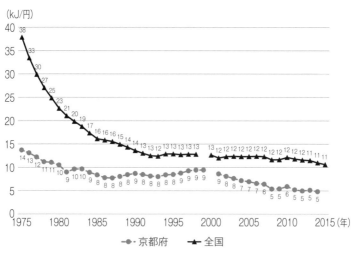

図2.6　製造業のエネルギー消費原単位の推移（全国，京都府．1975～2015年度）生産額1円当たりのエネルギー消費量．国民経済計算の基準年の都合により1999～2000年度前後でグラフを分割している（1999年度以前の1円と2000年度以降の1円は等価ではない点に注意されたい）（出典：内閣府および経済産業省資源エネルギー庁）．

図 2.6 から示唆されるポイントを，主に 5 点挙げる．第一に，全国では 1975 年度から 1998 年度に至るまで，製造業のエネルギー消費原単位は，生産額 1 円当たり，38 kJ から 13 kJ まで約 3 分の 1 に減少し，「経済面からみた製造業のエネルギー効率」は大幅に向上している．ただし，減少傾向は 1980 年代後半から鈍化した．

第二に，京都府では同期間，製造業のエネルギー消費原単位，14 kJ から 9.4 kJ まで約 3 割減少したものの，全国と比較して「経済面からみた製造業のエネルギー効率」の向上ペースは緩やかである．さらに，その指標は 1986〜1987 年度には 7.7〜7.8 kJ まで少なくなっていたにもかかわらず，それ以降は悪化しているようにもみえる．全国も京都府も「経済面からみた製造業におけるエネルギー効率」が悪化あるいは向上ペースの鈍化が同時期にみられるということになる．

第三に，全国の傾向と比較して，京都府の「経済面からみた製造業におけるエネルギー効率」の減少ペースが緩やかだった理由として，1975 年時点で，京都府内で製造業のエネルギー消費原単位が全国の約 3 分の 1 と，そもそもの出発点が低かったことが考えられる．後述するように，他の産業に比較してエネルギーを大量に使用する傾向のある鉄鋼業や化学工業などの立地が京都府内に少ないことがその背景にある．

第四に，全国では 2001 年度から 2014 年度に至るまで，製造業のエネルギー消費原単位は，生産額 1 円当たり，11〜12 kJ と大きな変化はなく，「経済面からみた製造業のエネルギー効率」は向上しなかったことがわかる．つまり，1980 年代後半から製造業のエネルギー効率はほとんど変わっていないといえる．

第五に，京都府では同期間，製造業のエネルギー消費原単位は，生産額 1 円当たり 8.6〜4.8 kJ とおよそ半分まで減少し，全国と比較して「経済面からみた製造業のエネルギー効率」は大きく向上したといえる．さらに，前述の淡水と比較すると，淡水の場合，2001 年度から 2002 年度にかけて大きく効率向上している一方で，エネルギーの場合は 2001 年度から 2008 年度頃にかけて，緩やかに効率向上が進んでいる．現時点でこの差異の原因は絞り込めないため，今後，現地調査などで原因を究明したい．

2.2.3　工業化（都市化）と労働力

　本節の最後に，全国と京都府における第 2 次産業の就業者数を取り上げ，国内および京都府内における総生産当たりの「第二次産業における労働力原単位」を図 2.7 に示す．この指標は，前述の水やエネルギーと異なり，単純に少なければ良いという数値ではない点に注意が必要である．確かに，企業経営者側からみれば，より少ない雇用でより多くの売上や利益を見込めるというのは魅力的であろう．しかし，逆に労働者や雇用安定の視点からみれば，これまで雇用されていた人員が安易に削減されるという批判も成り立つ．したがって，この指標は，時系列的にどのように推移したかを把握するためのデータとしてのみ理解したい．

　図 2.7 からから示唆されるポイントを，主に 5 点挙げる．第一に，全国では 1975 年度から 1998 年度に至るまで，「第二次産業における労働力原単位」は，およそ 119 人から 29 人まで約 4 分の 1 に減少している．ただし，減少傾向は 1990 年代に入ってから鈍化している．

　第二に，京都府では同期間，第二次産業における労働力原単位は，およそ 83 人から 43 人まで約半分に減少したものの，全国と比較して，労働力原単位の減少ペースは緩やかである．さらに，その指標は 1989 年を境に，全国と大小が入れ替わっている．

　第三に，全国の傾向（4 分の 1 まで減少）と比較して，京都府の第二次産業における労働力原単位の減少ペース（約 5 割）が緩やかだった理由として，1975 年時点で，京都府内で第二次産業における労働力原単位が全国に比較して少なかったことが考えられる．また，1990 年以降は，全国と比較すれば，京都府における第二次産業の雇用が確保されながら，製造業などの操業が継続されたともいえる．

　第四に，全国では 2001 年度から 2014 年度に至るまで，第二次産業における労働力原単位は，およそ 34 人から 27 人まで約 2 割減少した．

　第五に，京都府では同期間，第二次産業における労働力原単位は，およそ 39 人から 23 人までと約 4 割減少し，全国と比較して第二次産業における労働力原単位はより速いペースで減少したといえる．その結果，2006 年頃に，全国の労働力原単位と京都府のそれがほぼ一致し，以降は，全国の値が京都府を

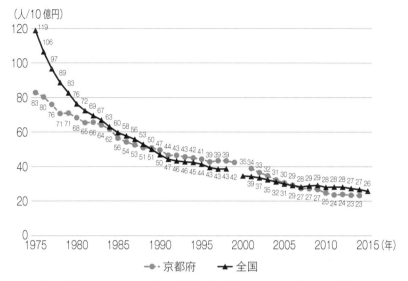

図 2.7 第二次産業における労働力原単位の推移（全国，京都府．1975〜2015 年度）

10 億円を生産するために第二次産業で必要とされた労働力．国民経済計算の基準年の都合により 1999 年度〜2000 年度前後でグラフを分割している（1999 年度以前の 1 円と 2000 年度以降の 1 円は等価ではない点に注意されたい）（出典：内閣府および総務省）．

上回るようになった．

2.3 都市化と資源ネクサス

2.3.1 都市化と水使用

本節では，都市化の指標として，工場以外の事業所や家庭で使用される生活用水使用量を取り上げる．前述の方法で 1975〜2015 年にかけて都道府県別生活用水使用量を推計し，県内総生産額当たりの原単位（生活用水の水使用原単位）を算出する．同様に，全国の生活用水使用量を国内総生産額で除して原単位を算出し，京都府の原単位と比較しつつ，年代別の特徴を抽出する（図 2.8）．

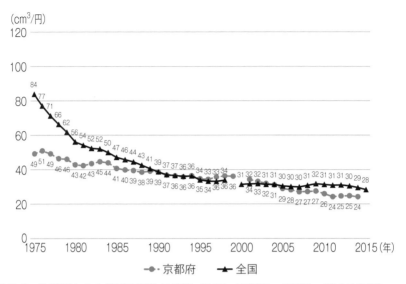

図 2.8　生活用水の水使用原単位の推移（全国，京都府．1975〜2015 年度）
総生産 1 円当たりの生活用水使用量．国民経済計算の基準年の都合により 1999〜
2000 年度前後でグラフを分割している（1999 年度以前の 1 円と 2000 年度以降
の 1 円は等価ではない点に注意されたい）（出典：内閣府および国土交通省）．

　図 2.8 から示唆されるポイントを，主に 5 点挙げる．第一に，全国では 1975
年度から 1998 年度に至るまで，国内の生活用水の水使用原単位は，およそ 84
cm^3 から 34 cm^3 まで約 6 割減少している．ただし，減少傾向は 1990 年代に入
ってから鈍化している．

　第二に，京都府では同期間，京都府内の生活用水の水使用原単位は，およそ
49 cm^3 から 36 cm^3 まで約 25% 減少したものの，全国と比較して，生活用水
の水使用原単位の減少ペースは緩やかである．さらに，その指標は 1995 年頃
を境に，全国と大小が入れ替わっている．

　第三に，全国の傾向（6 割減少）と比較して，京都府の生活用の水使用原単
位の減少ペース（25%）が緩やかだった理由として，1975 年度時点で，京都
府内の生活用水の水使用原単位が全国に比較して少なかったことが考えられる．
つまり，1975 年度から 1990 年頃まで，京都府における事業所（工場を除く）
や家庭における水消費は全国に比較して，「経済的な側面からみれば効率的な
状態」だったと判断できる．

第四に，全国では2001年度から2014年度に至るまで，生活用水の水使用原単位は，およそ32 cm^{3}から29 cm^{3}まで約1割減少し，「経済面からみた都市の水使用効率」はやや向上した．

第五に，京都府では同期間，府内の生活用水の水使用原単位は，およそ34 cm^{3}から24 cm^{3}まで約3割減少し，全国と比較して，「経済面からみた都市の水使用効率」の向上度合いは大きかった．また，1995年頃に逆転していた全国値との大小関係が2004年頃に再逆転し，全国に比較して京都府における生活用水の水使用原単位は小さくなり，経済効率的な水使用が実現した地域となった．

2.3.2 都市化とエネルギー消費

次に，都市化の指標として，工場以外の事業所や家庭で使用される，いわゆる「民生部門エネルギー消費量」を取り上げる．前述の方法で1975〜2015年にかけて「都道府県別家庭部門及び業務その他部門のエネルギー消費量」を推計，合計し，県内総生産額当たりの「民生用エネルギー消費原単位」を算出する．同様に，全国の家庭・業務その他部門のエネルギー消費量の合計を国内総生産額で除して原単位を算出し，京都府の原単位と比較しつつ，年代別の特徴を抽出する．

図2.9から示唆されるポイントを，主に4点挙げる．第一に，全国では1975年度から1998年度に至るまで，国内の民生用エネルギー消費原単位は，およそ14 kJから8 kJまで約4割減少している．ただし，減少傾向は1990〜1991年で停止し，それ以降は横ばい，あるいは増加している年度もある．

第二に，京都府内の同期間における民生用エネルギー消費原単位は，全国と比較して水準は低いものの，およそ6.3〜7.4 kJの狭い範囲を上下している．石油危機の影響と推察されるが，1975〜1978年度までの4年間に約1割減少した後，横ばい状態が続き，1991年度頃から1999年度にかけて15%程度増加している．

第三に，全国では2001年度から2014年度に至るまで，国内の民生用エネルギー消費原単位は，およそ7.7 kJから6.7 kJまで約1割減少し，「経済面からみた都市のエネルギー効率」は若干向上したものの，減少ペースは以前に比較して，それほど速くない．

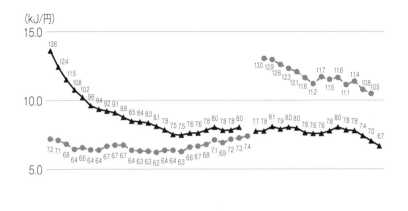

図 2.9　民生用エネルギー消費原単位の推移（全国，京都府．1975〜2015 年度）
総生産 1 円当たりの民生部門エネルギー消費量．国民経済計算の基準年の都合により 1999〜2000 年度前後でグラフを分割している（1999 年度以前の 1 円と 2000 年度以降の 1 円は等価ではない点に注意されたい）．京都府における業務部門の算出範囲が 1999 年度までと 2000 年度以降とで異なっているため，数値に連続性がない点にも留意されたい．
（出典：内閣府および経済産業省資源エネルギー庁）

　第四に，京都府では同期間，民生用エネルギー消費原単位は，およそ 13 kJ から 10.5 kJ まで約 2 割減少し，全国と比較して，「経済面からみた都市のエネルギー効率」はやや向上した．

2.4　地域の資源ネクサスと公共政策

2.4.1　水・エネルギーの相互連関

　本章のまとめにあたり，水とエネルギーの相互連関の具体例として，製造業における水使用原単位とエネルギー消費原単位との相互関係を散布図上で把握する（図 2.10 および図 2.11）．

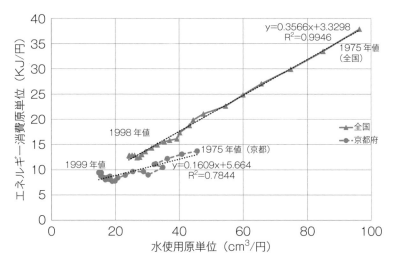

図 2.10 全国および京都府の製造業における水使用・エネルギー消費原単位の相互関係（1975〜1998 年）

横軸が各年の水使用原単位，縦軸が各年度のエネルギー消費原単位を示している．いずれも図中の▲印灰色実線が，全国の水使用・エネルギー消費原単位の推移を示している．

　図 2.10 の最も右上方向に 1975 年のデータがあり，そこから年々，水使用・エネルギー消費原単位は，ほぼ同様の傾向を保ちつつ数値が改善（効率向上）してきた．この期間における効率向上割合は，水使用原単位が 1 cm³/円減少すると，エネルギー消費原単位が 0.36 kJ/円減少するという関係にあり（図中のマーカーなしの点線），1998 年に近づくにしたがって，いずれの原単位も減少傾向が鈍化している（灰色実線の左下方向）．

　一方，京都府のデータは●印灰色点線で示されている．図 2.10 の期間は，1975〜1999 年であるが，その期間全体を通じ，京都府における製造業の水使用・エネルギー消費原単位は全国と比べると一貫して少ないことがみてとれる．このことは，「水使用効率あるいはエネルギー消費効率の悪い」製造業が京都府にあまり立地していなかったことを示唆している．

　京都府においても全国と同様に，水使用原単位とエネルギー消費原単位は，ほぼ同様の傾向を保ちながら改善（効率向上）しているものの，その割合は水使用原単位が 1 cm³/円減少した場合，エネルギー消費原単位は 0.16 kJ/円の減

少にとどまっており，同指標でみた全国の約半分のペースにとどまっている．

　以上より，京都府の製造業の特徴は，水使用・エネルギー消費効率が相対的に悪い業種が少なく，しかしそれゆえに，水やエネルギーの削減余地（のりしろ）が多くない点にある．こうした点は将来の節水，省エネルギーを通じた製造業の脱炭素化をめざすうえで留意すべきポイントといえる．

　続いて，図 2.11 は 2000 年以降の全国および京都府の製造業における水使用・エネルギー消費原単位の推移を示している．

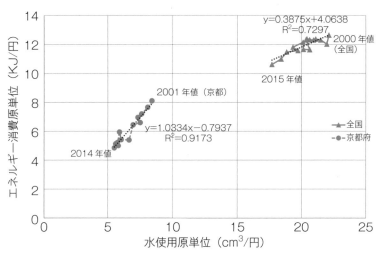

図 2.11　**全国および京都府の製造業における水使用・エネルギー消費原単位の相互関係（2000〜2015 年）**
横軸が各年の水使用原単位，縦軸が各年度のエネルギー消費原単位を示している．いずれも図中の▲印灰色実線が，全国の水使用・エネルギー消費原単位の推移を示している．

　図 2.11 は，図 2.10 に比べ座標の幅を変えているものの，狭い範囲に全国および京都府の製造業における水使用・エネルギー消費原単位の点が集中し，やや傾向が読取りにくい．

　まず全国の傾向をみると，1980 年代後半から続く原単位改善の速度鈍化が 2000 年をすぎても継続し，水使用原単位が 1 cm³/円減少するとエネルギー消費原単位は 0.38 kJ/円減少するという関係が以前とあまり変化していない．

　一方，京都府の製造業においては，全国と比べ水使用原単位もエネルギー消

費原単位も少ない状況を保ちながら，年々ゆっくりではあるが効率向上が継続している．結果として，水使用原単位が 1 cm³/円減少するとエネルギー消費原単位も約 1 kJ/円減少するという関係にあり，この割合は全国の同指標の 3 倍近くに達している．

1999 年以前の京都府（製造業）における水使用・エネルギー消費効率向上の頭打ち状況と併せて検討すると，2000 年以降に継続している原単位改善は，節水や省エネルギー技術の導入だけでなく，製造業が生み出す付加価値が増加している現象も理由として考えられる．言い換えると，同じ量の水使用やエネルギー消費であっても，その結果として製造される製品の経済的価値が増加し続けていると想定される．

以上の時系列的分析から，京都府を例にすると，節水や省エネルギー対策の導入余地が少なかったり，対策の導入速度が頭打ち状況になったりしても，水使用・エネルギー消費原単位の分母を構成している製造業生産額を増加させる業種を増やすことができれば，「経済的観点からみた水使用効率やエネルギー消費効率」を将来にわたって持続的に向上させる余地があることがわかる．

2.4.2 工業化，都市化と水・エネルギーの推移

本章の最後に，1975 年以降の日本全国における水，エネルギーおよび労働力の推移を工業化，都市化との関係を中心にまとめて振り返っておこう．ここでは大きく 2000 年前後で，水・エネルギー・労働力それぞれの原単位がどのように変化してきたか，網羅的に整理することで大きな流れをまとめておきたい（表 2.1）．

まず 1985 年前後に画期がある．というのも，それまで水使用の観点からは，国内は「工業優位」の状態であり，それ以降「都市生活優位」に転換したといえる．その背景として，1975 年から 1980 年代にかけて製造業における水使用原単位の改善の寄与が著しい．原単位改善が成し遂げられた理由として，2 回のオイル・ショック（石油危機）の影響を受けた節水設備・技術の導入だけでなく，製品の高付加価値化といった経済的な要因も主であろう．今後の課題として，これらの要因の寄与分を切り分けて推計することが挙げられる．

一方，都市化の一指標である都市用水原単位をみると，製造業ほど顕著ではないものの，本研究が対象とした 1975 年以降，原単位改善が進んでいること

表2.1 日本全国における1975年以降の資源ネクサスの変化まとめ

範囲＼年代	1975〜1999年（度）	2000〜2015年（度）
全国製造業・水使用	・1985年まで工業優位 ・原単位の改善（＋75％）	・原単位改善（＋20％） ・改善傾向は大幅に鈍化
全国・都市用水使用	・85年以降，都市優位 ・原単位の改善（＋60％）	・原単位改善（＋10％） ・都市ごとの差異少ない
全国製造業・エネルギー	・原単位改善（＋67％） ・改善傾向は80年代後半から鈍化	・原単位変化なし ・1980年代後半から効率向上の傾向なし
全国・都市エネルギー	・原単位改善（＋40％） ・改善傾向は90年まで	・原単位改善（＋10％） ・改善ペースは鈍化
上記のまとめ	工業化への資源投入の減少，効率向上	水使用原単位は改善の一方，エネルギー効率の向上は頭打ちの兆候
全国製造業・労働力	・労働力原単位の減少（75％）	・労働力原単位やや減少（20％）

がわかる．この理由として，各事業所や家庭におけるトイレなどの節水設備や節水行動の普及に加え，都市において小売業や各種サービスといった様々な産業の経済規模が拡大してきたことが考えられる．

さらに，地域特性にも目を向けると，製造業における水使用原単位は県ごとにかなりバラつきが大きいことが推定される一方で，都市用水の使用原単位は，製造業ほどバラつきが大きくないことが想定される．この点，本章での分析は京都府のみにとどまったため，今後，他の都道府県についても推計・分析を進めることが課題である．

直前の3.4.1項で分析したように，水使用原単位がエネルギー消費原単位と歩調を合わせるように改善が進んできた点は，大きな発見である．

製造業におけるエネルギー消費原単位は，1975年以降，1980年代後半までは大きく減少したものの，それ以降は改善傾向が鈍化し，1990年代以降はほとんど改善のペースが止まっている．このことは，エネルギー効率向上や将来的な脱炭素を見据えた視点からみれば，2度のオイルショックを乗り越えた「成功体験」が過剰なまでに評価・記憶され（乾いた雑巾論はその一例），抜本的な省エネルギー設備・技術の導入速度を向上させないまま，いわゆる「重厚

長大型」産業を保護し続けてきた「政策の失敗」といえる.

　しかしながら，京都府の例から示唆されるように，水使用・エネルギー消費原単位を抑えつつ，高付加価値を生み出す産業群への新たな「傾斜生産」が，本書の他章で論じられる再生可能エネルギー導入と相乗効果を発揮することで，将来的な脱炭素を実現することにつながりうる．その際に，単に水・エネルギー多消費型産業が海外へ流出する「リーケージ（leakage，漏れ）」を避ける必要はあるものの，国家政府のみならず各都道府県が進める産業振興策においても，上記のような視点をもった脱炭素戦略の立案が強く求められている.

謝辞

　本章は環境研究総合推進費「ローカル SDGs 推進による地域課題の解決に関する研究」により実施された研究成果の一部である.

参考文献

経済産業省資源エネルギー庁（1990〜2020）都道府県別エネルギー消費統計，各年版，https://www.enecho.meti.go.jp/statistics/energy_consumption/ec002/

経済産業省資源エネルギー庁（2013〜2022）エネルギー白書，各年版，https://www.enecho.meti.go.jp/about/whitepaper/

経済産業省（通商産業省）（1975〜2015）工業統計表・用地用水編，各年版，https://www.meti.go.jp/statistics/tyo/kougyo/index.html

国土交通省（国土庁）日本の水資源，各年版，https://www.mlit.go.jp/tochimizushigen/mizsei/hakusyo/index5.html

総務省（1920〜2000）国勢調査・時系列データ，各年版，https://www.e-stat.go.jp/stat-search?page=1&toukei=00200521

内閣府（1975〜2015）県民経済計算，各年版，https://www.esri.cao.go.jp/jp/sna/sonota/kenmin/kenmin_top.html

日本エネルギー経済研究所計量分析ユニット 編（2022）エネルギー・経済統計要覧，理工図書

Lee, S. H., Taniguchi, M. et al.（2021）Analysis of industrial water-energy-labor nexus zones for economic and resource-based impact assessment, Resources, Conservation and Recycling 169.

第3章
都市緑化と健康ネクサス

大畠和真・原口正彦

　高齢化と都市人口の増加が同時に進む現代では，都市住民の健康問題は重要な社会課題である．人々の健康に影響を与える要因の中でも，環境的要因は幅広く影響を与える．特に，都市緑化は気温低下や大気汚染の低減といった直接的な作用と，リラクゼーションという間接的な作用という2つの側面をもち，都市住民の健康増進の効果が期待されている．またSDGsの観点からも，都市緑化は目標13「気候変動への対策」，目標15「陸の豊かさの実現」を達成し，これにより目標11「住み続けられるまちづくり」，目標3「すべての人々への健康を守る」ことにつながることが予想される．

　しかしながら，都市緑化が都市環境に与える影響については多くの知見があるものの，都市緑化と都市住民の健康や幸福との関係までをまとめたものは少ない．特に，熱中症と緑化の関係についてはまだ議論が十分ではない．そこで本章では，都市緑化と健康の関係性について様々な側面から紹介したのちに，都市の熱ストレス低減と緑化の関係について最新の知見を紹介し，健康に対する都市緑化の有用性について述べる．

3.1　都市における環境問題と健康問題のつながり

　近年，世界総人口は増加傾向にある．国連の世界人口推計2019年版によれば，2015年の世界の人口は73億人であったのに対し，2030年で85〜86億人，2050年には94〜101億人となると予想されている．また世界総人口に対する都市人口の割合も増加傾向にあり，2015年の世界の都市人口の割合は54%（40億人）であったのに対し，2030年で60%（50億人），2050年には69%（67億人）となると予想されている．

　この急速な人口増加および都市への人口流入の増加は世界規模で起こっており，急速な都市化を引き起こすと考えられる．都市化そのものは，人口・産業

の集積により，(1) 強い経済力，(2) 高い教育制度，(3) 情報・アイデア・知識の交換によるイノベーションを通じた高い生産性を実現できる可能性がある．これにより都市住民は郊外と比較して生活水準を向上させることができる．しかし"急速な"都市化が進行していると，人口流入の速度に行政福祉サービスやインフラの整備が追いつかないために，物価の高止まりや教育機会の制限，ひいてはスラムの形成や貧困問題を引き起こす可能性すらある．加えて，インフラ整備が不十分なことや自然環境に配慮しない都市開発は，渋滞や大気汚染を引き起こし都市環境を悪化させるというデメリットも有している．さらに都市環境の問題は，呼吸器疾患やストレス，熱中症など，直接的な健康被害を引き起こすため，問題の解決が急がれている．

3.1.1 都市化社会と都市型社会

冒頭で述べた都市人口の集中とそれに伴う都市の発展の過程を「都市化」といい，そこで生じた社会形態を「都市化社会（urbanized society）」という．都市化社会は世界の都市人口の増加傾向から，将来的に発展途上国を中心とした世界各地で生じることが予期されている．その一方で，現在の日本は「都市化社会」から「都市型社会（urban society）」への変遷の途中にある．都市型社会は人口・産業の集中による発展の途上にある都市化社会とは異なり，十分な発展が進み人口の大多数が都市にて安定的に産業・文化活動を運営できる都市社会のことである．都市型社会では都市化社会における行政福祉サービスやインフラの整備が不十分であることによる問題が解決されている一方で，市民の高齢化やそれに伴う医療・福祉制度の圧迫などの新たな問題も発生している．他にも，新型コロナウィルス感染症を契機に，人口集中による新たな問題点として，新興感染症の出現が浮き彫りとなってきた．

3.1.2 都市が抱える環境問題

都市化社会と都市型社会に共通して生じる社会問題には，ごみ問題や交通事故，ジェントリフィケーション（gentrification）[1]，環境問題などが挙げられ

---

[1] 都市において，低所得者層の居住地域が再開発や経済・文化活動などにより活性化した結果，地価が高騰し富裕層が居住する地域に変化する現象．

る．今回はその中でも近年の環境・社会・ガバナンス（ESG, Environment, Social, and Governance）や持続可能な開発目標（SDGs, Sustainable Development Goals）の観点から，環境問題に注目する．都市の代表的な環境問題には，大気汚染，騒音問題，UHI，都市型水害などが挙げられ，以下にその概要を述べる．

　都市化社会では，大気汚染（air pollution）は急速な工業発展や排ガス対策が不十分な自動車による影響が大きく，また環境や市民の健康に配慮した法整備が十分になされていないことも原因の一つとなっている．一方，都市型社会では，技術の進化や十分な大気汚染対策の法整備のおかげで，工場や自動車からの排ガスは十分に規制されている．しかしながら，都市型社会でも，工場近辺や交通量の多い交差点などでは物理的に大気汚染物質が蓄積しやすく，これらに対する対策が依然必要である．加えて，近年日本では越境からの大気汚染物質の流入が確認されており，これまでの大気汚染物質の「排出」を減らす対策だけでなく，空気中の大気汚染物質の「残存量」を減らす対策も必要となっている．

　騒音問題（noise ploblem）は，大きく分けて 2 つの問題がある．1 つは，騒音が聴覚を害して難聴や睡眠障害，心血管疾患を引き起こす直接的な健康被害である．もう 1 つは，騒音が心理ストレスとなって精神疾患を引き起こしたり近隣との騒音トラブルが起こる副次的な問題である．どちらも解決すべき社会問題であるが，本章では特に直接的な健康被害と心理的ストレスに言及して議論する．

　アーバンヒートアイランド（UHI, Urban Heat Island）は，(1)地表面被覆の人工化，(2)人工排熱の増加，(3)都市形態の高密度化が主な原因となる．都市開発が進むにつれて，特別な対策を行わない限り緑地は減少していく傾向にあるため対策を打つ必要がある．日本では，非都市部で 100 年単位での平均気温の上昇が 1.5℃ 程度であるのに対し，都市部では 2〜3℃ と都市部での温暖化は著しいことが知られている（図 3.1）．UHI が進むと環境・生態系への影響や熱ストレスによる健康被害が考えられる．

　水害（water-lelated disasters）とは，単に浸水現象があるだけではなく，浸水によって被害が生じ，人々の健康や生活を害する現象のことを指す（国立環境研究所，2020）．都市型水害には，一時的な豪雨によって，降雨量が都市

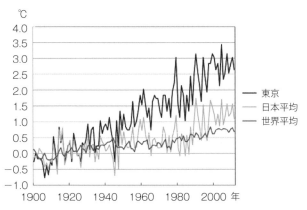

図 3.1 東京，日本，世界の年平均気温の推移（都市局都市計画課，2013）
（資料）気象庁ホームページ掲載データより，1900 年から 1929 年の 30 年間を基準としてグラフを作成

の排水機能を超えて生じる「内水氾濫」と，台風や津波などによって堤防が決壊し外から浸水が起こることで生じる「外水氾濫」の 2 つがある．内水氾濫の原因として，排水設備が不十分であったり，ゴミの蓄積で排水機能が低下していることが挙げられる．また，近年温暖化により，これまでに経験したことのないような局所的かつ短期間の集中豪雨が各地で発生しており，既存の想定していた排水機能を上回ってしまい内水氾濫が起こることも報告されている．都市型水害は市民に長期的な避難を引き起こし，精神的ストレスを誘因する可能性がある．また，水害ゴミの発生や病原菌の拡散によって衛生的な問題を引き起こすことも予想される．

3.1.3 都市の環境問題が引き起こす健康問題

　先述した都市の環境問題は，都市住民の「健康問題」の直接的な原因となるものが多い．たとえば，大気汚染は呼吸器疾患やアレルギー疾患を悪化させる．騒音問題は，ストレスや不眠症を引き起こすため，統合失調症などの精神疾患のリスクを上昇させる．UHI は，市民に熱ストレスを与え，熱中症の罹患リスクや重症化を高める可能性がある．都市型水害では，集団的な避難による心理的ストレスと，病原菌の拡散による衛生的問題がある．特に 2019 年に発生した新型コロナウイルス感染症のような新興感染症が流行している際には，避

難所での感染リスクも高くなる（矢内，2012；国立感染症研究所，2021）．

　また都市特有の生活の変化により発生しうる健康問題も存在する．都市では農村部と比べ肉体労働が低下したことや自然環境が減少したことで，労働者人口・若年層の身体活動が低下している．結果として肥満や高血圧，糖尿病など生活習慣病の患者数が増加している．また，都市特有の生活に適応できないことで心理的ストレスが生じることもある．

3.2　都市緑化の効果とその取り組み

3.2.1　都市緑化の効果とその多様性

　ここで社会課題の解決に向けて，有用な対策の一つである，「都市緑化（urban greening）」の機能について2つ述べる．1つ目は，都市規模での環境問題の改善装置（特に熱ストレスに対する冷却装置）としての側面である．これには，植物の蒸散や緑陰効果による気温の低下や，植物が大気汚染の原因となる微粒子やNOxやSOxを吸着させたりする効果も含まれる．2つ目は，都市景観やレクリエーションの場としての側面である．この側面には，身体活動の増加や憩いの場を提供し，生活習慣病のリスクやストレスの低下をもたらすというものが含まれる．前者は緑化がもたらす健康への直接的な要因であり，後者は間接的な要因である．このような特徴から都市緑化は複合的な都市の環境問題の解決策となることが期待される．

　都市緑化の起源およびその網羅的な知識の把握には東京農業大学の近藤三雄教授が2015年，東京農業大学農学集報に投稿した「都市緑化学の提唱と構築」を参考にされたい．この論文中では，「都市緑化」を花や緑による室内緑化とその審美的効果まで議論されているが，本章では環境問題と健康に対する都市緑化に限定したく，都市緑化を「公園，森林，自然地域，その他の緑地など，植生に高度に覆われた領域」（Schipperijn et al., 2010）として定義する．都市緑化の効果には以下のものがある（公益社団法人福岡県造園協会）．

　(1)　環境衛生的な効果（微気象の調節，大気の浄化，騒音・振動軽減）

　(2)　都市防災的な効果（水害被害の軽減，延焼防止，爆発の緩衝，避難地・避難路…）

(3) 自然保全的な効果（野生生物の生育・生息，生物多様性の維持…）

(4) 心理的な効果（景観美化，災害などに対する安心感，郷土意識…）

(5) 経済的な効果（地域の付加価値，総体的医療費の軽減…）

このように適切な都市緑化の開発は，都市住民の健康と生活の質の向上につながる複合的な効果をもたらすことが期待される．

都市緑化の具体的な種類として，街路樹，小規模公園，大規模公園，屋上緑化と壁面緑化などが挙げられる．それぞれの都市緑化には共通する効果と個別で異なる効果のものが存在する（近藤，2015）．たとえば，街路樹と屋上緑化や壁面緑化には，ともに UHI 対策に有効であることが知られている．しかし街路樹は「緑陰効果（shade tree benefits）」と呼ばれる日陰を作ることで体感温度を下げて熱中症や熱ストレス軽減につながる効果をもつが，芝生が主となる屋上緑化や壁面緑化にはそのような効果はない．また都市公園にはレクリエーションとしての憩いの場を提供している効果があるが，街路樹にはそのような効果はほとんどないか小さいと思われる．このようにひと口に都市緑化といえど，その効果は種類によって微妙に異なるため，目的に合わせた全体的な都市緑化の導入が必要になってくると考えられる．

3.2.2 都市緑化の取り組み

国内の都市緑化の取り組みは国・地方自治体レベルで推進されており，ここでは日本の都市緑化への取り組み事例を紹介する．1973 年に制定された都市緑地法により現在，敷地面積が原則 1,000 m^2 以上の建築物の新築または増築において緑化が義務付けられている（国土交通省都市局公園緑地・景観課）．また市町村によっては，条例で敷地面積の対象規模を 300 m^2 で引き下げることができ，増築の場合については，従前の床面積の 2 割以上の増築を行うものが対象となっている．他にも都市公園などの整備や一定条件を満たした緑地の開発を凍結する特別緑地保全地区制度の導入によって，1 人当たりの都市公園の占有面積が 1975 年と比べて，2005 年時点で約 2.7 倍にまで上昇したり（国土交通省），緑地の保護の取り組みが見られるようになった．また近年では環境保護の意識の高まりからか大規模な屋上緑化が増えており，微増ながらも屋上緑地面積が 1,000 m^2 以上の物件数が増加している（国土交通省都市局公園緑地・景観課，2017）．

　本章冒頭で紹介したように，海外でも急速な都市化により社会問題が発生しており，緑化による対策が講じられている．そこで，海外の都市緑化への取り組み事例を提示し，前述の日本の都市緑化の取り組みと比較することで，日本におけるさらなる都市緑化推進の糧としたい．環境省の調査業務報告書によると，調査対象としたアメリカ，ドイツ，カナダ，オーストリア，スイスの5カ国13自治体が屋上緑化に関する取り組み推進を行っていた（環境情報科学センター，2009）．この屋上緑化の取り組みはUHI現象対策が主目的ではなく，人工被覆面の増加による都市の流出雨水，都市型水害対策が目的であった．その理由としては，これらの都市は夏季の平均気温が日本よりも低く，日本とは異なる気候環境であることが大きいと考えられる．

　都市の環境問題に積極的に取り組んでいる国にドイツがある．ドイツでは屋上緑化はもちろん，気候に合わせた都市開発や人口減少に伴う縮小都市計画にも取り組んでいる．気候に合わせた都市開発では「クリマアトラス（climate atlas）」と呼ばれる風の通り道（風の道（鍵屋・足永，2013），後述を参照）に配慮した都市計画地図を多くの都市で作成し，その土地の気候に適応させた形での都市づくりを行っている．人口減少に伴う縮小都市計画では，主に住宅政策の改善を図り，人口にあった住宅数の減少とそれに伴う空きスペースの緑化推進を行っている．この政策では住民が参画・意見できる「オープンビルディング方式（open building）」によって都市計画が進められている．この住民参画型の都市開発・緑化推進は日本でもいくつかの自治体で進められている一方で，住民側の参加者の割合が少ないため，積極的な住民の都市開発への参加と意識・行動の変容が必要になってくると考えられる（国土交通省）．

3.3　都市緑化と健康への直接的影響と間接的影響

3.3.1　緑化と大気汚染の関係

　大気汚染問題については，工場・発電所・自動車からの排ガスによる大気汚染の対策は近年進んでいる一方，道路の交差点などの大気汚染物質濃度が高くなりやすい局所的な地域や，隣国からの越境大気汚染などの対策は進んでいない（一般社団法人環境情報科学センター，2015）．これらの問題に対しては，

大気汚染物質の排出を「未然に」減らす対策よりも排出されてしまった大気汚染物質を「後から」吸収する対策が重要であると考えられる．その有効な手段の一つとして都市緑化が挙げられる．

大気汚染問題に対しての都市緑化のメリットは，植物が大気汚染物質を吸収することからもたらされる健康被害の軽減である．一方で，デメリットは（1）緑化により特定の植物を育てることによる生態系の乱れ，（2）スギやヒノキなどの花粉による人への健康被害，などが考えられる（Kumar et al., 2019）（図3.2）．特に（2）花粉や生物起源揮発性有機ガス（BVOC, Biogenic Volatile Organic Compound）による健康被害は本来，大気汚染対策の効果と正反対の作用であり，トレードオフの関係にある．そのため，大気汚染対策のために緑化を推進する際には，花粉量の少ない樹木を街路樹にするなど工夫が必要である．

また現在の日本では，大気汚染の原因物質である SO_x や NO_x は大気汚染対策によって減少してきた一方で，オゾン（O_3）は1990年以降減少していない（独立行政法人環境再生保全機構，2015）．加えて，O_3 は酸化ストレスとして

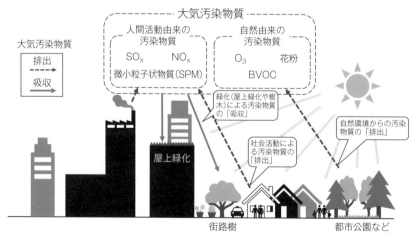

図3.2 都市の大気環境における緑化のメリットとデメリット（Kumar et al., 2019より一部改変）．
汚染物質を植物が「吸収」する流れ（実線），社会活動または植物が「排出」する流れ（点線）．緑化によって SO_x, NO_x, SPM, O_3 は吸収される．O_3 は，大気中の NO_x と BVOC の混合系に太陽光が照射されることによって生成する．

光合成の機能を低下させ，植物の生育に悪影響を与える．そのため，緑化による大気汚染対策ではその効果を最大限利用するためには，先に O_3 の対策を進める必要がある．また都市緑化による大気汚染緩和の効果は植物の種類によって異なっており，植物がもつ大気汚染物質への抵抗性も個々の植物によって異なる（独立行政法人環境再生保全機構，2015）．したがって都市緑化の導入の段階で，景観やその他の都市緑化の効果に合わせて適切な植物の選択が必要になってくる．

3.3.2　緑化と騒音被害の関係

騒音問題は「騒音の知覚」と「騒音に対する不快感」から生じる．また高レベルの騒音は心血管疾患などの深刻な健康問題のリスクを高め，認知障害，睡眠障害，難聴・耳鳴りなども引き起こす．

騒音問題の解決策には人工物による遮音に加えて，緑化による対策が施行されている．たとえば，2007年の東京の環状7号線において，交通量の多い道路周辺の騒音レベルを調査した研究では，樹木や植垣のような緑地部があるところでは，緑地部がないところと比較して2〜3 dbほど騒音レベルが低下したと報告されている（田中 他，2008）．

また騒音の知覚や騒音への不快感に対する緑化の影響についても調べられている（Dzhambov & Dimitrova, 2015）．この研究では住居と緑地の近さに対して，(1)騒音の知覚と，(2)騒音への不快感の関係性を調査している．緑地の近さと(1)騒音の知覚については関係性が有意に示されたが，緑地の近さと(2)騒音への不快感の関係性については直接的な効果はないことが報告されている．このことから騒音による不快感には，物理的な騒音の知覚以外にも別の要因の影響（心理的要因など）を受けることが示唆されている．ここで都市緑化によって精神的ストレスの軽減の効果が数多くの論文で報告されていることを踏まえると，緑化によって騒音の知覚や不快感を軽減できることが予想される．実際に騒音に敏感な人も緑地が近いほど騒音への不快感が低減されるという報告もある．

この他にも興味深い騒音問題対策（measure against noise ploblem）として，鹿児島市の路面電車の線路の緑化による騒音の低減対策が挙げられる（鹿児島市，2022）．この取り組みでは，沿線騒音の低減芝生およびシラス緑化基盤に

より吸音効果が高まることが明らかになった．深夜に電車を試走させて，電車の騒音のみを測定したところ，電車通過時の最大の騒音レベルは，軌道敷緑化した地点で4 db 低下した．また，電車による1日平均の騒音レベルは，軌道敷緑化した地点で3 db 低下し，線路路面の緑化騒音低減に大きな効果があることがわかった．

　都市緑化にメリットがある一方で，緑化による騒音・防音対策にはいくつかの課題も存在している．導入コストが高いということや通常壁面緑化に用いられるツル性植物は壁面を覆うまでに時間がかかることが挙げられる．また壁面緑化の維持コストや一度導入することでのレイアウト変更の難しさ，害虫の発生で生活の質を下げるなど導入によって新たな問題も発生している．しかしながら，これらの問題に対しての対策も一部で行われている．たとえば，株式会社安藤ハザマが提供するサイレント・グリーン・システム（silent green system）である（株式会社安藤ハザマ）．これは壁面緑化の土台にヤシ殻マットを利用することで任意の形での壁面緑化がしやすくなったこと，ヤシ殻を土台に植物の種類がツル性植物に限られなくなったことなどのメリットがある．またヤシ殻マットそのものが代表的な吸音材であるグラスウールに匹敵する吸音率を保つため，遮音板との組み合わせで，115 db の鉄道騒音に対して，壁面2 m の対策で，10 db 以上の騒音低減効果が期待できる．

3.3.3　都市緑化と健康への間接的影響

　発展した都市では田舎にはない様々なストレスが生じており，都市住民は日々，そのストレスにさらされている．結果，統合失調症やうつ病など精神疾患に罹患するリスクが高くなっている．

　この都市特有の様々なストレスに対して，都市緑化は有効な手段である．都市緑化は，住民が緑と触れ合機会を自然と増加させる．緑との触れ合いが増加することで，市民は聴覚的，嗅覚的，視覚的な刺激に曝され精神的な回復が見込まれる．また緑の中では心拍数の低下，ストレスホルモンのコルチゾールの低下も見られリラックス状態になる（Hedblom et al., 2019）．さらに緑化と有病率の関係性を調べた論文では，緑化による好影響が最も見られたのは不安障害とうつ病に対してであり，このことからも緑化は精神疾患に対する有効な対策の一つである（Maas et al., 2009）．

3.4　事例研究：熱中症と都市緑化の関係について

3.4.1　熱中症とは

　熱中症（heat-related illnesses）とは，広義には，体温が上昇し，体内の水分や塩分のバランスが崩れたり，体温の調節機能が働かなくなったりすることで生じる，めまい，痙攣，頭痛などの様々な症状の総称として用いられている（三宅 2019）．特に，熱射症（heaststroke）とは臨床的には，40℃ を超える中核体温と熱中症，乾燥肌，せん妄，けいれん，昏睡などの中枢神経系の異常を伴う疾患として定義されている（Bouchama & Knochel, 2002）．総務省のデータによると，過去7年間で日本では，毎年平均6万人以上の患者が熱中症で救急搬送されている（総務省，2020）．

　熱中症は高い気温や湿度，風のない密閉空間などの「環境」的要因と，高齢者や乳幼児，肥満・高血圧といった基礎疾患保有者などの「身体」的要因，激しい運動中や長時間の屋外作業，不十分な熱中症対策が原因となる「行動」的要因の3つの要因によって引き起こされる．

　熱中症は年間の救急搬送者数全体の約1% を占めている．さらに，救急搬送されていない熱中症患者や自身が熱中症であることを自覚していない「潜在」的な熱中症患者は公表されている統計よりもはるかに多いと考えられる．実際に株式会社タニタが調査・公表した「熱中症に関する意識・実態調査2020」によると，アンケート対象者の約4人に1人しか熱中症を自覚した経験がないにもかかわらず，熱中症と類似したからだの不調を経験したことがあると回答している（図3.3）．

　また熱中症を罹患しやすい高齢者層では，同じく熱中症を罹患しやすい10代の若者と比較して，中等症・重症化しやすい．このことから高齢化が進む現代日本において，熱中症の影響は近年増加しており，熱中症の罹患者数の低減と重症化の予防は取り組むべき大きな課題である．

　加えて，2019 年に発生した新型コロナウイルス感染症をはじめとする新興感染症により，医療体制の逼迫が起きた場合，潜在罹患者の多い熱中症はその影響を受けやすいと考えられる．また新型コロナウイルス感染症は熱中症と類

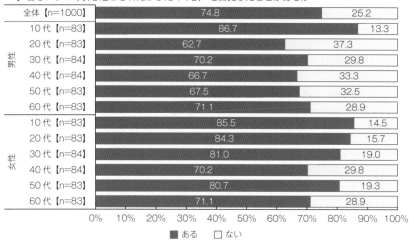

◆"暑さによって引き起こされたからだの不調"を自覚したことがあるか

図 3.3 暑さによるからだの不調を経験したかどうかの調査アンケート（株式会社タニタの調査データ（株式会社タニタ，2020）より一部改変）

似した症状を発症することが多く，夏場の臨床現場では新型コロナウイルス感染症なのか熱中症なのかわからず，救急隊員への負担が大きくなった．これらのことから，医療逼迫を防ぐためにも熱中症に罹患しないよう予防することが大切であるといえる．また，熱中症の予防には，後述の暑さ指数湿球黒球温度（WBGT, Wet Bulb Globe Temperature）に関する認知や，それに伴う行動変容が重要になってくる．

3.4.2 WBGTの効果と問題点，および改善方法

熱中症の罹患リスクを知る指標として WBGT がある．WBGT とは，過酷な海兵隊の訓練中に熱中症を予防することを目的として，1954 年にアメリカで提案された暑さに関する指標である（環境省）．1982 年に ISO で国際基準に採択されたのち，日本では 1994 年に日本体育協会が発表した「熱中症予防の原則およびガイドライン」に組み込まれた．その後，2021 年に本格導入された熱中症警戒アラートの指標として利用されている．WBGT は黒球温度，湿球温度，乾球温度の 3 つから算出することができる．式は以下のようになる．

［屋外］
$$\text{WBGT}（℃）= 0.7 \times 湿球温度 + 0.2 \times 黒球温度 + 0.1 \times 乾球温度 \tag{3.1}$$

［屋内］

$$\text{WBGT（℃）} = 0.7 \times \text{湿球温度} + 0.3 \times \text{黒球温度} \tag{3.2}$$

黒球温度は直射日光にさらされた状態での球の中の平衡温度を観測しており，弱風時に日なたにおける体感温度と良い相関があるとされる．湿球温度は水で湿らせたガーゼを温度計の球部に巻いて観測しており，皮膚の汗が蒸発するときに感じる涼しさ度合いを表している．乾球温度は通常の気温を表している．通常の気温だけでなく，WBGT は湿度や日差しも含めた人の体感温度により近い数値を算出してくれるため，熱中症の罹患や重症度の予測には有効である．

　前述の通り，WBGT による熱中症罹患予測は気温のみを指標としたものよりも，熱中症のリスクを計測するのに適している．ただし，その他の要因（たとえば，連日の酷暑で体力が低下していた，急に炎天下で運動を行ったなど）で救急搬送者数が増えることも予想されるので，個々の事例で詳しく対応していく必要がある．また WBGT の認知度と熱中症への対策には相関があることが 2020 年の環境省の調査で確認されており，WBGT の認知度が上昇すれば熱中症罹患者数の減少が見込める可能性がある（環境省，2020）．

　一方で WBGT と体感温度を比較したときに，WBGT には風の要因（風の強さや風向）が含まれていないため，WBGT は熱中症の指標としては不十分であるという意見も存在する．それに対し，国立環境研究所の小野雅司氏は，下記のような，通常の気象要素である乾球温度，相対湿度，全天日射量，風速からなる WBGT 推定式（3.3）を提案している（小野・登内，2014）．

$$\text{WBGT} = 0.735 \times \text{Ta} + 0.0374 \times \text{RH} + 0.00292 \times \text{Ta} \times \text{RH} + 7.619 \times \text{SR} - 4.557 \times \text{SR2}$$
$$- 0.0572 \times \text{WS} - 4.064 \tag{3.3}$$

ここで，Ta は気温（℃），RH は相対湿度（％），SR は全天日量（kW/m^2），WS は平均風速（m/s）である．この概算式により，簡易的にではあるが，高い精度で気象条件から熱中症罹患の危険度を推察することができる．

　環境省が WBGT の社会浸透度合いを調査したところ，調査対象とした 6400 人のうち約半分の人（46.5％）が WBGT を認知していた（環境省，2020）．一方で，ここ 3 年間で WBGT の認知度に変化がなかった．また暑さの指標として日常的に確認しているのは気温（93.6％），天気（67.3％），湿度（56.9％）

が上位3つであった一方で，WBGT は 9.9% であった．このことから認知度はそれなりにあるものの，WBGT の日常的な利用までは至っておらず，WBGT の利用促進が今後の課題である．

3.4.3 UHI・地球温暖化と緑化と熱中症の関係

熱中症の原因の中でも，高い気温や湿度，風のない密閉空間などの「環境」的要因は，熱中症救急搬送者数，つまり熱中症に罹患するリスクと強い相関関係がある．実際に，過去8年間の京都市の熱中症による救急搬送者数の推移を確認してみると，2018年の搬送者数が最も多いことがわかった（図3.4）．また気象庁の最高気温のデータを確認すると，2018年は京都における歴代最高気温 39.8℃（7月19日）を確認した年であった（小野・登内，2014）．他の日についても，特に気温が高かった 1994年と並び，2018年は最高気温が高かった．一般的に，気温と熱中症の罹患リスクには 0.7〜0.8 の強い相関関係が報告されている（藤部，2013）．

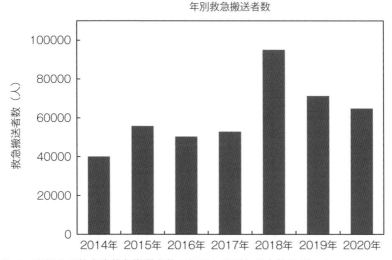

図 3.4 京都市の熱中症救急搬送者数の年間と月ごとの人数のデータ

UHI は，都市がなかった場合に観測されるであろう気温よりも都市の気温が高くなっている状態のことを指す．実際にロンドンの都市部と農村部を比較したところ，5〜10℃ も都市部のほうが気温が高いことが報告された（Azevedo et al., 2016). また時系列で気温を見たときには, UHI の影響は夜間で強く見られる. たとえば, パリでは都市部と農村部で気温を比較したときに, 日中よりも夜間でその気温差が見られやすく, 夜間では都市部と農村部で最大 7℃の気温差があるという報告もある (Lac et al., 2013). これは経済活動の増加や地表面被覆の人工化による蓄熱の増加により, 夜間の放射冷却だけでは十分な熱放散とならず都市に熱が溜まり続けることが原因と考えられる. また, 放射冷却 (radiation cooling) は開けた場所のほうが効率的に起こりやすく, 中高層の建物が多い高密度化した都市においては夜間の放射冷却が不十分となりやすいことも原因として考えられる.

　以上のように, UHI は気温の上昇をもたらし, その結果, 熱中症の罹患リスクを上昇させる. この作用は日中だけでなく夜間での影響も大きいため, 睡眠時の脱水症状や熱中症の原因として影響していることも考えられるため, 夜間の対策も必要となってくる. この夜間の脱水症状や熱中症の影響は, 高齢者

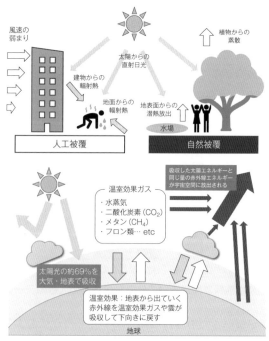

図 3.5　UHI と地球温暖化の違い（気象庁ホームページより改変）
上図は UHI, 下図は地球温暖化の概略図

のほうが確認されやすい．

　熱中症には，UHIだけでなく地球温暖化（global warming）も影響している．ここでUHIと地球温暖化の違いについて簡単に説明する（図3.5）．地球温暖化は温室効果ガスなどによって地球規模での気温の上昇を指す（気象庁ホームページ）．一方でUHIは都市活動によって都市を中心に気温が上昇することで，その作用は都市に限定されやすい．

　UHIの対策である屋上緑化（green roof）が，間接的に地球温暖化対策につながることがある．たとえば，屋上緑化が室内の気温の低下をもたらすことでエアコンの使用率を下げ，その結果として電気使用量が減少するという効果が期待できる（鍵屋・足永，2013）．都市緑化が進行すれば，都市の植物の量が増加するので，二酸化炭素（CO_2）の絶対的な固定量が増加すると考えられる．このようにUHI対策としての都市緑化も地球温暖化対策の一助となりうる．

　コンクリートに囲まれた都市環境は，人々に熱ストレスを与え，熱中症の罹患・重症化リスクを高める．熱中症は気温（または地温）や湿度，風の有無，日差しの強さといった「環境要因」による影響が大きい．

　都市緑化は，これら熱中症の「環境要因」を改善する作用をもつため，熱中症の発病・重症化リスクを低減する可能性がある．具体的には，都市の緑化は直射日光を被覆することで熱吸収量を下げる緑陰効果，蒸散による熱放散によ

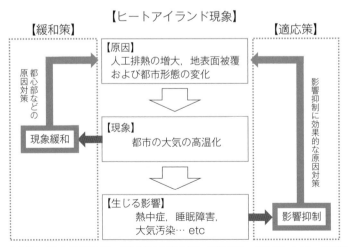

図3.6 UHIに対する緩和策・適応策の概念図（環境省，2013より一部改変）

表 3.1　UHI に対する緩和策・適応策の主な特徴（環境省，2013）

	緩和策	適応策 （屋外における人の熱ストレスを軽減するもの）
目的	気温上昇の抑制	人の熱ストレスの軽減
試作の手法	被覆改善や排熱削減などのハード面の手法	街路樹整備などのハード面と熱中症予報などのソフト面の手法
評価指標	都市スケールの気温	局所的な体感温度，個人的な熱ストレス
効果が現れるまでの期間	長所的な対策の積み重ねが必要	局所的な街路樹整備，講義的な情報提供など比較的短期に実施可能
効果的な対策の実施場所	原因が密集している都心部など	人通りの多い街路や熱ストレスに脆弱な高齢者などの関連施設周辺

り周囲の土地よりも 1℃ 以上気温を低下させる．この効果は都市公園のような大規模公園だけでなく，緑のカーテンや屋上緑化といった小規模緑地でも確認されている．

　ここで UHI の影響を「緩和」する対策と UHI の環境に「適応」する対策の 2 つがあることを紹介する（図 3.6，表 3.1）．これまでの環境問題への取り組みは環境問題の原因を未然に防いだり，問題の影響を減らしたりすることに多くの時間とコストを費やしてきた．しかし世界規模での地球温暖化や急速な環境変化を踏まえると，これまでの都市環境の「緩和」に加えて，今後は「適応」も考えていく必要がある．たとえば，地球温暖化では高い気温に対し，日頃の運動やこまめな水分補給によって暑さに慣れる努力をしたり，地球環境の変化に人間が「適応」する形となる．

3.4.4　緑化と身体活動の関係

　3.1.1 項の熱中症の項目で述べたように，熱中症の原因には「身体」的要因がある．この「身体」的要因の影響は，適度な身体活動を増加させることによって小さくすることができる．適度な身体活動習慣は体力の増加につながり，熱中症や熱ストレスに対して耐性の向上や罹患からの早期回復が見込める．

　また定期的な運動習慣や入浴など，体を暑さに慣れさせておくことが熱中症の発生リスクや重症化リスクの軽減につながる．これを「暑熱順化（heat adaption）」と呼ぶ．特にこの効果は発汗能力の未発達な幼年者や発汗能力の低下した高齢者に効果的である（環境省，2022）．実際に日常的に運動を行う高齢者は若者と同等の発汗能力をもつことが知られており，高齢者にとって日常的に汗をかくことは発汗能力の低下予防につながり，ひいては熱中症の予防につながると考えられる．

　都市緑化の身体活動への効果については，国内外で研究が進められている．トルコで420人を対象に緑地と身体活動の関係を調べたところ，緑地との距離および緑地の質（管理状況や整備度合い）と，身体活動の頻度の間に有意な正の関係が得られた（Akpinar, 2016）．

　この結果と前述の事柄を考慮すると，都市緑化によって適度な身体活動習慣が強化された結果，体力の増加と暑熱順化につながり，熱中症の予防につながると推測される．

　身体活動量の低下は，心血管疾患や肥満などの生活習慣病のリスクを高める（Warburton et al., 2006）．一方，居住地域の周囲に緑地があることは身体活動量を高めることが知られている（Richardson et al., 2013）．特に高齢者では，公園や樹木が多い地域に居住することで散歩などの活動量が増え，男女ともに寿命が延びることが報告されている（Takano et al., 2002）．これらに加えて，身体活動量の増加は精神的ストレスを低減するため，精神面での健康の改善にもつながると推測される．

　運動習慣は熱中症の原因の1つである「身体」的要因に作用して，肉体的に虚弱となりやすい高齢者や幼少者に熱中症の予防効果を高めると考えられる．またデスクワークなどによって運動習慣が減少気味の成人にも熱中症予防効果に加えて，生活習慣病の改善をもたらしうると考えられる．一方で，熱中症の原因には「身体」的要因の他にも「環境」的要因，「行動」的要因がある．外部環境が過酷な場合（たとえば非常に気温が高い場合やWBGTの数値が28℃を超える場合など），運動習慣が熱中症予防に効果的といえど，激しい運動は控えたほうがよい．実際に，23歳の男性が7月末の炎天下にテニスを1時間したことによって熱けいれんを引き起こした症例（日本スポーツ協会，2020）や，ラグビーのセミプロ選手であっても10 km走ったことによって熱中症に罹患した症例，17歳の男性が35℃の炎天下でのアメリカンフットボールの練習中に死亡した例も存在する．

　都市緑化と身体活動に関係性があるかどうかは調査対象や調査場所によって
まったく異なる結果を示すことが報告されている．たとえば，イギリスに住む
40〜70 歳の中年層以上の人口 4732 人に対し行った調査では，緑地と身体活動
に有意な関係性は見られなかった（Hillsdon et al., 2006）と報告されている．
また Akpinar は，2000〜2010 年の間に緑地と身体活動の関係性を調査した論
文の約 60% は関係性がないという報告を引用している（Akpinar, 2016）．こ
れらのことから，都市緑化と身体活動の有意な関係性は調査アンケートの取り
方や対象，地理的要因，人種，文化的背景など様々な要因で変化しやすく，身
体活動の増加を目的とした都市緑化計画は効果が担保できるかという点で結論
がでていない．

　また都市緑化と身体活動の関係性について調査した論文は主に都市公園や河
川近くの緑地といった比較的，面積の大きい都市の緑地について言及してある．
一方で，都市緑化には他にも屋上緑化や壁面緑化などがあり，それらが身体活
動に与える影響はどんなものがあるのかという詳しい調査がなされていない．

3.4.5　シナジーとトレードオフ

　ここまで都市緑化と健康について，様々な都市環境の観点から議論してきた．
都市緑化が健康に与える影響については，プラネタリーヘルス（planetary
health）の文脈でとらえられる（長崎大学，2022）．プラネタリーヘルスとは，
地球の自然システムに対する人間の攪乱が人間の健康や地球上のすべての生命
に与える影響を分析し対処することに焦点を当てた解決志向の学際的分野であ
り，地球規模で環境が変化する現代において今後の発展が期待される学問分野
である．最後に緑化施策のシナジーとトレードオフの関係について述べる．都
市緑化は多面的に人々の健康に好影響を与える一方で，都市緑化施策のみでは，
健康への効果は他の直接的な健康施策に比べると限定的である．そのため実際
の自治体の対策では，都市緑化に他の施策を合わせることや，様々な都市緑化
の施策を組み合わせることが必要となってくると考えられる．たとえば，中国
の重慶大学キャンパスの屋上にセイロンベンケイソウを設置し，その日中と夜
間での冷却効果を調べた研究では，夜間において屋上緑化のみでは冷却効果は
ほとんど見られなかった一方で，屋上緑化と換気を合わせることで建物内の熱
増加を約 75% 抑えることができるという結果が得られた（Jiang & Tang,

2017). また緑化施策間のシナジーとしては, 屋上緑化や緑化の地表面被覆と, 街路樹の関係が考えられる. 屋上緑化や地表面被覆と, 街路樹は施策として独立しており, それぞれを組み合わせることでさらなる効果を生み出せる可能性がある. たとえば, 鹿児島の路面電車では芝生軌道整備を行うことで走行時の騒音低減につながった. それに加えて街路樹や壁面緑化をうまく組み合わせることで, 騒音問題をより低減させることができる可能性がある.

　一方で, 都市緑化の施策間でトレードオフの関係にあるものも存在する. 3.3 節で述べた BVOC は O_3 や光化学オキシダントの発生に寄与している一方, BVOC の大部分を占めるイソプレン (isoprene) は植物の熱ストレス耐性を向上させたり, エアロゾルの発生を促すことによる気温低下に寄与したりすることも知られている. すなわち BVOC は大気汚染対策では害となるものだが, UHI 対策では薬となるものである. またしばしば都市公園に見られる水辺の存在も UHI 対策にとって良い部分と悪い部分が存在する. 水辺の存在は人々の身体活動の増加を促すだけでなく, 気温が比較的低い状況では蒸発による気化熱で気温低下に貢献する. 一方で気温が非常に高い場合は湿度の上昇により, 人々の不快感を増やし汗の蒸発も妨げるため, UHI の効果を高めるものとなってしまう. このように都市緑化は意図した効果とは異なる副作用をもつ施策も生じるため, 導入には綿密な設計と持続的な緑化対策の維持が重要となってくると考えられる.

参考文献

一般社団法人環境情報科学センター (2009) 平成 20 年度ヒートアイランド対策の環境影響等に関する調査業務報告書, pp. 61-62.

一般社団法人環境情報科学センター (2015) 局地的大気汚染対策に係る調査研究の体系的レビューとその成果を活用した局地的対策パッケージに関する調査研究. https://www.erca. go.jp/yobou/taiki/research/pdf/h27_result/h2703_hokoku.pdf

小野雅司・登内道彦 (2013) 通常観測気象要素を用いた WBGT (湿球黒球温度) の推定. 日本生気象学会雑誌, 50 (4), 147-157.

鍵屋浩司・足永靖信 (2013) ヒートアイランド対策に資する「風の道」を活用した都市づくりガイドライン. 国総研資料, 国土交通省・国土技術政策総合研究所.

鹿児島市 (2022) 鹿児島市電軌道敷緑化整備事業, http://www.city.kagoshima.lg.jp/ kensetu/kensetukanri/kouenryokuka/machizukuri/machizukuri/shiden.html

株式会社安藤ハザマ，https://www.ad-hzm.co.jp

株式会社タニタ（2020）熱中症に関する意識・実態調査 2020.

環境省．熱中症予防情報サイト，https://www.wbgt.env.go.jp/doc_observation.php

環境省（2013）ヒートアイランド対策ガイドライン平成 24 年度版.

環境省（2020）令和 2 年度　暑熱環境に対する適応策調査業務報告書.

環境省（2022）熱中症環境保健マニュアル.

気象庁ホームページ．ヒートアイランド現象，https://www.data.jma.go.jp/cpdinfo/himr_faq/03/qa.html

公益社団法人福岡県造園協会．公園緑地・街路樹の機能と効果，http://www.fkz.or.jp/ryokuti/ryokuti.html

国土交通省．みどりの政策の現状と課題，https://www.mlit.go.jp/singikai/infra/city_history/city_planning/park_green/h18_1/images/shiryou06.pdf

国土交通省都市局公園緑地・景観課．緑化地域制度，https://www.mlit.go.jp/crd/park/shisaku/ryokuchi/chiikiseido/index.html

国土交通省都市局公園緑地・景観課（2017）大規模な屋上緑化が近年増えてきています―平成 28 年　全国屋上・壁面緑化施工実績調査の結果報告―.

国土交通省都市局都市計画課（2020）ヒートアイランド現象緩和に向けた都市づくりガイドライン.

国立環境研究所（2020）正しいごみ管理で都市を水害から守る　熱帯アジアの都市型水害の原因と解決策．環境儀．78.

国立感染症研究所（2021）令和 3 年夏季の水害に関して被災地域において注意すべき感染症について．2022 年 8 月 1 日確認，2022，https://www.niid.go.jp/niid/ja/disaster/r3-7/10512-r3-7-1.html

近藤三雄（2015）日本における都市緑化事業の方途・手法・技術の展開と課題．東京農業大学農学集報，59（4），235-253.

総務省（2020）令和 2 年（6 月から 9 月）の熱中症による救急搬送状況.

田中輝栄・小林一雄 他（2008）環境緑地帯の道路交通騒音低減効果．東京都土木技術センター年報，pp. 165-170.

独立行政法人環境再生保全機構（2015）大気浄化植樹マニュアル.

長崎大学 監訳・河野茂 総監修（2022）プラネタリーヘルス：私たちと地球の未来のために，丸善出版（原著：Myers, S. et al. eds（2020）Planetary Health: Protecting Nature to Protect Ourselves, Island Pr）.

日本スポーツ協会（2020）スポーツ活動中の熱中症予防ガイドブック.

熱中症ゼロへ，https://www.netsuzero.jp/learning/le15

藤部文昭（2013）暑熱（熱中症）による国内死者数と夏季気温の長期変動．天気，60（5），

371-381.

三宅康史 編著（2019）医療者のための熱中症対策 Q & A，日本医事新報社

矢内充（2012）災害時の感染症対策．日大医学雑誌，71（1），27-30.

Akpinar, A.（2016）How is quality of urban green spaces associated with physical activity and health? *Urban Forestry & Urban Greening,* 16, 76-83.

Azevedo, J. A., Chapman, I. et al.（2016）Quantifying the daytime and night-time urban heat island in Birmingham, UK: A comparison of satellite derived land surface temperature and high resolution air temperature observations. *Remote Sensing,* 8（2）, 153.

Bouchama, A. & J. P. Knochel（2002）Heat stroke. *New England journal of medicine,* 346（25）, 1978-1988.

Dzhambov, A. M. & Dimitrova, D. D.（2015）Green spaces and environmental noise perception. *Urban Forestry & Urban Greening,* 14（4）, 1000-1008.

Hedblom, M., Gunnarsson, B. et al.（2019）Reduction of physiological stress by urban green space in a multisensory virtual experiment. *Scientific Reports,* 9（1）, 1-11.

Hillsdon, M., Panter, J. et al.（2006）The relationship between access and quality of urban green space with population physical activity. *Public health,* 120（12）, 1127-1132.

Jiang, L. & Tang, M.（2017）Thermal analysis of extensive green roofs combined with night ventilation for space cooling. *Energy and Buildings,* 156, 238-249.

Kumar, P., Druckman, A et al.（2019）The nexus between air pollution, green infrastructure and human health. *Environment International,* 133, 105181.

Lac, C., Donnelly, R. D. et al.（2013）CO_2 dispersion modelling over Paris region within the CO_2-MEGAPARIS project. *Atmospheric Chemistry and Physics,* 13（9）, 4941-4961.

Maas, J., Verheij, R. A. et al.（2009）Morbidity is related to a green living environment. *Journal of Epidemiology & Community Health,* 63（12）, 967-973.

Richardson, E. A., Pearce, J. et al.（2013）Role of physical activity in the relationship between urban green space and health. *Public health,* 127（4）, 318-324.

Schipperijn, J., Stigsdotter, U. K. et al.（2010）Influences on the use of urban green space-A case study in Odense, Denmark. *Urban Forestry & Urban Greening,* 9（1）, 25-32.

Takano, T., Nakamura, K. et al.（2002）Urban residential environments and senior citizens' longevity in megacity areas: the importance of walkable green spaces. *Journal of Epidemiology & Community Health,* 56（12）, 913-918.

Warburton, D. E., Nicol, C. W. et al.（2006）Health benefits of physical activity: the evidence. *Cmaj,* 174（6）, 801-809.

第4章
SDGs ネクサス

松井孝典

　2030 年，持続可能な開発目標（Sustainable Development Goals，以下
SDGs）の達成目標年に向けて，私たちは今"行動の 10 年"にある．SDGs が
目指す社会は，地球と天然資源の永続的な保護が確保され，貧困と飢餓，不平
等と戦い，平和で人権が保護された公正かつ包摂的であり，持続的な経済成長，
共有された繁栄と働きがいのある人間らしい仕事を作り出すことが同時に達成
される社会である．SDGs では，大胆かつ変革的な手段により，誰一人取り残
さない（LNOB：Leave No One Behind），そして環境・社会・経済の調和を
図りながらそこへ向かう．これは異なる立場の多様な価値観を尊重したうえで，
粘り強い対話を通じて互いの共通項を探し，変革に向けた協働を志向するもの
である．複雑な因果関係をもつ SDGs を包摂的に調律するための知恵，すなわ
ち"SDGs ネクサス"を探索すること自体が変革の旅そのものである．

4.1　持続可能な開発目標（SDGs）

　2030 年という持続可能な開発目標（SDGs）の達成目標年に向けたこの 10
年は，貧困やジェンダーから気候変動，不平等，資金不足の解消にいたるまで，
世界の最重要課題すべてについて，持続可能な解決策を加速度的に講じること
が求められている（United Nations，2020）．どうすれば Rockström 博士が示
したプラネタリー・バウンダリー（planetary boundaries，1 章）の外への超
過を回避しうるだろうか（武内，2018）．そして，どうすればこれまで取り残
され続けてきた人々がその生活の基本となるものの不足を克服し，Raworth
女史のドーナツ理論（Doughnut Theory）が示す環境再生的で社会的公正な
社会・経済システムへと変わることができるだろうか（ラワース，2018）．
　SDGs は 2015 年に国連サミットで採択された「我々の世界を変革する：持
続可能な開発のための 2030 アジェンダ（Transforming our world: the 2030

Agenda for Sustainable Development)」の一部分をなすものである. 2030 アジェンダは 2030 年までに貧困を撲滅し, 持続可能な未来を追及するための普遍的なアジェンダである. 詳細は国連広報センター (2015) や, 外務省 (2015a) にある公式文書や公式翻訳による解説, SDGs の前身であるミレニアム開発目標 (MDGs, Millennium Development Goals) から SDGs へと拡張された歴史的な経緯や国際交渉の現場の記憶は蟹江 (2017), 南・稲場 (2020) などを参照して頂きたい.

2030 アジェンダでは, 人間 (People), 地球 (Planet), 繁栄 (Prosperity), 平和 (Peace), パートナーシップ (Partnership) の 5 つの P のための行動計画が策定されている. この 5P に基づいて向かうべき方向である 17 の SDGs の目標 (グローバル目標：Global goals) を定め, その目標を具体的な達成目標とするために 169 のターゲット (target) へと分節化し, 着実に歩みを進めるために 231 の指標 (indicator) によって自らを観測するという仕組みとなっている. その前文 (外務省, 2015b) には 3 つの大きなメッセージが書き記されている. (1)大胆かつ変革的な手段により (Bold and transformative steps), (2)誰一人取り残さない (Leave no one behind), (3)環境・社会・経済の調和 (Balance the three dimensions of sustainable development: the economic, social and environmental) した持続可能な開発を行うことである. 2030 年アジェンダでも「SDGs 間の相互関連性及び統合された性質 (Interlinkages and integrated nature of the Sustainable Development Goals)」として重要性が強調されているように, SDGs の目標とターゲットは一体のもので分割できないもの (integrated and indivisible) であり, つながりの中で統合的に解決される.

とはいえ, SDGs にコミットしているプレイヤーたちはそれぞれに想いと使命をもっている. あるときには相乗関係 (シナジー) によって多様な意図と行動がハーモニーを生み出す反面, あるときには予期せぬ二律背反 (トレードオフ) 関係によって対立が生じてしまったり, 気付かないうちにどこかの誰かを取り残してしまったりする局面も生じうる. SDGs の目標やターゲットがもつ複雑な連関構造の中でも成立する社会・環境・経済を包摂する全体最適解は, 環境と経済は対立するという伝統的な価値観に基づいた妥協の延長上には存在しないし, 環境・社会・経済を分割したそれぞれの部分最適解を合成して得ら

れるものでもない．SDGs の旅は異なる立場の多様な価値観を尊重したうえで，粘り強い対話を通じて互いの共通項を探し，それをコアとして協働によって変革するものである．社会・環境・経済にわたって複雑な因果関係をもつ SDGs を包摂的に調律するための知恵の共有，すなわち SDGs ネクサスを明らかにすること自体が変革の旅そのものであるといえる．

4.2　知識駆動とデータ駆動の両輪で SDGs ネクサスを解明する

"ネクサス" とは何かという概念自体はまえがきや第 1 章を，"SDGs ネクサス" とは何かについては（田崎・遠藤，2017）を参照して頂くことでより理解

図 4.1　SDGs の目標間の相互作用を理解するための枠組み（Waage et al., 2015）

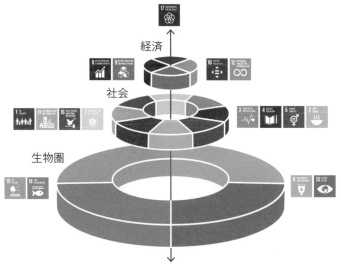

図 4.2 SDGs ウエディングケーキ（Stockholm Resilience Centre, 2016）

が進む．SDGs ネクサスを解明することはグローバルの共通課題であるが，国内では"ネクサス"という言葉自体はなじみのあるものではなく"つながり"が使われる．また"相互関係"や"連関（連環）"と和訳されることも多い．しかし国際誌では当初は"interactions"が利用されたが（Waage et al., 2015; Nilsson et al., 2016），水・食料・エネルギーネクサス研究が盛んな影響があってか"SDGs nexus"という概念も使われている．その後，"interlinkages"や"interconnections"といった言葉が利用されつつも，近年では"SDGs nexus"の方が主流化してきている傾向がある．

　図 4.1 は Waage et al.（2015）が示した SDGs の連関構造であり，図 4.2 は Stockholm Resilience Centre（2016）が示した SDGs ウエディングケーキと呼ばれる階層図である．ともに黎明期から SDGs の主流化に貢献した概念的な枠組みである．両図ともに，自然環境（natural environment）や生物圏（biosphere）が社会（society）とその基盤（infrastructure）を支持し，環境・社会に埋め込まれた経済（economy）がパートナーシップをもって福利（wellbeing）を育むということを直感的に示し，17 の目標の連関構造が階層性をもって表現されている．そしてこの階層間，ならびに階層内にはシナジー（synergy）・トレードオフ（trade off）の両性質をもった SDGs ネクサスが存在する．

表 4.1　SDGs の目標間に生じうる相互作用の特性（Nilsson et al., 2016）

ゴールスコアリング 1 つの目標かターゲットが他に与える影響は以下の単純な尺度で要約しうる			
相互 作用	名称	説明	例
+3	不可分	他の目標の達成と密接に関連する	女性と女児に対するあらゆる形態の差別を終わらせることは，女性の完全かつ効果的な参加とリーダーシップの平等な機会を確保することと切り離すことはできない．
+2	強化	他の目標の達成を助ける	電気へのアクセスを提供することで，水の汲み上げと灌漑システムが強化される．気候関連の災害に適応する能力を強化することで，災害による損失を減らすことができる．
+1	有効	他の目標を促進する条件を生み出す	農村部の家庭に電気へのアクセスを提供することで教育が可能になる．これは夜間に電気照明で宿題をすることができるためである．
0	不変	重要な正負の相互作用はない	すべての人に教育を確実に行うことは，社会基盤の開発や海洋生態系の保全と大きく相互影響しない．
−1	制約	他の目標の選択肢を制限する	水効率の改善が農業用灌漑を制約する可能性がある．気候変動を緩和するとエネルギーアクセスへの選択肢が制限される可能性がある．
−2	相殺	他の目標と衝突する	成長のために消費を増大させることは，廃棄物の削減と気候変動の緩和を妨げる可能性がある．
−3	無効	他の目標の達成を不可能にする	公共の透明性と民主的な説明責任を完全に確保することを国家安全保障の目標と組み合わせることはできない．自然保護区の完全な保護はレクリエーションのための公共的なアクセスを排除する．

Nilsson et al.（2016）は早くからこの SDGs ネクサスを解明することの重要性を説いた．表 4.1 のように，目標間に生じうる相互作用の特性を示す補完・独立・相殺のネクサスを 7 つのレベルに整理しつつ，SDGs ネクサスは(1)可逆な関係か，(2)単方向か双方向か，(3)影響は大きいか，(4)不確実性はあるかという注目すべき 4 つのネクサスの性質を定義した．そして同時に，ローカル（地域・地元）・リージョナル（国際地域）・ナショナル（国）といった地理的スケールや，そこの政策的・技術的条件によってネクサスのあり方が異なるため，

過度な一般化が危険であることを指摘している．同様に Bleischwitz et al.（2018）も SDGs ネクサスを理解することの重要性とともに概念自体の不確実性も指摘している．

これ以降も，各目標やターゲットがどのようにつながっているかは複雑で「厄介な問題（wicked ploblems）」であり（Bowen et al., 2017），この連関の見抜きと理解を支援するべく目標・ターゲット間のシナジーとトレードオフを含めてシステム最適化することの必要性は繰り返し指摘されている（Allen et al., 2018; Kroll et al., 2019）．シナジー・トレードオフ関係を含む SDGs ネクサスを特定するような研究には大きく「知識駆動（knowledge-driven）」と「データ駆動（data-driven）」の 2 つの研究アプローチがある．知識駆動アプローチの例として，SDGs ネクサス分析のフレームワークを開発するもの（Nilsson et al., 2018），既存研究からキーとなる SDGs の連関構造を演繹的に体系化するもの（Scharlemann et al., 2020），統計データから SDGs interlinkage を特定する実証研究（Zanten & Tulder, 2021; Tosun & Leininger, 2017），統合モデル（IAMs, Integrated Assessment Models）との連携によってシナジー・トレードオフを特定した事例（van Soest et al., 2019）もある．また近年では，機械学習でデータ構造からネクサスを帰納推論で特定している事例（Requejo-Castro et al., 2020），SDGs の指標間の関係を因果推論で構造化する事例（Dörgő et al., 2018），テキストマイニング（Sebestyén et al., 2020）などデータ駆動のアプローチも広がりを見せている．

▍**4.3**　日本の **SDGs** ネクサス：ローカル **SDGs** の視点から

そして国内の SDGs ネクサス研究の最近を紹介したい．知識駆動型の研究として，増原 他（2019）は，現在，環境未来都市・SDGs 未来都市（内閣府，2022）に指定されている都市群が貢献しようとしている SDGs の目標を分析した．そして目標 7 のエネルギー変革や目標 11 のレジリエントなまちづくりという社会層を重視してきた環境未来都市が，SDGs 未来都市へと拡張する過程で目標 8 の適正な経済成長，目標 9 の産業革新といった経済層，目標 13 の気候アクションという環境層へと取り組みが波及してきている歴史を明らかにした．これは自治体の政策が SDGs のもつネクサスという性質に導かれて変遷し

てきた過程を実証的に明らかにしようとするものであるだろう．これと並行する形で松井 他（2019）ではデータ駆動型の分析を行っている．Kawakubo & Murakami（2020）が国連が定めるグローバルレベルで定義された SDGs 指標（UNSTATS, 2017）を日本の文脈にローカライズした通称「ローカル SDGs 指標」から指標間の相関分析を行い，都道府県スケールでは図 4.3 のような環境・社会・経済が横断的につながりをもつ可能性を示した．頂点のサイズは他の指標とのつながりの大きさ，頂点の間をつなぐ線は相関係数の符号と強さを表し，赤，青がそれぞれ正，負の相関を表す．すなわち，これらのリンクは指標間の相乗効果またはトレードオフ関係のネクサスの存在を示唆する．①［窒素酸化物（NOx）年平均値］は窒素酸化物を前駆物質とする②［光化学オキシダント（Ox）濃度の昼間 1 時間値が 0.12 ppm 以上であった日数］と正の相関をもち，③［ホームレスの割合］と高い相関をもった．同時に，③［ホームレスの割合］は④［森林面積割合］，⑤［面積当たりの絶滅危惧種数］，⑥［100 万人当たりの研究者数］，⑦［結核罹患率］とも相関があり，社会的弱者が貧困（目標 1）だけなく，大気汚染や生態系サービスの享受，産業イノベーション，傾向増進といった環境（目標 15），産業（目標 9），健康（目標 3）の分野で取り残されていないかの注意を喚起している．また⑧［インターネットブロードバンド契約数世帯比］，⑨［モバイル端末を保有していると答えた割合］，⑩［インターネット利用率］といったウェブに対するアクセシビリティの指標群と，⑪［相対的貧困率］ならびに⑫［災害などの自然外因による被害者割合］のそれぞれと相関が見られた．インターネット普及率や携帯電話利用率は地方部で低く，また所得水準によってネットへのアクセスの差が生じることが知られている（総務省，2018）．そのネットへのアクセシビリティが災害などの自然外因による被害規模と負の相関を示した．これは地方部での貧困が情報格差を生み，災害時のリスクを高めるというトレードオフ型のネクサスが生じる可能性を示唆している．

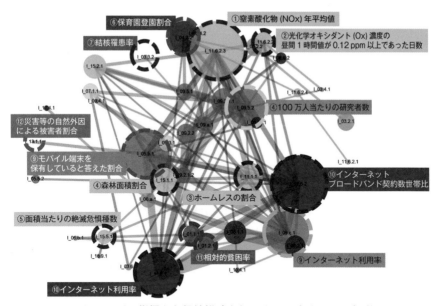

図 4.3　ローカル SDGs 指標から帰納推論される SDGs ネクサスの仮説

　SDGs の目標達成年である 2030 から 2050 年頃に向けて気候変動の進展に伴って災害が増加することが懸念される中，超高齢化社会による情報格差が防災格差を生む可能性があり，高齢化，貧困，気候，災害をわたるネクサスへの包摂的な対応の必要性がある．当然，相関関係は因果関係ではなく，知識駆動型のアプローチと連携してプロセスレベルの理解や疑似相関の熟慮と因果の合理的な解釈が必要であることを大前提として，データに基づいてネクサスの仮説を帰納的に推論することは，膨大な目標・ターゲット・指標からなる複雑な SDGs 間のネクサスの仮説をデータ駆動で検知し，科学的に検証を進めることを支持するうえで，私たちの気付きを促してくれるものといえる．

　次に，2030 年までのこの行動の 10 年に筆者らが重要だと考える SDGs ネクサス研究の一つとして，再生可能エネルギー（renewable energy）分野での Tanaka et al.（2022）の研究を示したい．近年，脱炭素社会の形成は国際的な共通課題である．国際エネルギー機関（IEA, 2021）は 2050 年の全球の発電電力の構成は再生可能エネルギー比率が約 90% まで増加することを予測し，世界のエネルギー部門の温室効果ガス排出量を実質 0 にするためのロードマップ

を発表した．また国際再生可能エネルギー機関（IRENA, 2019）はエネルギー分野の電化と再生可能エネルギーの利用によりパリ協定の達成に必要な CO_2 排出量の削減量のうち 75% を削減できることを示した．SDGs の目標 7 のうちの 1 つのターゲットである再生可能エネルギーは目標 13 の脱炭素社会の達成に必須な手段である．その一方で，多くの再生可能エネルギーは自然界から生成されるエネルギーであるため，利用するためには目標 14, 15 と強いネクサスを有する．人類の化石資源からの卒業は SDGs ネクサスを考慮しなければならない典型的な事例の一つである．そして，再生可能エネルギーの空間的な偏在性と超高齢化社会へと向かう日本社会の事情が相まって，2050 年の脱炭素社会へ向かう道程にはエネルギー貧困や旧産業での失業などの目標 1 や目標 8 に関連する社会的課題への影響を最大限に緩和した「公正な移行（just transition）」の視座が必須となる．

　この背景から，Tanaka et al.（2022）では環境省（2022）が公開する再生可能エネルギー情報提供システムを活用して高空間解像度な再生可能エネルギーのポテンシャルマップを開発しつつ，再生可能エネルギーに伴う様々な SDG ネクサスの評価を行った（図 4.4a）．再生可能エネルギーがもつ生態系とのネクサスを評価するべく，環境省のレッドリスト（Red List）に記載されて地球規模生物多様性情報機構（GBIF, 2022）に登録されている 49 種の鳥類の観測データの空間分布と電力利用を主とした再生可能エネルギーポテンシャルマップを比較した．鳥類がよく観測される場所では再生可能エネルギーの賦存量が多く，再生可能エネルギーの利用と生物多様性の保全にトレードオフが生じる可能性を示した（図 4.4b）．2050 年の電力需要の推計値と，再生可能エネルギーポテンシャルを比較することでエネルギーアクセス性を評価したのが図 4.4（c）である．凡例の横軸は将来に予想される 500 m メッシュ内の高齢者女性人口，縦軸はエネルギーアクセス性（ポテンシャル量と需要量の差）を示す．阿部（2022）のように，現在の日本では高齢者女性が最も貧困リスクが高いことが知られている．都心部周辺の地区ではその高齢者女性が多く存在する場所で再生可能エネルギーの賦存量が少なく，エネルギーアクセスに困難を生じさせる可能性を警告したものとなっている．これは SDGs の目標 1 と目標 7 のネクサスを空間明示的に示したものであるが，今後，再生可能エネルギーがもつ環境的・社会的・経済的要因とのネクサスを通じて様々なシナジー・トレード

オフが顕在化すると考えられ，ここでも SDGs ネクサスの解明が果たす役割は
大きい．

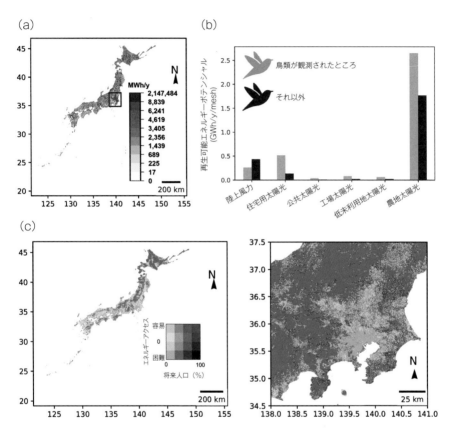

図 4.4　再生可能エネルギーと SDGs ネクサスの事例（Tanaka et al., 2022）
（a）高解像度再生可能エネルギーマップ（500 m 解像度），（b）再生可能エネルギ
ーと鳥類の生息地，（c）再生可能エネルギーと貧困リスク

4.4　SDGs を中心に，人々と物語とを紡ぐ

　これまでに見てきた SDGs ネクサスの研究たちはすでに人間が知識として獲
得している，あるいはデータとアルゴリズム（algorithm）がシグナルを検出
できるタイプの SDGs ネクサスを解明するものである．ここで最後に「物語」

を意味する「ナラティブ（narrative）」を通じた SDGs ネクサスの研究を紹介したい．SDGs は全球で共有された包括的な目標であり，地球上のすべての人々がそれぞれの物語をもって，何かしらの形で目標に関与している．しかし，人は必ずしも自らのライフワークに対して SDGs の論理に基づいて意味付けをしたり，複雑なネクサスを意識したりして生きているわけではない．しかし，もしこのナラティブを SDGs の文脈で再解釈したり，目標・ターゲットのシナジーを考慮しながら共感と協働のネットワークを築いたりするための道具があれば，SDGs ネクサスの中心を成す目標 17 のパートナーシップを大いに促進するだろう．

　そうしたビジョンから，Matsui et al.（2022）では，人々が自然言語で語るナラティブの意味を SDGs の文脈で計算可能な意味空間にベクトルとして埋め込むことで，ナラティブを SDGs の目標に翻訳し，そのナラティブの中に含まれる SDGs ネクサスを可視化し，そのナラティブに共感を通じる可能性のあるステイクホルダーを推論する自然言語処理器を開発した．技術的な詳細は Matsui et al.（2022）をご覧いただくとして，国内に存在する各種の SDGs の解説文書とその文章が対応する目標の対になったものを教師データとして，Google（2022）の人工知能分野での自然言語処理を対象とする機械学習アルゴリズムである BERT（Bidirectional Encoder Representations from Transformers）を学習させることでナラティブの SDGs 翻訳・ネクサス可視化・意味マッチングの 3 つの機能が実装可能である．図 4.5 は筆者が所属する大阪大学のダイバーシティ＆インクルージョンへの取り組みを紹介したナラティブを自然言語処理器に入力し，関係する SDGs の目標を推論したものである．図 4.5（b）には目標を推論するときの根拠となったトークン（単語のようなもの）がグレーのハイライトされており，これはアテンションと呼ばれる．図 4.5（c）が推論の結果を示している．先にも述べたように，SDGs の本質の一つは SDGs 間の相互関連性および統合された性質であり，一つのナラティブは複数の目標に関連することがほとんどである．この取り組みはすべてのジェンダーを対象としたトイレの設置についてのナラティブであり，目標 5 のジェンダー平等と目標 6 の水衛生ならびに目標 3 の健康に関係することが推論されている．

(a)

SDGs translation form

SDGs translator ver.0.01 -awaken-

性的マイノリティの取組指標「PRIDE指標2020」において、大学で唯一、2年連続で最高評価の「ゴールド」を受賞！

2020年11月11日、LGBTQなどの性的マイノリティに関する取組を評価する指標「PRIDE指標2020」において、本学は、大学で唯一、2年連続で最高評価の「ゴールド」を獲得しました。本学は、2017年7月19日に、「大阪大学「性的指向(Sexual Orientation)」と「性自認(Gender Identity)」の多様性に関する基本方針」を公表するとともに、「ALL GENDER」トイレを設置するなど、積極的にSOGIに関する取組、啓発活動を進めてまいりました。2020年9月15日には、学内外に対して男女協働推進・SOGIの理解をさらに拡げるため、総長をはじめとする役員と幹部職員(本部部長級職員)22名が率先し、「イクボス宣言×SOGIアライ宣言」を行いました。本学は、今後一層、総長はじめ学内構成員が一丸となって、多様な個性が輝くキャンパスの実現に向け、取組を推進します。そして、このダイバーシティ＆インクルージョンの姿勢が社会にも広がっていくよう、発信を続けていきます。この記事の詳細は、男女協働推進センターHP をご覧ください。

Translate

(b)

2020##年11##月##11##日、本##学は、(1)LGBT##Qなどの(2)性的##マイ##ノ##リティに関する取組を評価する指標「(3)PRIDE指標2020」において、大学で唯一、2##年##連##続で、最高評価の「ゴールド」を獲得しました。(4)PRIDE指標」は、任意##な##団##体w##orkwithpr##ideにより、「企業団体等の枠組みを超えて(5)LGBT##Qが働きやすい職場づくりを日本で実現する」ことを目指して、2016##年に策定されました。本##学は、2017##年##7##月##19##日に、「(6)大阪大学「(7)性的##指向(Se##x##ualOr##ient##ation)」と「(8)性##自##認(Gen##deri##de##n####ity)」の多様##性に関する基本##方##針」を公表するとともに、「(9)ALL##GEN##DE##R」トイレを設置するなど、積極##的に(10)SO##G##Iに関する取組、啓発活動を進めてまい##りました。2020##年##9##月##月##1##5##日には、(11)学内外に対して(12)男女協##働推進(13)SO##G##Iの理解をさらに拡##げるため、(14)総長をはじめ##とする役員と幹部職員(本部部長級職員)22名が率##先し、「イ##ク##ボス##宣##言(15)SO##G##Iア ラ##イ宣言」を行いました。本##学は、今後一層、(16)総長はじめ(17)学内構成##員が一##丸となって、多様な個性が輝く(18)キャンパスの実現に向け、取組を推進します。そして、この(19)ダイバー##シティ＆イ ンク##ルー##ジョンの姿勢が(20)社会にも(21)広がっていくよう、発信を続け##ていきます。

(c)

Reference: unknown

Prediction: [0, 1, 1, 1, 1, 1, 1, 0, 0, 0, 0, 0, 0, 1, 0, 0, 1]

GOAL 01: No Poverty 0.001
GOAL 02: Zero Hunger 0.934
GOAL 03: Good Health and Well-being 0.902
GOAL 04: Quality Education 0.895
GOAL 05: Gender Equality 0.996
GOAL 06: Clean Water and Sanitation 0.911
GOAL 07: Affordable and Clean Energy 0.825
GOAL 08: Decent Work and Economic Growth 0.0
GOAL 09: Industry, Innovation and Infrastructure 0.0
GOAL 10: Reduced Inequality 0.0
GOAL 11: Sustainable Cities and Communities 0.368
GOAL 12: Responsible Consumption and Production 0.001
GOAL 13: Climate Action 0.0
GOAL 14: Life Below Water 0.774
GOAL 15: Life on Land 0.0
GOAL 16: Peace and Justice Strong Institutions 0.001
GOAL 17: Partnerships to achieve the Goal 0.89

図 4.5 SDGs の目標の推論（SDGs translator ver. 0.01 -awaken-）（Matsui et al., 2022）

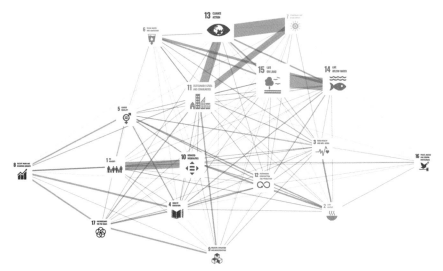

図 4.6　SDG コンパスのもつ SDGs ネクサスの推論（Matsui et al., 2022）

　ナラティブの意味を SDGs の目標へ写像する推論機能を使うことで，図 4.6 に示すような SDGs ネクサスの可視化が可能になる．SDG コンパスとは企業の事業に SDGs がもたらす影響を解説するとともに，持続可能性を企業の戦略の中心に据えるためのツールと知識を提供することを目的とした民間向けの SDGs 知識プラットフォーム（UNGC, SRI, WBCSD, 2015）である．ここでは "Inventory of Business Indicators" と呼ばれる SDGs への自らの取り組みの進捗をモニタリングするための指標データベースが公開されている．図 4.6 はこの 1,479 の指標を説明した文章から関連するグローバル目標を推論し，すべての指標での SDGs の目標の共起関係から SDGs ネクサスを可視化したものである．Inventory of Business Indicators は目標 1 の貧困と目標 10 の平等，目標 11 のまちづくりと目標 7 の再生可能エネルギー，目標 13 の気候アクション，目標 14 と 15 の陸域海洋の生態系の 3 本柱から指標群が構成されている．これは SDG コンパスという一つの知識体系が内包する SDGs ネクサスを推論するものだが，多主体間で自らのポジションがもつ SDGs ネクサス観をシェアすることで相互理解を促進すると期待できる．

　またこの自然言語処理器は埋め込み（embedding）という技術によって，入力したナラティブのもつ意味を高次元ベクトルで演算することが可能である．

これによって，ある企業が進めるプロジェクトの解説文章に対して，それに関連するターゲットを提案し，進捗をモニタリングするのに意味的に適した指標を推薦したり，ある SDGs の課題を抱える人々に対して，その課題を解決することができるかもしれない活動をしている人々と意味的にマッチングしたりするなど，様々な利用方法に応用できる．こうした技術が SDGs を文脈として人々の "物語" をつなぎ，共感を通じたパートナーシップを形成していくことに貢献できるだろう．SDGs ネクサス研究は，シナジー・トレードオフの賢明な調律を行うとともに，SDGs に取り組む人々を勇気付け，寄り添うための知恵としても大事なのである．

4.5 SDGs の先に

本章では，見えないネクサスに気付き，物語をつなぎ，協働の種にすることが SDGs ネクサス研究の本質であることを述べた．ここで最後に，"Post SDGs" や "Beyond SDGs" などと呼ばれている「SDGs のその先」に向けた 2 つの研究課題を記しておきたい．

第一の課題は，達成目標年である 2030 年までに，現在の 17 の目標や 169 のターゲットの SDGs ネクサスを解明するとともに，現行の SDGs から漏れ落ちた "重要な目標" を発見し 2030 年以降に継承することである．環境・経済・社会の統合的解決と全員参加の原則を尊重した SDGs は今後も主流化が一層進んでいくことは，各所で行われる意識調査の結果を見ても期待できる．現状の SDGs には目標・ターゲット間に矛盾点も多く，SDGs ネクサスの解明がそれを解消するのに直接的に貢献する．一方で，現行の SDGs から漏れ落ちた重要な目標の発見は，取り残された物事，人々の発見である．そして 2030 年以降の Post SDGs 時代は今の 2000 年頃に生まれた SDGs ネイティブの世代が担う．誰も取り残されない環境・社会・経済が統合した社会を変革ではなく "常識" とする世代への移行を見据えた Post SDGs であり，価値観が変わる以上，目標も変わる．彼らが目指す Post SDGs 社会では何に価値を置き，何を目標とするのか．そしてそこでの環境・社会・経済・X の統合的解決の X に入るものは何か．2030 年以前の価値観に拘束されることなく次世代との対話を通じて育てていかなければならない．個人的には，X が次世代のエンパワーメント

（empowerment）を中心とした "包摂的な幸福の継承" のようなものであることを願っている.

　第二の課題は "Cyber SDGs" である. 人類は, 現在の化石資源の力によって強制的に膨張させた高効率な社会から, 少子高齢化社会を経たのちに, モノやコトが高度にデジタライズされたコネクティブな社会へと再設計が進んでいる. たとえば今, Sosiety5.0 と呼ばれるビジョンが描くサイバー社会（cyber society）は, 何もかもが自動化され, 複製され, 共有される世界が想定されている（総務省, 2019）. 機械人形により高度に自律化された生産システムによって限界費用は最小化され, 消費者余剰は最大化される. 電脳化（cyber brain）技術で強化された人々が消費・生産の両方を担う生産消費者として, また労働・仕事・余暇の間に区別ない仲介者として, 多対多のエコシステムを形成する. 2030 年以降, 人々は現在よりもはるかにネットワークとの接続を強め, サイバー空間に融合している. 物理法則に従うフィジカル空間とは異なり, サイバー空間（cyber space）は自然物の実体に支持された所与の自律空間ではないため, なんらかの方法で人の手で統治する必要がある. ここでは統治の根拠となる価値, すなわちサイバー空間の持続可能な開発目標である "Cyber SDGs" が拠り所となるだろう. 現在も AI for Good（ITU, 2018）のようなデジタル技術を使って SDGs の達成を駆動しようというような潮流がある一方で, 「高度にデジタライズされたサイバー環境そのものの持続可能な発展とは何か？」という視点は現行の "Physical SDGs" のスコープには入っていない.

　SDGs の 2030 年, "Post SDGs" の 2050 年に向かって, 未来のサイバー空間の統治機構が, 君主主義（monarchism）になるのか共和主義（republicanism）になるのかという「権力の集中・分散」と, 世界がクオータ的（quota）になるのか自由競争的（competitive）になるのかという「協調と競争」のように, 図 4.7 のように 2 つの軸の不確実性の組み合わせがある. 自らが所属するコミュニティの競争力だけを最優先し, もてる者がますます富み, もたざる者はますます奪われるような加速社会／データとアルゴリズムを独占する一部の賢者たちの高度な監視とアルゴリズムによって秩序がもたらされる管理社会／デジタル技術でトランスヒューマン（transhuman）な力を得た万人が万人と孤立対峙する闘争社会／デジタルコモンズ（digital commons）を分散自律

的に協調力で共創する共有社会，という4つの未来がサイバー空間の将来シナリオとしてありうるだろう．このうちどの未来に向かうのか，向かおうとするのかは，今世紀後半最大の問いになる．本書執筆の2023年の今，GAMFAやBATHといったプラットフォーマーが企業国家化した見守りと監視の間で，Wikipedia，GitHubやKaggle，Open AIのようなサイバーグローバルコモンズでこれまで取り残されてきた人々へ破壊的技術がシェアされている．メタバース（metaverse）では確率論的に決まるフィジカル空間の制約からの解放と創造が生み出されつつ，デジタル・ネイティブたちは共感と孤独を同時に感じて生きている．今がPhysical SDGsとCyber SDGsを統合したPost SDGs時代のネクサス研究を始めるときである．

図 4.7 サイバー空間の将来シナリオ

謝辞

　本章で紹介した内容の一部は，（独）環境再生保全機構の環境研究総合推進費（JPMEERF20211004）「ローカルSDGs推進による地域課題の解決に関する研究」の支援を受けて実施された研究で得られた成果である．ここに記して深甚の謝意を表す．

参考文献

阿部彩（2022）貧困統計ホームページ，https://www.hinkonstat.net/

外務省（2015a）持続可能な開発目標とは，https://www.mofa.go.jp/mofaj/gaiko/oda/sdgs/about/index.html

外務省（2015b）我々の世界を変革する：持続可能な開発のための2030アジェンダ（仮訳），https://www.mofa.go.jp/mofaj/gaiko/oda/sdgs/pdf/000101402.pdf

蟹江憲史 編著（2017）持続可能な開発目標とは何か：2030 年へ向けた変革のアジェンダ，ミネルヴァ書房.

環境省（2022）再生可能エネルギー情報提供システム，https://www.renewable-energy-potential.env.go.jp/RenewableEnergy/

国連広報センター（2015）2030 アジェンダ．https://www.unic.or.jp/activities/economic_social_development/sustainable_development/2030agenda/

総務省（2018）通信利用動向調査 2018, http://www.soumu.go.jp/johotsusintokei/statistics/statistics05.html

総務省（2019）情報通信白書令和元年版，https://www.soumu.go.jp/johotsusintokei/whitepaper/r01.html

武内和彦・石井菜穂子 他（2018）小さな地球の大きな世界 プラネタリー・バウンダリーと持続可能な開発，丸善出版.

田崎智弘・遠藤愛子（2017）ネクサスと SDGs−環境・開発・社会的側面の統合的実施に向けて−，持続可能な開発目標とは何か（蟹江憲史 編著），pp. 89-105，ミネルヴァ書房.

内閣府（2022）地方創生 SDGs・「環境未来都市」構想・広域連携 SDGs モデル事業，https://www.chisou.go.jp/tiiki/kankyo/index.html

増原直樹，岩見麻子 他（2019）地域における SDGs 達成に向けた取組みと課題. 環境情報科学論文集，ceis33，43-48.

松井孝典・川分絢子 他（2019）ネクサス・アプローチに基づいた SDGs の目標・ターゲット・指標間の構造解析. 土木学会論文集 G（環境），75（6），II_39-II_47.

南博・稲場雅紀（2020）SDGs──危機の時代の羅針盤，岩波書店.

ラワース，ケイト，黒輪篤嗣（2018）ドーナツ経済，河出書房新社.

Allen, C., Metternicht, G. et al. (2018) Initial progress in implementing the Sustainable Development Goals (SDGs): A review of evidence from countries. *Sustainability Science*, 13 (5), 1453-1467.

Bleischwitz, R., Spataru, C. et al. (2018) Resource nexus perspectives towards the United Nations Sustainable Development Goals. *Nature Sustainability*, 1 (12), 73-743.

Bowen, K. J., Cradock-Henry, N. A. et al. (2017) Implementing the "Sustainable Development Goals": Towards addressing three key governance challenges-collective action, trade-offs, and accountability. *Current Opinion in Environmental Sustainability*, 26-27, 90-96.

Dörgő, G., Sebestyén, V. et al. (2018) Evaluating the Interconnectedness of the Sustainable Development Goals Based on the Causality Analysis of Sustainability Indicators. *Sustainability*, 10 (10), 3766.

GBIF (2022) 地球規模生物多様性情報機構，https://www.gbif.org/ja/

Google (2022) Getting started with the built-in BERT algorithm, https://cloud.google.com/ai-platform/training/docs/algorithms/bert-start

IEA (2021) Net Zero by 2050 A Roadmap for the Global Energy Sector, https://www.iea.org/reports/net-zero-by-2050

ITU (2022) AI for Good, https://aiforgood.itu.int/

IRENA (2019) Global energy transformation: A roadmap to 2050 (2019 edition), https://www.irena.org/publications/2019/Apr/Global-energy-transformation-A-roadmap-to-2050-2019Edition

Kawakubo, S. & Murakami, S. (2020) Development of the Local SDGs Platform for information sharing to contribute to achieving the SDGs. *IOP Conference Series: Earth and Environmental Science,* 588 (2), 022019.

Kroll, C., Warchold, A. et al. (2019) Sustainable Development Goals (SDGs): Are we successful in turning trade-offs into synergies? *Palgrave Communications,* 5 (1), 1-11.

Matsui, T., Suzuki, K. et al. (2022) A natural language processing model for supporting sustainable development goals: Translating semantics, visualizing nexus, and connecting stakeholders. *Sustainability Science,* 17 (3), 969-985.

Nilsson, M., Griggs, D. et al. (2016) Policy: Map the interactions between Sustainable Development Goals. *Nature,* 534 (7607), 320-322.

Nilsson, M., Chisholm, E. et al. (2018) Mapping interactions between the sustainable development goals: Lessons learned and ways forward. *Sustainability Science,* 13 (6), 1489-1503.

Requejo-Castro, D., Giné-Garriga, R. et al. (2020) Data-driven Bayesian network modelling to explore the relationships between SDG 6 and the 2030 Agenda. *Science of The Total Environment,* 710, 136014.

Scharlemann, J. P. W., Brock, R. C. et al. (2020) Towards understanding interactions between Sustainable Development Goals: The role of environment-human linkages. *Sustainability Science,* 15 (6), 1573-1584.

Sebestyén, V., Domokos, E. et al. (2020) Focal points for sustainable development strategies-Text mining-based comparative analysis of voluntary national reviews. *Journal of Environmental Management,* 263, 110414.

Stockholm Resilience Centre (2016) The wedding cake of SDGs, https://www.stockholmresilience.org/research/research-news/2016-06-14-the-sdgs-wedding-cake.html

Tanaka, K., Haga, C. et al. (2022) Renewable energy Nexus: Interlinkages with biodiversity and social issues in Japan. *Energy Nexus,* 6, 100069.

Tosun, J. & Leininger, J. (2017) Governing the Interlinkages between the Sustainable Development Goals: Approaches to Attain Policy Integration. *Global Challenges*, 1 (9), 1700036.

UNGC, SRI, WBCSD (2015) SDG compass, https://sdgcompass.org/

United Nations (2020) Decade of Action, https://www.un.org/sustainabledevelopment/decade-of-action/

UNSTATS (2017) SDG Indicators, https://unstats.un.org/sdgs/indicators/indicators-list/

van Soest, H. L., van Vuuren, D. P. et al. (2019) Analysing interactions among Sustainable Development Goals with Integrated Assessment Models. *Global Transitions*, 1, 210–225.

Waage, J., Yap, C. et al. (2015) Governing the UN Sustainable Development Goals: Interactions, infrastructures, and institutions. *The Lancet Global Health*, 3 (5), e251-e252.

Zanten, J. A. van, & Tulder, R. van. (2021) Towards nexus-based governance: Defining interactions between economic activities and Sustainable Development Goals (SDGs). *International Journal of Sustainable Development & World Ecology*, 28 (3), 210–226.

第5章
ストック型社会と都市の持続可能性

谷川寛樹・山下奈穂

　本章では，人々の生活を支える都市の持続可能性について，物質循環・物質蓄積といった観点から議論する．図5.1は，北九州市の高塔山（たかとうやま）から撮影した市内の様子である．市内西側から中心部（小倉方面）にかけて，鋼構造の若戸大橋や鉄筋コンクリート造の商業ビル・マンション，木造の住宅や神社が建ち並んでいる．また，写真奥には鉄骨造の工場建屋群や生産設備，その周縁部には緑豊かな山々が広がっており，都市と自然生態系との調和が図られている．

　ものを長く大切に使うという考え方は，「もったいない」という日本人的感覚から広く理解されているところであるが，実は持続可能性や環境負荷の抑制といった側面からも重要な考え方である．社会基盤施設や建築物，耐久消費財などのかたちで社会に滞留し，人々の豊かさを引き出す様々なサービスを提供するものを物質ストック（material stock）と呼ぶが，仮に，図5.1に見られるような物質ストックが短期間しか使われない場合，頻繁な建て替えや更新にかかる資源・エネルギーの消費やそれに伴う環境負荷（廃棄物や温室効果ガス

図5.1　都市の物質ストック（北九州市洞海湾周辺，筆者撮影）

の排出量など）の増大が懸念される．このような社会はフロー型社会（flow-type society）と呼ばれ，資源・エネルギーの生産・消費・廃棄に伴う経済的負担や環境負荷の大きい非持続型の社会である．これに対し，質の高い物質ストックを世代を超えて長期間使用する社会をストック型社会と呼ぶ．ストック型社会（stock-type society）では，安定した社会・経済構造によって人々の生活にゆとりが生まれ，長期的に見た資源・エネルギーの消費や環境負荷が低減される持続型の社会設計である．本章では，ストック型社会の形成による都市の持続可能性の実現に向けた知見を筆者らの研究を中心に紹介したい．

5.1 人間活動を支える物質ストック

　まず，物質ストックを取り巻く現状について説明する．黎明期の社会では，質の高い物質ストックの整備よりも急速な経済発展を支えるための資源・エネルギーの消費が優先され，物質フロー中心の社会となりやすい．ただし，成熟した社会であっても，長期利用を想定していない短寿命型の物質ストックが普及している場合，社会基盤施設や建築物の頻繁な建て替えや更新が必要となり，黎明期の社会と同じく継続的な物質フローが必要となる．人間活動を支える物質フロー・ストックの動態を明らかにするためには，社会に存在する物質ストックが今どんな状態にあるのかを知る必要があるが，膨大かつ多種多様な物質ストックを経年かつ網羅的に把握することは容易ではない．資源・エネルギーの採取から消費，廃棄・循環に至るまでの物質フローについては，国や都道府県レベルの統計資料や研究事例が比較的多く存在している．一方で，物質ストックがいつ，どこに，どのような素材・用途で投入・蓄積されたのか，これら物質ストックに関する情報は国内外問わず限定的である．そのため，物質ストックはこれまで投入フローと排出フローの間を調整するブラックボックスとして扱われており，その質や量については十分に議論されてこなかった．

5.1.1 20 世紀における物質ストックの増大

　人々が豊かさを享受するために必要な物質ストック量について，共通の学術的興味をもつ世界各国の研究者と連携して分析を進めている（Krausmann et al., 2017）．物質ストック量は 20 世紀中に世界全体で約 23 倍に増加しており，

特に工業国では製造資本が大きく拡大している．図 5.2（a）に示すように，1900 年から 2010 年にかけて物質ストックは 350 億 t から 7,920 億 t に増加しており，平均すると毎年約 2.9% のペースで成長しているという計算になる．さらに，物質ストックの建設・維持補修・解体廃棄にかかる直接・間接的な資源・エネルギーの消費量を考慮すると，物質ストックそのものの質量の数倍から数百倍の自然環境を撹拌（disturbance）していると予想される（Matthews et al., 2000）．原料の採取や土地改変に伴う周辺環境の変化について，生態系の破壊や環境汚染などを含め，物質ストックの増大は地球環境に多大な影響をもたらすと考えられる．

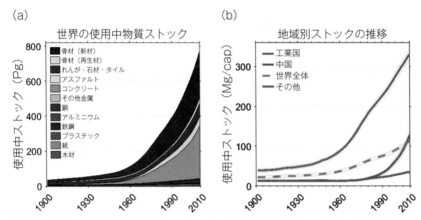

図 5.2 増大する世界の物質ストック（a）資材別の物質ストック量，（b）地域別の物質ストック量（Krausmann et al., 2017）

また，図 5.2（b）によると，2010 年の 1 人当たり物質ストック量は世界平均で 115 t と示されている．しかし，先進国における一人当たり物質ストック量は平均 335 t/人，中国を除く発展途上国では 38 t/人，中国では 136 t/人と，先進国と発展途上国の間には大きな差が見られる．先進国の豊かな生活は，一人当たり 335 t の物質ストック，すなわち，社会基盤施設や建築物，耐久消費財などに支えられて成り立っている．近い将来，発展途上国が軒並み先進国と同等の一人当たり約 300 t 近くの物質ストックを整備することになると，それらを維持するための膨大な資源・エネルギーが必要である．仮に，中国で今後一人当たり 200 t の物質ストックが整備された場合，14 億人（2020 年）×

200 t/人＝2,800 億 t もの物質が必要となり，現在の世界全体の総物質ストック量の半分近くを新たに中国一国で整備することになる．特に，社会基盤施設や建築物，耐久消費財に投入される主要な建設資材の中でも，セメントや鋼材は生産時の炭素排出強度が高いことが知られている．豊かで便利な生活を実現することと，気候変動の緩和や資源・エネルギーの枯渇を克服する地球規模での持続可能性の実現は，相反する可能性がある．

5.1.2　我が国の物質フローと物質ストックの現状

　日本における物質フローの概況は，『環境・循環型社会・生物多様性白書』に掲載されている「我が国の物質フロー」にて毎年度報告されている．図 5.3 は 2000 年度と 2018 年度の日本の物質フローである．

　上図はその年に社会に投入されるフロー，下図は生産活動やエネルギー転換で消費されるフローや廃棄・循環利用に関するフローを示している．2000 年度の日本の総物質投入量（total material input，一年間で社会に投入された物質の総量）は約 21 億 t であり，そのうち約半分の 10 億 t 程度が社会基盤施設や建築物，自動車など耐久消費財に投入されている．2018 年度には 2000 年度と比較して物質フローが大幅に減少し，年間約 15 億 t の物質フローによって人間活動が支えられている．ここで，物質フローを構成する各項目について詳細に見てみると，実はある一つの項目を除きほとんど変化していないことがわかる．2000 年度の数値と比較して輸出はやや増加，エネルギー消費や食料消費，廃棄物などの発生量はやや減少しているものの，最も顕著に変化しているのは「蓄積純増」と呼ばれる項目であり，約 20 年の間で半分以下に減少している．蓄積純増はその年に新たに蓄積された物質の量から解体・廃棄量を差引いた社会における物質の純増量であり，多くは社会基盤施設や建築物などに投入・蓄積される．蓄積純増が減少しているということは，物質の新規投入と解体・廃棄のバランスが安定してきていると解釈できる．日本では未だ新規投入量が解体・廃棄量を上回っているため，社会全体での物質ストックは蓄積傾向にあるものの，全体的にはストック活用形の成熟した社会状況に向かいつつある．

　ここで，図 5.4 は日本全体の 1 年間の物質フローと物質ストックを一つの図に示したものである．2 図の上部とも，図 5.3 と同様に物質の投入・排出フロ

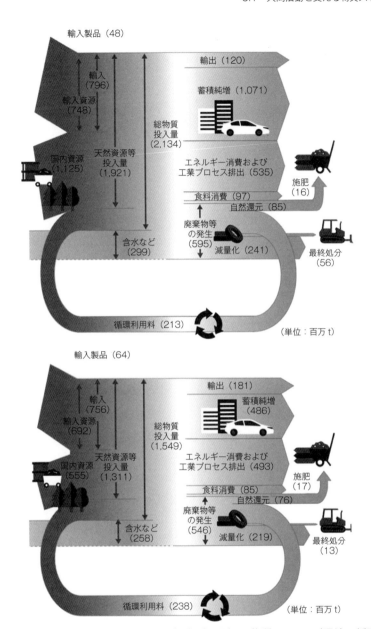

図5.3 2000年度（上図）と2018年度（下図）の物質フロー　（環境・循環型社会・生物多様性白書より作成）

含水など：廃棄物等の含水など（汚泥、家畜ふん尿、し尿、廃酸、廃アルカリ）および経済活動に伴う土砂等の随伴投入（鉱業、建設業、上水道業の汚泥及び鉱業の鉱さい）．（出典：環境省）

ーを示しており，下部のタンクは社会を支える物質ストックを表現している．タンクの左右には用途別・素材別の詳細が記載されており，社会基盤施設や建築物，自動車や家具などの耐久消費財といった用途ごとの情報と，物質ストックを構成するコンクリートや鉄鋼材，アルミ，木材といった素材別の情報が示されている．これら物質ストックの詳細については，対象とする用途や素材の種類について一部限定的ではあるものの，私たちの生活が実際どのくらいの物質量で支えられているのかを定量的に示している．図5.4のように物質フローと物質ストックの両者を同時に評価していくことで，人間活動と資源利用の関連についてより体系的な理解につながると考えられる（Tanikawa et al., 2021）．

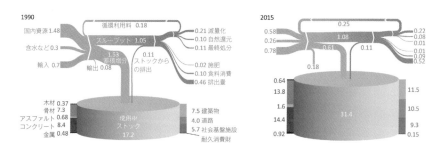

図5.4　1990年と2015年の物質フロー・ストック　（Tanikawa et al., 2021）

5.1.3　日本における物質ストックの時空間分布

　将来にわたって持続可能な物質循環を考えるうえで，現存の物質ストックの使用状況について，社会経済状況を踏まえた総合的な評価を行うことが望ましい．特に，物質ストックの利用効率は将来のエネルギー消費や温室効果ガス排出量にも影響することから，社会の持続可能性の評価につながる重要な観点である．社会に蓄積した物質ストックがどのような形で使われているのか，また，それらが有効に使われる年数や社会に滞留する年数を明らかにすることで，物質ストックの使用に伴う物質フローの動態を把握できる．さらに，建築物一棟ごと，道路やダムなどの構造物ごとに蓄積されている多様な物質について，いつ，どこで蓄積されたのか，地理情報システム（GIS, Geographic Information System）などを通じて時空間的な分布を明示することで，都道府県や市町村ごとなど，より地域の実態に即した具体的な環境施策への貢献が期待される

（図 5.5，Tanikawa et al., 2015）.

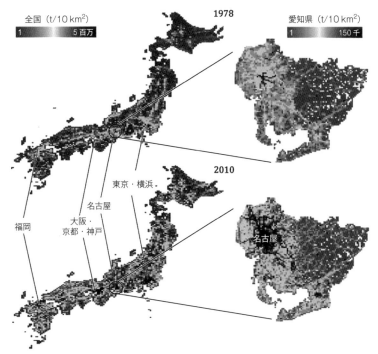

図 5.5 物質ストックの時空間分布（1978 年と 2010 年の比較）（Tanikawa et al., 2015）

5.2 資源生産性の向上に資する物質ストック指標の提案

　本節では，物質フローと物質ストックの状況を端的に知るための指標について説明する．そもそも指標とは，統一した計算手法によって対象（温室効果ガス排出量やリサイクル率など）の推移をモニタリングし，時系列や国際間・地域間での比較を行うことを目的としている．また，指標の目標値を予め設定することで，達成に向けた中長期的な政策づくりや取り組みスケジュールを作成する際にも有用である．指標もしくは指標群は対象・目的に応じて作成されるため，単純に時間的変化を観察するだけの単体の指標から，複数の要素を組み合わせた複雑な指標まで多岐にわたる．以下，物質循環・物質蓄積に関する主

な指標を紹介する.

5.2.1　物質フロー指標と政策目標

　循環型社会推進基本計画では，資源の採取から廃棄物の排出に至るまでの一連の物質フローを「入口」「循環」「出口」の3つの側面から評価している（森口，2003）．それぞれ，GDP（国内総生産）を天然資源投入量で除した「資源生産性」，循環利用量を総物質投入量で除した「循環利用率（入口側・出口側）」，直接または中間処理後に最終処分された廃棄物の量である「最終処分量」を代表指標としており，これらの指標について経年での評価と数値目標の設定が行われている．図5.6は各指標の推移と2025年度の数値目標を示している．資源生産性は2010年度から2015年度にかけてやや停滞しているものの，全体の傾向としては2025年度の目標値である49万円/tに向けて順調に向上している．循環利用率はもともと入口側（資源利用の上流側）の循環利用率を測る指標であったが，出口側（資源利用の下流側）の資源循環と区別するため個別に推計が行われている．なお，前者は循環利用量を総物質投入量で除したもの，後者は循環利用量を廃棄物の発生量で除したものである．入口側・出口側の循環利用率は2025年度までにそれぞれ18%，47% を目標値としているが，

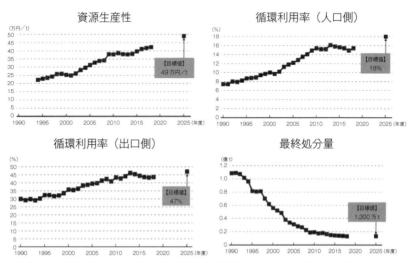

図5.6　各指標の推移と数値目標（環境・循環型社会・生物多様性白書）

いずれも 2013 年度以降は停滞気味である．最終処分量は 1990 年度から概ね 8 割減少しており，すでに 2025 年度の目標値である 1,300 万 t を達成している．

循環型社会形成推進基本計画では，これらの代表指標をはじめ，代表指標を評価・点検するための補助指標や各主体における取り組み目標が掲げられている．前述したように，物質ストックを適切に維持管理し，長く大切に使っていくことは，将来の資源投入量や廃棄物発生量の抑制につながる．したがって，物質ストックを含むライフサイクル全体の物質循環を総合的に評価するには，物質フロー指標による資源・エネルギーの直接的な効果に加え，物質ストックの利用効率，サービス効率を評価するような補助的な指標をあわせて用いることが望ましい．しかし，物質ストックに関する研究は国内外問わず未だ発展途上であることは先に述べたとおりであり，物質ストックの区分に関わる整理やその利用価値の評価に向けた指標の開発が求められている．

5.2.2 物質フロー指標を補助する物質ストック指標

物質ストックの利用効率や価値の評価については国際的にも関心を増しているものの，もとより知見が不十分であることから，物質ストック指標は物質フロー指標ほど発展していない．物質ストックを含むライフサイクルの各段階における利用効率を議論するための試みとしては，物質が社会に滞留する時間を指す「物質利用時間」や「使用済み製品の循環利用率」などを含む 6 つの指標群が開発されている（Hashimoto & Moriguchi, 2004）．しかし，物質フローと物質ストックはそれぞれ独立しているものではなく，ライフサイクルを通して相互に影響しあっている点に留意する必要がある．すなわち，人々の物質的豊かさは物質フローと物質ストック両者の組み合わせによってもたらされることから，それぞれの効率性を個別に議論するのではなく，両指標の整合性を意識した総合的な評価の枠組みが必要である．

そこで，物質ストックが経済社会に与える影響を評価するための試みとして，資源生産性の要因分解式について説明する．式（5.1）の要因分解式では，物質フロー指標である資源生産性を 5 つの指標に分解している．左辺の「資源生産性」は「循環利用」「物質の入れ替わり」「サービス容量」「稼働率・利用度」「実サービス当たりの GDP」に分解され，このうち，物質ストックに関連の深い「物質の入れ替わり」「サービス容量」「稼働率・利用度」の 3 指標を物質ス

トック指標として提案する．なお，式（5.1）において GDP（Gross Domestic Product，国内総生産），DMI（Direct Material Input，天然資源投入量），R（Recycle flows，循環利用量），MS（Material Stock，物質ストック），である（Tanikawa et al., 2021；山下 他 2021）．

$$\underset{\text{資源生産性}}{\frac{GDP}{DMI}} = \underset{\substack{\text{循環利用}\\ R:循環利用量}}{\frac{DMI+R}{DMI}} \times \underset{\substack{\text{物質の入れ替わり}\\ MS(total)：\\ 総物質ストック量}}{\frac{MS(total)}{DMI+R}} \times \underset{\substack{\text{サービス容量}\\ サービス（潜在）：\\ 設計サービス量}}{\frac{サービス（潜在）}{MS(total)}} \times \underset{\substack{\text{稼働率・利用度}\\ サービス（実際）：\\ サービス利用量}}{\frac{サービス（実際）}{サービス（潜在）}} \times \underset{\text{実サービスあたりの GDP}}{\frac{GDP}{サービス（実際）}} \tag{5.1}$$

（1）物質の入れ替わり

　物質の入れ替わりは分母である物質フローと分子である物質ストックの規模を比較することで，物質の蓄積動態を観察する指標であり，（5.2）式のように求められる．

$$物質の入れ替わり（年）= \frac{総物質ストック量（t）}{DMI（t/年）} \tag{5.2}$$

　物質ストックは重量，物質フローは時間当たりの重量を示すことから，物質の入れ替わりの指標は時間を単位に有している．この指標は，対象の国がすでに十分に成熟しているのか，物理的な資本を蓄積しながら発展している最中であるのかによって異なる解釈が可能である．例として，物質の入れ替わりの上昇（物質ストックに対する物質フローの比の低下）は物質ストックの維持補修・建て替えにかかる物質フローの需要が減少したことを意味し，成熟社会においては単純に現存する物質ストックの長寿命化，すなわち物質ストックの質の向上により物質フローが抑制されたと解釈できる．長期間の利用を想定した質の高い物質ストックは耐震性・耐久性向上のため初期段階の社会コストや資源・エネルギー利用が多くなる傾向にあり，かつ物理的劣化に伴う継続的な維持補修が必要となる．しかし頻繁な建て替えや更新に伴う大量の資源利用が想定される短寿命型構造物と比較し，長期間で見た場合の投入・廃棄フローは少なくなると考えられる．一方で，発展途上にある国において物質の入れ替わりの上昇が確認された場合，物質ストックの形成に物質フローが追いついていない状況，つまり，低パフォーマンスな物質ストックの拡充が懸念される．このように，本指標の解釈にはその他の社会経済的要因などを加味した複数の解釈

が可能であることから，指標を構成する実数やその他指標と合わせて総合的な
評価を行うことが重要である．

(2) サービス容量

サービス容量は設計された供給可能なサービス量を総物質ストック量で除し
て求める指標であり，物質ストックが提供するサービスの効率性を測る指標で
ある．(5.3) 式のように求められる．

$$サービス容量 = \frac{設計サービス量}{総物質ストック量} \tag{5.3}$$

サービス容量の向上は，「単位当たり物質ストックに期待されるサービスの
向上」と捉えることができる．たとえば，技術革新に伴う省エネルギー化や高
機能化によって，以前よりも少量の物質量で耐久性が維持できるようになれば，
サービス容量は向上したと解釈できる．仮に，自動車のサービスを人員の輸送
機能とした場合，同じ輸送人員を維持したまま，小型化・軽量化されることで
ストック当たりのサービス量は向上したと考えられる．なお，サービス容量の
単位は物質ストックの提供するサービスによって異なるため，何をもってサー
ビスを定義するかは，対象の物質ストックや研究目的に応じて予め設定する必
要がある．先ほど例に挙げた自動車であれば走行距離や輸送人員をサービスと
して捉えることもできるし，道路やダムなどであれば交通量や貯水容量などが
挙げられる．

(3) 稼働率・利用度

稼働率・利用度は設計されたサービス量がどの程度有効に利用されているか，
すなわち，物質ストックが提供するサービスの充足度を測る指標であり，
(5.4) 式のように求められる．

$$稼働率・利用度 = \frac{実際のサービス利用量}{設計サービス量} \tag{5.4}$$

稼働率・利用度の例として，道路であれば設計された交通量に対する実際の
交通量，自動車や鉄道であれば設計された輸送容量に対する実際の輸送人員や

積載量などが挙げられる．物質ストックの中には，今まさに使われているもの（社会にサービスを提供しているもの）から，利用可能な状態であるが有効利用されていないもの，耐用年数を迎えるなどしてこの先も利用される見込みのないものなど，様々な状態が想定される．稼働率・利用度の低下は有効に利用されていないストックもしくは社会にとって不要なストックの増加を意味しており，必要以上の物質ストックの滞留が健全な物質循環に与える負の影響が懸念される．

　稼働率・利用度の指標は1に近いほど設計されたサービス量を無駄なく活用している状況であり，物質循環の観点からはこの状態を維持することが望ましい．仮に，稼働率・利用度が1より小さい場合，既存のストックが過剰であり，空き家や空き店舗，廃駅，廃線など，有効利用されないストックが社会に多く放置されている状況が予想される．反対に，稼働率・利用度が1よりも大きい場合，交通渋滞や過積載，医療施設の逼迫などが起こりうる．これらはいずれも社会にとって望ましくない状態であり，円滑な人間生活に支障をきたす可能性がある．ただし，例外として電力施設や防災設備など一部の物質ストックにおける稼働率・利用度の解釈には留意が必要である．これらは需要のピーク時（電力施設であれば時間帯，防災設備では災害時など）を想定して設計されている．したがって，通常時における稼働率・利用度は極端に低い可能性があり，稼働率・利用度を維持するために設計サービス量を減らしてしまうと，必要なときにストック量が不足し，社会経済に混乱を招く恐れがある．そのため，サービス容量と同様に個別のストックごとのサービスの定義や意義を予め検討しておく必要がある．

　これら物質ストック指標は物質ストックを取り巻く現状や経時的な傾向を明らかにするだけではなく，上記の要因分解式を用いることで資源生産性をはじめ関連する物質フローへの影響を評価する際にも役立つ．資源生産性の要因分解式は，物質ストックの変化が資源生産性にもたらす影響を明らかにするという現状分析のためのツールと，今後日本が目指す循環型かつストック型の将来像からバックキャスティング的に中長期的な目標を設定するという2つの側面から環境政策に貢献しうる．後者については，資源生産性の将来の目標値の達成に向け，各指標およびその構成要素をどのように変化させると効果的であるのか，物質ストックの戦略的活用による社会・経済・環境の長期的な持続可能

性を議論していくうえで有用である.

5.2.3　ストック型社会の形成に向けた循環指標のあり方

　循環型社会形成推進基本計画では資源生産性をはじめとする代表指標が掲げられているものの,これら物質フロー指標では人間活動を支える物質ストックによる間接的な影響を評価できない点が課題である.特に,人々の物質的豊かさは物質フローと物質ストックの組み合わせによってもたらされるため,両者を個別に評価するのではなく,物質ストックの変化が物質フローに影響を与えるような評価手法の開発が必要である.ただし,社会に存在する物質ストックは用途,素材,利用状況の面から多種多様であり,単純な枠組みによって物質ストックを評価することは困難である.物質ストックの総合的な評価に向けて,物質ストックの寿命や価値・サービスをどのように定義しうるのかが重要な論点となる.

5.3　ストック型社会の形成に向けて

　2019 年における建設関連の二酸化炭素(CO_2)排出量は全世界で $12GtCO_2$(総排出量の約 32%)と推計されており,深刻化する気候変動への対応策として,温室効果ガス抑制に直結する建設活動に関する施策がキーとなる.特に,素材生産時の炭素排出強度が高いセメントや鋼材などの産業では温室効果ガスの排出規制が今後ますます厳しくなると予想され,低炭素化・脱炭素化に向けた早急な対策が求められている.ここで,都市の持続可能性の実現に向け,筆者らが考えるキーポイントは物質の滞留年数(=物質ストック/物質フロー)である.滞留年数とは,物質が何らかの形で社会に滞留する時間を意味する.この滞留年数の長短が,将来の物質循環やライフサイクルを通しての CO_2 排出量,社会経済状況に影響することから,投入された物質が都市構造物であれ耐久消費財であれ,社会の中で長く有効に活用されることが重要である.そのためには,質の高い物質ストックを生産し,維持補修を定期的に行うことで,一度蓄積した物質をなるべく長く利用できるようなストック型の社会制度の設計が必要である.また,物質ストックと関連の深い建設資材の循環利用についても,上流側へのリサイクルを促進していく必要がある.物質は長時間使用す

ることで徐々に劣化するため，質を下げない再生利用には限界がある．日本のように成熟した社会において，今後新規建設需要が減少し続けた場合，解体廃棄に伴う廃棄物の排出量と道路や道床用に投入される再生砕石などの再生資源の需要量との不均衡が課題となる．物質ストックの長期利用とライフサイクル（lifecycle）全体でのリサイクルの徹底は，脱炭素・低炭素型社会の実現という側面からも都市の持続可能性に資する重要な取り組みである．

　最後に，ストック型社会では，これまでのフロー型社会で繰り返してきた世代ごとに作り変える短寿命型構造物から脱却し，物質ストックを社会における"資産"として捉え，将来の社会経済・自然リスクにも十分対応できる長寿命型構造物を適切に管理していくことが目標となる（図5.7）．世代を超えた物質ストックの蓄積は，資源・エネルギーの消費や環境負荷の抑制を通して，次世代の豊かさの実現につながるのである．

図5.7　ストック型社会 vs フロー型社会（岡本，2006 を一部改変）

参考文献

岡本久人（2006）ストック型社会への転換：長寿命化時代のインフラづくり，鹿島出版社．

環境省，環境白書・循環型社会白書・生物多様性白書，各年度版，https://www.env.go.jp/policy/hakusyo/

森口祐一（2003）循環型社会形成のための物質フロー指標と数値目標，廃棄物学会誌，14（5），242-251．

山下奈穂・郭静 他（2021）物質ストックを考慮した資源生産性の要因分解式の実証研究－住宅におけるケーススタディ－，土木学会論文集G（環境），77（6），II_23-II_31．

Hashimoto S. & Moriguchi, Y. (2004) Proposal of Six Indicators of Material Cycle for Describing Society's Metabolism: from the Viewpoint of Material Flow Analysis, Resources Conservation & Recycling, 40, pp. 185-200.

IPCC, Climate Change 2022, Mitigation of Climate Change Summary for Policymakers, https://www.ipcc.ch/report/ar6/wg3/

Krausmann, F., Wiedenhofer, D. et al. (2017) Global socioeconomic material stocks rise 23 -fold over the 20th century and require half of annual resource use, *PNAS*, 114 (8), 1880-1885.

Matthews, E., Amann, C. et al. (2000) THE WIGHT OF NATIONS MATERIAL OUTFLOWS FROM INDUSTRIAL ECONOMIES, World Resources Institute.

Tanikawa, H., Fishman, T. et al. (2015) The Weight of Society Over Time and Space: A Comprehensive Account of the Construction Material Stock of Japan, 1945-2010, *Journal of Industrial Ecology*, 19 (5), 778-791.

Tanikawa, H., Fishman, T. et al. (2021) A framework of indicators for associating material stocks and flows to service provisioning: Application for Japan 1990-2015, *Journal of Cleaner Production*, 285 (20), 125450.

第6章
脱炭素化の地球環境 SDGs ネクサス

豊田知世

　地球温暖化（global warming）による気候変動による影響が年々深刻になっており，脱炭素化の取り組みは待ったなしの状態となっている．化石燃料（fossil fuel）に依存した経済や生活スタイルの見直しが迫られており，特に海外の化石燃料に頼ってきた日本にとって，いかにクリーンなエネルギーを国内で調達するのかがカギとなっている．大幅な方針転換が求められている一方，日本には豊富な自然資源があるため，国内のエネルギー開発は負担になるだけではなく，チャンスでもある．とくに，再生可能エネルギー資源を豊富にもっている農山村地域にとって，脱炭素化への取り組みは，新たな産業の機会でもある．また，日本の農山村地域の多くは，人口減少や高齢化など過疎化に起因した多くの課題を抱えているが，脱炭素を推進することで農山村地域特有の課題にも同時に取り組むことができる．さらに，脱炭素の取り組みは，産業間の連携や地域間の連携が必須となるため，連携による新たなシナジー効果も期待できる．

6.1　気候変動と脱炭素への動き

6.1.1　温室効果ガスの増加

　地球がだんだん暖かくなる地球温暖化によって，これまでと違った天気が観測される「気候変動（climate change）」が観測されている．地球温暖化は，気体を温める作用がある二酸化炭素（CO_2）やメタン（CH_4），一酸化二窒素（N_2O）などの温室効果ガスの排出量が増えることで引き起こされる．大気中に含まれる温室効果ガスは，太陽光によって暖められた地表面から宇宙空間に向かって放射される赤外放射を吸収し，それを地表面に向かって再放射している．つまり，熱を一定程度蓄える能力をもっているため，大気は暖められ，地

表面は平均気温 14℃ に保たれている．もし，地球上に温室効果ガスがなければ，熱はすぐに宇宙空間へ放射されてしまうため，地球の平均気温は -19℃ となる．温室効果ガスは，温暖な気候を維持するために重要な役割を果たしているが，近年温室効果ガスの濃度が高まっているため，熱が宇宙に逃げにくくなり，温暖化が進行している．特に人間が経済活動を行う中で発生する CO_2 が急激に増加していることが主な要因である（IPCC, 2013）．

CO_2 が増加する原因はいくつかあるが，たとえば化石燃料の使用量の増加がその一つである．およそ 4 億年前，光合成（photosynthesis）によって気体中の CO_2 を体内に取り込んだ木などの植物が長い年月をかけて地面の中に埋もれて化石となったものが，石炭などの化石燃料である．植物は光合成を行い，大気中から CO_2 を吸収し，炭素を植物体内に固定し，酸素を吐き出す．この過程を続けていく中で，大気中の炭素濃度はだんだん薄くなり，安定していた．木などの植物に固定された炭素は，木が枯れて倒木した後，一部は微生物に分解されて大気中に放出されるが，長い年月をかけて水や土の中深くに沈んでいき，石炭などの化石として貯蔵されている．

産業革命以降，私たちは地面の中から石油や石炭，天然ガスなどの化石燃料を大量に掘り起こし，燃やすことで大量のエネルギーを得てきた．化石燃料はとても燃えやすく，大量のエネルギーを得ることができる．たとえば，自動車を走らせたり，鉄鉱石を溶かして鉄を作ったり，水を沸かし蒸気にしてタービンを回すことで電気を作ったりすることができる．このように，私たちの便利な生活を支えるために大量の化石燃料が燃やされてきた．

化石燃料を燃やすと，炭素は大気中の酸素と結び付き，CO_2 として大気中に排出される．つまり，私たちは何億年もかけて地面の中に閉じ込めていた炭素を掘り出し，燃やし，CO_2 に変換し，大気中の CO_2 濃度を上昇させてきたといえる．また温室効果ガスの一つである CH_4（メタン）は，二酸化炭素よりも 28 倍高い温室効果をもっているが，大気中の CH_4 濃度は産業革命前（1750 年頃）より 150% 以上も高くなっている（Saunois, 2020）．CH_4 は，全温室効果ガスが地球温暖化に与える影響のうちの 23% を担っていることから，CH_4 の放出量削減も重要な課題である．CH_4 は，埋め立て地の腐ったゴミや，水田，牛や羊などのゲップにも含まれている．起源としては，シロアリや湖沼から発生する自然起源の CH_4 と，ゴミや化石燃料採掘場などから発生する人為起源

の CH_4 があるが，メタン総放出量に対する人為起源の割合は約 60% を占めている（図 6.1）.

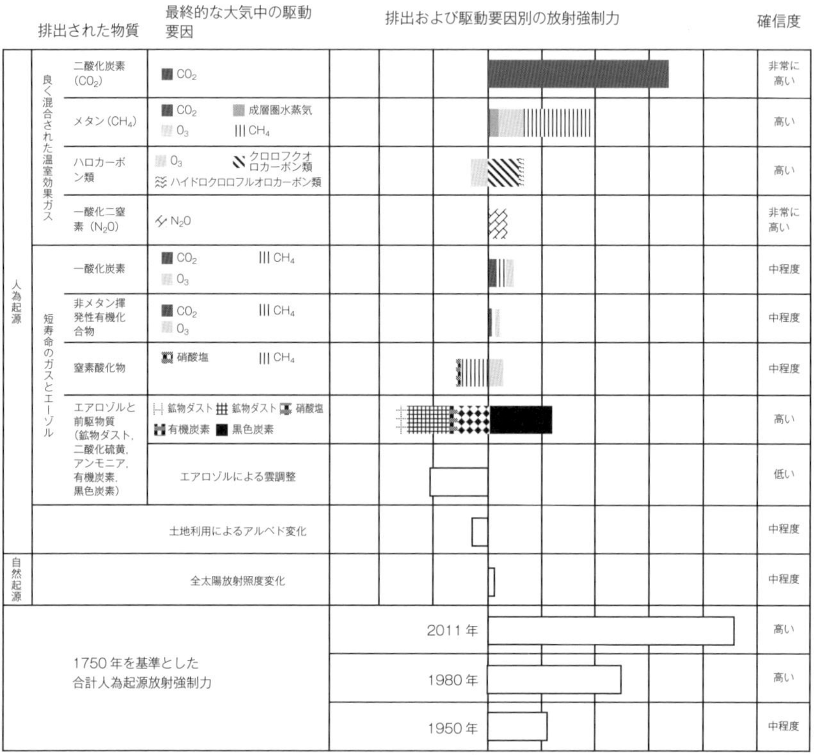

図 6.1　温室効果ガス別の温室効果への寄与度（IPCC 第五次評価報告書（IPCC, 2013 および環境省，2014）をもとに筆者作成）

6.1.2　地球温暖化による影響

CO_2 濃度は産業革命以降増加を続けており，地球の平均気温もどんどん上昇している．いわゆる地球温暖化が発生しているのだが，地球が暖かくなることによって，様々な影響が出てくる．地球の 7 割は水で覆われているが，水（H_2O）は温められると分子が早く動く特徴をもっている．水は凍らすと分子の動きが遅くなり固体となるが，温めると水分子が動いて液体の水となり，さらに温めると蒸気となってもっと速いスピードで分子が動く．地球温暖化も同

様の現象が起こっており，地球が暖かくなることで大量の水が地表や海水面から蒸発し，水分子は早いスピードで動いている．大量の水分が蒸発してできた雲が早いスピードで動くことで，暴風雨や巨大な台風，ゲリラ豪雨を引き起こしたりしている．

日本でも，実際に豪雨や巨大な台風の観測数は年々増加している．雨の降り方だけ見ると，弱い雨が降る日数は減少し，1日当たりの降水量が100 mm 以上の大雨の日数や，1時間当たり50 mm 以上と短期間に強い雨が降るゲリラ豪雨の回数が増加している．雨の降る日数が少なくなることで，水不足の発生頻度が増えていたり，大規模洪水や土砂災害による甚大な被害が発生したりしている．雨だけではなく，最高気温が30℃ 以上の真夏日と最高気温が35℃ 以上になる猛暑日も増加している．熱による熱中症などの健康リスクが増えることが予測されている他，高温にさらされることによって米や野菜，果物などの農作物の品質劣化も報告されている．また，地球温暖化は植生や野生動物にも影響を与えている．たとえば海洋温度が上昇することで，水生生物の産卵場所や餌場として機能していた藻場が急速に衰退しており，藻場の消失によって漁業への影響も出ている（環境省 他，2018）．

このように地球温暖化の影響は多岐にわたっており，いろんな分野に対して大きな被害を発生させる．人間活動が引き起こしている地球温暖化は，深刻な干ばつや水不足，甚大な被害をもたらす暴風雨などの気候変動も引き起こしていることから，SDGs では目標13 に「気候変動に具体的な対策を」が設定されており，気候変動およびその影響を軽減するための緊急対策を講じることが求められている．また，目標7 では「エネルギーをみんなにそしてクリーンに」することが設定されており，化石燃料ではない再生可能エネルギーの開発を進めることや，再生可能エネルギーの割合の大幅な拡大が求められている．

6.1.3 二酸化炭素排出源と炭素循環

地球上にある炭素は，大気に中に含まれているだけではなく，陸上の動植物の体内や土壌の中，河川や海などの水中など，様々な場所に存在している．地球上にある炭素の量は変わらないが，海中や湖に吸収されたり，植物が光合成をして炭素を貯蔵したりと，地球上のいろんな場所に炭素が移動している．このような炭素の動きは「炭素循環（carbon cycle）」と呼ばれているが，現在

は大気中に存在している炭素の量が増加し，炭素濃度が高まっている状態である．私たち人間が化石燃料を燃やして電気を作ったり車を走らせたりすることで発生する CO_2 は約 83 億 t，森を伐採して農地に変換したり，家畜の糞尿や化学肥料などの農地など，土地利用の変化によって発生する CO_2 は 9 億 t であり，人為起源の CO_2 排出量は年間 92 億 t である．そのうち，木や植物などの陸域生態系による CO_2 吸収量は 25 億 t，海洋に吸収される量は 24 億 t であり，排出される CO_2 のうち 49 億 t は海洋や陸に吸収されており，大気中に 43 億 t の残留炭素がある状態である（図 6.2）．

　大気中への炭素貯留の増加は，産業革命以降，化石燃料の使用量が急増したことが原因である．産業革命以前は，海に約 9 億 t の炭素が吸収され，陸域生態系によって 2 億 t の炭素が堆積物として沈殿し，7 億 t が大気へ CO_2 として排出されており，大気中の二酸化濃度の変化は小さく，均等が保たれていた．

　現在は大気中の CO_2 濃度が上昇したことによって，森林の光合成が活発化し，より多くの CO_2 が吸収されるようになった．土地利用変化による差額を差し引いても，産業革命以前と比較しても土壌や森林に吸収される炭素の量は 15 億 t 増加している．また，海に溶け込む炭素の量も増加しており，特に表

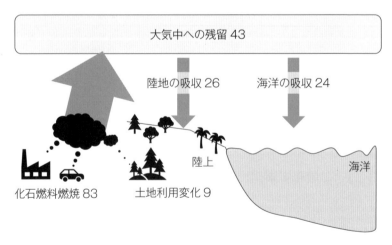

図 6.2　人為起源の炭素収支（2002-2011 の平均）
単位は炭素重量に換算した億 t 炭素．2002 年から 2011 年までの平均値（億 t 炭素）を 1 年当たりで表示（IPCC 2013 を参考に筆者作成）．

層での植物プランクトンなどの光合成によって海中に取り込まれた CO_2 が，生物の排泄物や死骸が海底へと沈んでいくことで，海の奥底へと運ばれている．

気温が暖かくなったり，大気中の CO_2 濃度が増えたりすることで，陸や海で吸収される CO_2 の量は増加しているが，それ以上に速いスピードで CO_2 排出量が増加しているため，大気中の CO_2 濃度は増加を続けている．また，海では，大量に CO_2 が融け込むことでより酸性に近くなり，海洋生物へ影響を与えている（IPCC, 2013）．

6.1.4 ゼロカーボンに向けた動き

1992 年，国連のもと，大気中の温室効果ガスの濃度を安定化させることを究極の目標とした「国連気候変動枠組条約（UNFCCC, United Nations Framework Convention on Climate Change）」を採択し，地球温暖化対策に世界全体で取り組んでいくことに合意した．この条約に基づき，UNFCCC に加盟している国々が毎年 1 回集まり，締約国会議（COP）を開催している．1997 年には 3 回目の COP が京都で開催され，先進国の拘束力のある削減目標（2008〜2012 年の 5 年間で 1990 年に比べて日本 −6%，米国 −7%，EU −8% など）を規定した「京都議定書」が合意された．

また，2015 年にフランスのパリで開催された COP21 では，気候変動に関する 2020 年以降の新たな国際枠組みである「パリ協定」が採択された．京都議定書では，先進国の一部の国のみが温室効果ガスの削減義務が設定されていたが，パリ協定では世界の共通の長期目的として，世界的案平均気温上昇を産業革命以前に比べて 2℃ より十分低く保つとともに，1.5℃ に抑える努力を追求することや，今世紀後半に温室効果ガスと人為的な制限における排出量と吸収源による除去量との間の均等を達成する「カーボンニュートラル（carbon neutrality）」を達成すること，などについて合意された．また，すべての国による削減目標の 5 年ごとの提出・更新，各国の適応計画プロセスと行動の実施，共通かつ柔軟な方法で各国の実施状況を報告・レビューを受けること，二国間クレジット制度（JCM, Joint Crediting Mechanism）[1] を含む市場メカニズムの活用などが含まれている．

---

[1] 途上国と協力して温室効果ガスの削減に取り組み，削減の成果を両国で分け合う制度．

　カーボンニュートラルとは，CO_2 などの温室排出量の排出量から，植林や森林管理によって CO_2 の吸収量を差し引き，炭素の排出量を実質ゼロにすることであり，パリ協定での目標実現のために，世界各国でゼロカーボンが宣言されている．2021 年 4 月現在，125 カ国・1 地域が，2050 年までにカーボンニュートラルを実現することを表明している．これらの国における CO_2 排出量が世界全体に占める割合は 37.7% である．また，世界最大 CO_2 排出国（28.2%）の中国は，2060 年までにカーボンニュートラルを実現することを表明している．

　日本でも 2020 年 10 月，2050 年までにカーボンニュートラルを達成することを宣言した．その後，地方自治体（都道府県および市町村）レベルで「2050 年までに CO_2 排出量実質ゼロ」を表明する「ゼロカーボンシティ宣言」が公表されており，2022 年 5 月現在，702 の自治体がゼロカーボンシティ宣言を表明している．

　ゼロカーボンを達成するためには，これまでの化石燃料に依存したエネルギーではなく，再生可能エネルギーを利用するエネルギーシフトや，技術革新，省エネ，生活習慣の変容など，様々な取り組みが求められる．環境省はゼロカーボンを宣言した自治体に対し，支援を強化することで政策的なインセンティブを与えている．地産地消のエネルギー整備や，新電力会社設立に向けた人材確保など，これを契機に地域の課題解決をすることも可能である．次節より，特に農山村地域のゼロカーボンに対する動きに着目し，そこで発生するシナジー効果について見ていきたい．

6.2　農山村の脱炭素化

6.2.1　農山村からの炭素排出

　日本の農林水産業から排出される温室効果ガスは，CO_2 換算ではおよそ 4,990 万 t であり，日本の総排出量のおよそ 4% である．農山村における産業部門からの排出量割合は小さいが，農山村地域の暮らしでも化石燃料に頼った生活をしていることから，日々の生活から排出される CO_2 量は大きい．

　日本で脱炭素を達成するにあたり，農山村に対する期待は大きい．CO_2 の吸

収源としての森林の役割の他，農山村地域には太陽光や風，バイオマス資源や地熱や潮力など，豊富な再生可能エネルギー源をもっていることから，化石燃料から再生可能エネルギーへのシフトによる効果が期待される．

　再生可能エネルギーは環境に優しいエネルギーだが，太陽光パネルや風車など，再生可能エネルギーを利用するための施設を作る過程からも CO_2 は排出される．たとえば，太陽光パネルを作るための原料となるガラスや金属，半導体などの部品を集めるために，山を削ったり，リサイクル品を加工したりするためにエネルギーが使われている．また，工場で製造する過程でも，作られた太陽光パネルを船やトラックで運ぶ過程でも化石燃料が使われており，CO_2 が排出されている．また，太陽光パネルを廃棄する過程でもエネルギーが使用される．つまり，原料調達，製造，輸送，廃棄するまでにも，化石燃料が投入されており，そこから CO_2 が排出されている．このような，太陽光パネルを製造する過程や，利用過程，そして廃棄する過程全体を，「ライフサイクル排出量」と呼ぶ．発電過程からはほとんど CO_2 は排出されないが，ライフサイクル全体で見ると多少の排出量は存在する．しかしそれでも，化石燃料の発電施設と比較して再生可能エネルギーのほうが排出量は小さい．図6.3は，ライフサイクル全体の発電量当たりの CO_2 排出量（g-CO_2/kwh）である．どの電源でも CO_2 は排出されているが，ライフサイクル全体で見ると圧倒的に再生可能エネルギーのほうが排出量は小さいことがわかる．

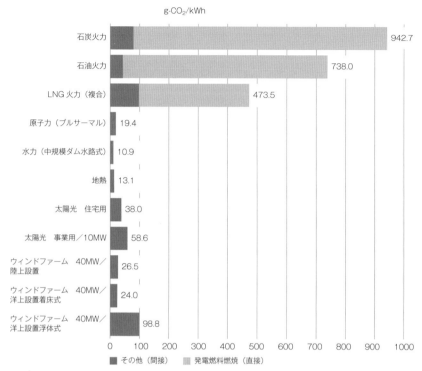

g-CO$_2$/kWh

石炭火力　942.7
石油火力　738.0
LNG 火力（複合）　473.5
原子力（プルサーマル）　19.4
水力（中規模ダム水路式）　10.9
地熱　13.1
太陽光　住宅用　38.0
太陽光　事業用／10MW　58.6
ウィンドファーム　40MW／陸上設置　26.5
ウィンドファーム　40MW／洋上設置着床式　24.0
ウィンドファーム　40MW／洋上設置浮体式　98.8

■ その他（間接）　■ 発電燃料燃焼（直接）

図 6.3　ライフサイクルの発電量当たりの CO$_2$ 排出量（電力中央研究所報告，今村　他，2016 より抜粋）

6.2.2　地産地消のエネルギー

　農山村地域がもっている再生可能エネルギーのポテンシャルは大きいが，現状はそのほとんどが使われておらず，エネルギーは化石燃料に頼っている状態である．2022 年時点，日本国内のエネルギー自給率はわずか 11％ 程度である．食料自給率も先進国の中で最も低い 39％ であり，食料もエネルギーもポテンシャルはありながら，海外からの輸入に頼っている状態である．

　日本のエネルギー自給率は，1960 年代は国産の石炭や水力で 58％ 程度あったが，国内の石炭・石油産業が衰退し，海外からの化石燃料の輸入量が増加したため，1970 年代の石油ショック時には 9.2％ にまで下がっていた．その後，エネルギーの安全保障を確保するため，主に原子力発電施設の導入によって

2010 年までに 19.9% まで上昇した．しかし，2011 年 3 月，東日本大震災による原子力発電施設の事故を経て，全国の原子力発電施設が停止し，エネルギー自給率は 6.0% にまで下がった．そのため，エネルギーの自給率向上や再生可能エネルギーの活用，およびそれによる地域活性化を目指して，電力固定買い取り制度（FIT, Feed in Tariff）が導入され，全国で再生可能エネルギーの導入が進み，2018 年現在の自給率は 11.8% となっている．

再生可能エネルギーの普及は FIT の導入によって進んでいる．再生可能エネルギーは，化石燃料よりも発電コストが割高であるため，これまで普及が進んでいなかったが，再生可能エネルギーで発電された電力を高値で長期間，固定価格で買い取る FIT の導入によって，普及が進んできた．FIT は 2009 月 11 月から家庭用太陽光発電を対象に導入され，2011 年 3 月の閣議「電気事業者による再生可能エネルギー電気の調達に関する特別措置法」が決定し，再生可能エネルギーを電気事業者が原則全量買い取る制度として導入されている．一方で，熱利用に対する補助は十分ではないため，熱エネルギーの普及はほとんど進んでいない．たとえば，木質バイオマス発電所では燃料である木材を燃やして，温めた蒸気でタービンを回して電気をつくっている．その過程で熱が発生するが，その熱利用を促進するインセンティブは措置されていないため，熱エネルギーの多くは捨てられている状態である．図 6.4 は，世帯と事業所のエネルギーの消費構造を表している．世帯では 6 割，業務部門でもおよそ半分が熱エネルギーを消費しているため，熱の需要は大きいが，その再生可能エネルギー普及は電気と比較してまったく進んでいない．

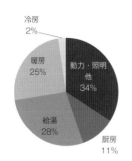

世帯当たりエネルギー消費原単位割合

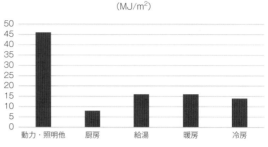

業務他部門用途別エネルギー消費原単位
(MJ/m²)

図6.4 世帯と業務部門のエネルギー消費割合（2020 年度）（エネルギー白書 2022（経済産業省資源エネルギー庁，2022）より筆者作成）

　なお再生可能エネルギーを用いた熱の利用も，電気と同様にコスト面で課題がある．イギリスでは熱の普及を促すために熱 FIT 制度「再生可能な熱への助成策（RHI, Renewable Heat Incentive）」がとられている．再生可能な熱の生産コストと，化石燃料による熱生産のコストの差を補助金で埋めるのだが，このコスト差は，現金ではなく，利用者間でのコミュニティ形成を目的として，地域通貨によって支給された．この熱 FIT 制度が導入された結果，イギリスでは非家庭用のバイオマスボイラが約 15,000 施設に導入され，また熱容量は合計 330 万 kW に達するなど，熱 FIT 制度によって一定の効果が確認された．日本でも木質バイオマス熱利用を促進しようと，主にバイオマスボイラ導入に対する補助金による誘導が行われてきたが，普及は進んでいない．

　地域で使うエネルギーを同じ地域に供給する，エネルギーの地産地消を取り入れる場合，環境的な効果だけではなく経済的な効果も期待できる．私たちが日々支払っているエネルギー費用は案外大きく，およそ 1,000 人程度の村においても年間約 2.3 億円がエネルギーとして支払われている（表 6.1）．電力やガス，輸送用のガソリンや軽油などに支払われている金額だが，支払われている費用のほとんどが海外から輸入された化石燃料に支払われている．もし地産地消のエネルギーであれば，それだけの金額が地域内に支払われて経済的効果があるが，現状では化石燃料に支払われているため，海外への支払いとして流れていくことに加えて，大量の CO_2 が排出されている．なお，世帯別のエネルギー消費割合のうち，およそ 6 割は熱利用であるため，熱のエネルギーの有効

利用も重要である.

表 6.1 農山村地域のエネルギー支払い額（千円）

	石油製品			都市ガス	電力	部門別合計
	軽質油製品	重質油製品	LPG（液化石油ガス）			
農林水産鉱建設業	6,650	5,577	436	11	4,085	16,758
製造業	1,824	4,395	8,850	379	28,793	44,241
業務他（第三次産業）	7,282	2,332	8,422	974	46,506	65,515
家　庭	5,049	0	26,022	135	52,141	83,347
運　輸	21,243	0	0	0	0	21,243
合計	42,048	12,304	43,730	1,498	131,525	
					合計	231,105

＊1,000 人規模の地域の年間エネルギー支払い額. 都道府県別エネルギー消費統計（経済産業省資源エネルギー庁, 2021）および県民経済計算（内閣府, 2019）より筆者推計.

6.2.3 脱炭素への取り組み事例

　農山村での脱炭素への動きは，再生可能エネルギーの調達に関する取り組みが多い．特に脱炭素への取り組みは，ただ単に CO_2 を減らすだけではなく，他の産業や経済活動，社会的な変化へ影響を与えるシナジー効果を生み出すものも多い．ここでは島根県の 2 つの自治体の例を挙げながら，脱炭素の取り組み概要とシナジー効果について見ていきたい．

（1）島根県津和野町のエネルギーセンター

　津和野町は，島根県南西に位置する人口 7,478 人の町である．面積は 3 万 ha でそのうち 90％ 以上は森林である．森林面積のうち，人工林の割合は 33％，広葉樹林は 60％ と，天然の広葉樹林の資源が豊富にある．これらの森林資源の年間の成長量は 4 万 m^3（3.3 万 t）となっている．

　津和野町ではもともと林業振興に力を入れており，2011 年からは自伐型林家による間伐の促進を目的に，山から切り出してきた間伐材 1 t に対して地域通貨を 3,000 円支給する「山の宝でもう一杯プロジェクト」が始まった．素材業者に持ち込んでも現金 3,500 円にしかならないところを，地域通貨をプラスして支給することで，自伐林家に対するインセンティブを与えていた．また，2014 年からは，都市部から田舎暮らしを求める若者を受け入れる「地域おこし協力隊制度」を利用し，管理されていない山に入って間伐する能力を身につける自伐型林家の育成を行っている．参加する協力隊員のほとんどが，これまで林業にまったく携わってきたことがない未経験者であるが，地域おこし協力隊の期間である 3 年間をかけて，作業道の開設方法や伐採運搬技術を学んでいる．3 年後は，自伐型林業として独立して山の仕事をする人もいれば，森林組合に所属して林業に携わっている人もいる．若者を呼び込みながら林業振興に力を入れている．

　その津和野町では，豊富にある森林資源を活用し，ガス化発電の木質バイオマス熱電併給施設（CHP, Combined Heat and Power）の導入を計画している．ガス化発電とは，木質バイオマスのチップを加熱し，可燃ガスを発生させ，そのガスを燃やして動力にして発電する方法である．津和野町では，フィンランドに本社がある Volter40 という，一基当たり 40 kW の発電能力，100 kW の熱量をもつ CHP を 12 基連結させて，熱と電気を作るエネルギーセンターを作る予定である．1 基当たり必要なチップ量は年間 320 t（含水率 15％）である．Volter40 の特徴として，含水率 15％ と非常に乾燥したチップが必要となる．通常乾燥チップを作るためには，時間や乾燥のためのエネルギーが必要となるが，津和野では，CHP の隣にチップ乾燥装置を付けている．CHP の排熱を利用して，木質チップを乾燥させる方法をとっており，電気は FIT 価格で売電をし，熱は木質チップ乾燥のために利用する．乾燥機にかけることで，一日当たり約 10 t の乾燥チップが製造できる．

　Volter40 を 12 基連結することで得られる発電量は 480 kW であり，年間 325 日稼働することで，年間総売電量は 350 万 kWh となる．この事業の FIT の買取価格は 40 円/kWh であり，年間売電価格は 1.4 億円となる．1 基は 325 日稼働しており，1 年のうち 1 か月はシステムメンテナンスのため停止させなければならないが，12 基連結していることで，12 基のうち 1 基をメンテナン

スのため停止し, 残りの 11 基は稼働させておくことが可能である. システム
メンテナンスが必要な 1 か月の停止期間をずらしていくことで, 常に 11 基分
を稼働させることができ, その期間売電することが可能となる.

　この施設では, CHP で熱と電気をつくりながら, 熱を利用した乾燥チップ
を製造するエネルギーセンターとしての役割を担っている. エネルギーセンタ
ーで作られた乾燥チップは, Volter40 単体を入れた高齢者施設や温泉施設に
運び, その施設で発電と熱供給を行う. 太陽光パネルの電力販売契約（PPA）
方式と同様に, Volter40 を設置可能な施設を募り, 熱は施設に提供し, 電気
は FIT として売る予定である. つくられた含水率 15% の乾燥チップは 23,000
円／t で販売を予定しており, エネルギーセンターを軸に, 地域内再生可能エ
ネルギーによる熱電供給を進めている.

　エネルギーセンターは, 含水率 50% のチップを, 地域通貨を上乗せする形
で 9,000 円／t で買い取る計画である. 地域内から調達することで, 輸送による
CO_2 排出を抑えているだけでなく, 地域内の経済循環効果も狙っている. また,
乾燥チップから分離した木屑を集めてペレットとして製造, 販売する計画も立
てており, 年間およそ 100 t のペレットが製造予定である.

　さらに, CHP で木をガス化すると, 最後に粉炭が残る. この粉炭はバイオ
炭（biochar）と呼ばれ, 炭素の塊であり, 炭素が固体化しているものである.
バイオ炭は分解されにくく, 長期間炭素を貯蔵し続けていることから, その炭
素固定能力が評価され, クレジットとして認証されるようになった. バイオ炭
は, 農地に撒くことで, 農地に炭素が固定される. このバイオ炭による炭素の
固定化は, 2019 年に開催された IPCC 総会にて承認された「2019 年改良 IPCC
ガイドライン」に, 農地・草地土壌へのバイオ炭投入に伴う炭素固定量の算定
方法が追加されたことによって, 農地にバイオ炭をすき込むことの効果が認証
されることとなった. バイオ炭の農地への施用は, 土壌の透水性や保水性, 通
気性の改善などの効果があるといわれており, 日本では木炭は土壌改良材に指
定されているが, クレジットとして販売も可能となり, 農業分野でのシナジー
効果が期待できる.

(2) 地域内への効果の違い

　木質バイオマスは, 太陽光や風力と異なり, 設置工事期間のみに雇用を創出

表6.2　木質バイオマス発電容量別コストの比較

	単位	1,000 kW	2,000 kW	5,000 kW	10,000 kW	20,000 kW
発電コスト （熱収入込み）	円 /kWh	124 (46.7)	61.8 (25.0)	31.7	26.6	21.4
建設費単価	万円 /kW	52.2	46.1	38.1	32.1	25
熱効率	％	8.0	12.0	20.7	24.4	28.2

多喜 他（2015）より筆者作成.

するだけではなく，長期間にわたって複数分野へと効果を与えていることから，波及的な効果が大きい事業である．しかし，木質バイオマス発電施設すべてが農山村地域に大きな波及効果を与えるかといえば，そうではない．発電施設がどのような施設かによって，波及的効果は大きく異なる．

　木質バイオマス発電施設は規模が大きいほど発電単価は小さくなる．とりわけ熱を利用しない場合，大規模施設の発電コストは小規模施設の3分の1から

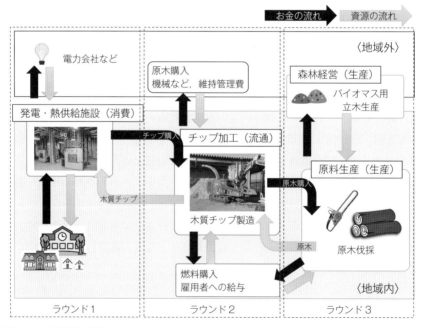

図6.5　経済循環効果のイメージ

6分の1となるため，発電所の採算性のみを考えた場合，大規模事業のほうが選択されやすい（表6.2）．しかし，事業が大規模になればなるほど，木質ペレットやチップの安定供給システム構築のための費用や発電施設建設のための費用など，膨大な初期投資が必要となる．農山村地域は豊富な木質バイオマス資源を有しているが，十分な資金がない場合がほとんどである．そのため，その地域のみで初期投資費用を含む事業費用を負担することが難しいため，都市部の大企業が農山村地域の発電所建設に参入し，発電施設を建設し，事業を運営している場合が多い．この場合，確かに木質チップやペレットの需要が増加することによる林業分野への経済波及効果や，発電施設で雇用される人による所得効果が発生するが，発電所運営による利益は出資した企業への流れるため，地域経済への効果は限定的となる．

たとえば，事業によってどのくらいお金が地域を循環するのかを評価する手法に，イギリスのシンクタンクの New Economics Foundation（NEF）が開発した地域内乗数3（LM3, Local Multiplier 3）がある．この手法は，原料生産，加工流通，そして消費の3つの段階に，どれだけお金が回っているのかを評価する指標である．図6.5は木質バイオマスエネルギーの利用による地域内経済循環のイメージである．木質バイオマスエネルギーによって発生した熱や電気を販売する消費部門の売り上げのうち，木質チップや薪などの燃料を製造する流通部門にどれかけお金が流れたのか，さらにその燃料の原材料を生産する素材生産部門にどれだけお金が流れたのかを，可視化する手法である．資金循環の最初の3回分を追っており，消費地であるラウンド1のお金のどのくらいが，流通部門であるラウンド2に流れたのか，またそのうちのどのくらいが域内の生産地であるラウンド3に流れたのか，を追っていく．LM3 は

$$（ラウンド3＋ラウンド2＋ラウンド1）／ラウンド1 \qquad (6.1)$$

の計算式で表され，1から3までの値をとる．数値が大きいほど，域内の経済循環効果が大きいことを意味する．

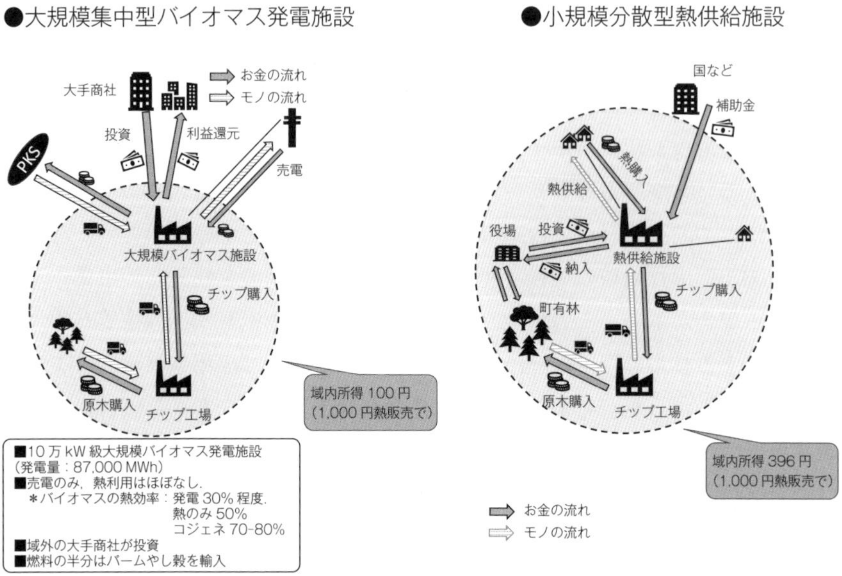

●大規模集中型バイオマス発電施設　　　　　●小規模分散型熱供給施設

図6.6　木質バイオマス施設別の地域内経済効果

　LM3 の方法をもって経済的な波及効果を見ると，外部資金で地域外の木材を原料とする施設と，小規模で熱利用も行いながら地元の木材を原料とする施設では，小規模地元木材を活用した施設のほうが，地域内への経済的な波及効果は大きい（図 6.6）.

（3）島根県邑南町の事例

　島根県邑南町は，島根県の中央部に位置する人口約 1 万人，高齢化率 45.1％（2020 年 4 月 1 日現在）の農山村地域であり，2004 年 10 月に羽須美村，瑞穂町，石見町の 3 町村が合併して邑南町となった. 島根県と広島県の間の山間の村であり，早い時期から人口減少，高齢化，過疎化が課題だったが，町独自の「食」と「子育て」に力を入れた政策を打ち出している. 食については，A 級グルメ構想を立ち上げ，食と農を切り口にした町づくりを推進するとともに，「A 級グルメのまち」の商標登録を行っている. また，「子育て」は，日本一の子育て村を目指すこととし，すでに移住している人々に対して手厚い子育て支援を行っている. 全国にあまり例がない時代から，「中学校卒業までの医療費無料」「保育料第二子以降完全無料」などの施策を導入し PR することで，

2013 年には，合併後初めて社会増（転入者数＞転出者数）となり，過疎対策が成功している．

また，「地域で子育てを実践し，日本一の子育て村を住民が実感できる町に」という構想の下，子どもの誕生を町内全体でお祝いする，「子育て支援ポイント付与制度」を創設して，地域内での子育てサービスの利用を促すなどの施策があったり，移住者に対しても「定住支援コーディネーター」を設置して継続したケアを行ったりしている．

邑南町では，町内を 12 の地区に分け，町民一人一人が参画する「地区別戦略」も策定している．「地区別戦略」では，地域の総意のうえ，人口減少に歯止めをかけるため，地域住民が主体となって実施できる事業が計画されている．このような邑南町の取り組みは，人口減少・少子高齢化が今後加速していく農山村地域における先進的な事例として，注目されている．

その邑南町だが，2021 年 3 月「邑南町ゼロカーボンシティ宣言」を表明し，環境と経済を両立したまちづくりを掲げ，脱炭素社会への移行に向け取り組んでいる．その第一歩として，エネルギーの地産地消による経済循環の確立を果たすため，町が主体となって新電力会社「おおなんきらりエネルギー株式会社」を設立することとなった．

新電力会社は，複数回の住民説明会を経て設立された．新電力事業の目的は，エネルギーの地産地消による電力料金の地域内循環を確立させ，地域活性化に取り組ことである．邑南町は他の地域と同様に，電力は地域外の電力小売事業者から購入するしか選択肢がなく，エネルギー支払い金額は地域外に流れていくばかりだった．そのため地域内にエネルギー会社を設立することで，地域外に流れていた資金を地域内に循環させ，経済波及効果を作ることも目的としている．

邑南町内にもいくつか再生可能エネルギーで発電している施設や事業者はあるが，地域で発電された電気を地域内で購入できるすべがなかった．地域内で発電される電力を積極的に仕入れ，供給することで，地域外への資金流出を抑制するとともに，ゼロカーボンを達成することを目指している．

なお，邑南町とおおなんきらりエネルギー株式会社が共同提案した「再生可能エネルギーで輝くおおなん成長戦略」の計画提案は，環境省の脱炭素先行地域に選定された．脱炭素先行地域とは，2050 年カーボンニュートラルに向け

て，民生部門（家庭部門および業務その他部門）の電力消費に伴う CO_2 排出の実績ゼロを実現し，運輸部門や熱利用なども含めてその他の温室効果ガス排出削減についても，我が国全体の 2030 年度目標と整合する削減を地域特性に応じて実現する全国でも先進的な取り組みをしている地域が選定される．

　「再生可能エネルギーで輝くおおなん成長戦略」では，PPA を活用した太陽光パネルや蓄電池の設置による電力の自家消費の他，道の駅再整備にあたり設備の脱炭素化の推進，有機農業やスマート農業の推進，食のサプライチェーンの脱炭素化，日中の需要の夜間電力化などが提案された．これらによって，電力の地産地消と自家消費による地域内経済循環の確立，電力消費に限らず各事業分野で CO_2 排出削減，そして「農林業の振興」「運輸・交通」「食」「子育て・健康」「防災」などで脱炭素へのモデルチェンジを促し炭素だけではなく他の分野の課題解決にも取り組むシナジー効果の発揮が期待されている．

　なお，PPA とは，電力販売契約（Power Purchase Agreement）のことであり，個人もしくは事業者は PPA 事業者と契約することで，太陽光発電システム設備を初期費用ゼロで導入でき，メンテナンスもしてもらえる仕組みである．契約期間が終わった後は，設備を譲り受けることができる．その代わり，契約終了までの間，利用者は PPA 事業者に利用した分の電気代を支払うこととなる．おおなんきらりエネルギー会社は，この太陽光パネルと PPA 事業も斡旋する（太陽光パネル PPA については表 6.3 参照）．

　太陽光パネルの PPA を進めるにあたっては，設置協力してくれる個人や事業者の協力が不可欠である．地域内から調達する再生可能エネルギーを増やすため，PPA に協力してもらえる個人や事業者を増やさなければならない．そこで，邑南町の課題と掛け合わせ，PPA 協力者を募るアイデアなどが考えられている．たとえば，免許返納によって自家用車を手放した場合，交通や，農作物の集荷などが課題となる．そこで，PPA に協力している人は公共交通手段であるバスに割引価格で利用可能にしたり，農作物の出荷を手伝ったりと，課題解決と PPA 普及を組み合わせた戦略が計画されている．

表 6.3 太陽光パネル PPA モデルとその他の比較

	PPA モデル	自己所有自家消費型	リース
所有形態	PPA 事業者が所有	自社所有	リース業者が所有
初期費用	不要	必要	不要
利用料	不要	不要	必要（リース料）
メンテナンス	PPA 事業者	自社	リース業者
余剰電力の売電収入	なし	あり（FIT 活用時）	あり（FIT 活用時）
自家消費分の電気料金	有料	無料	無料
資産計上	不要	必要	必要
契約期間	10～15～20 年間	―	10～15 年間

6.3 脱炭素のための都市と農山村の連携

　脱炭素のためには，エネルギーの消費地である都市域だけで達成することは困難である．また，農山村地域だけでも解決することができない．2050 年までのカーボンニュートラルを目指すためには，地域間の連携が不可欠となる．

　その連携の一つが，「カーボン・オフセット（carbon offset）」という考え方である．日常生活や経済活動を送る中で，まずはできるだけ排出量が減るように削減努力を行うが，それでも削減不可能な CO_2 などの温室効果ガスが出る場合，その排出量を実質ゼロにするために，排出量に見合った温室効果ガス削減活動に投資する．投資することで温室効果ガス排出量が相殺されるため，カーボンニュートラルを目指す自治体や企業にとってみれば，必要不可欠な制度である．カーボン・オフセットは，ヨーロッパ，アメリカ，オーストラリアなどでの取り組みが活発であり，温室効果ガス削減の評価，認定，検証を行う基準化が進められている．

　カーボン・オフセットは，オフセットを行う主体自らの削減努力を促進する点で，これまで温室効果ガスの排出が増加傾向にある業務，家庭部門などの取り組みを促進することが期待されている．日本では，環境省が適切で透明性の高いカーボン・オフセットを普及させるため，カーボン・オフセットフォーラ

ム（J-COF, Carbon Offset Forum）を設置してしている．オフセットの取り組みに関する情報提供や相談支援などを行うとともに，ガイドラインの策定および先進的な取り組みをモデル事業として支援するなど，普及を進めている．

　国内での制度設計を進める中，海外では，従来のカーボン・オフセットの取り組みをさらに進め，排出量の全量をオフセットする「カーボンニュートラル」の考え方が出てきていることから，国内でも 2011 年 4 月に「カーボンニュートラル等によるオフセット活性化検討会」が設置され，日本のカーボンニュートラルやオフセットの方向性が検討された．この検討を受け，国内における温室効果ガス排出削減・吸収を一層促進する仕組みとして，「カーボン・ニュートラル認証制度」や「カーボン・オフセット認証制度」などが設定されていたが，2017 年からそれらの制度を統合して，「カーボン・オフセット制度」が導入されている．

　たとえば農山村で削減した CO_2 をクレジットとして売買することで，都市部では排出量を削減することができ，農山村ではクレジットを手に入れることができる．これは炭素吸着による環境的価値が評価されているだけでなく，農山村の生態系がもつ多面的機能の一つに対する価値が評価されている．これまでは，農山村の生態系サービスの脱炭素に関する価値（CO_2 の削減効果や，吸収する効果）については見過ごされていた．そのため，たとえば森林整備をする場合でも，市場メカニズムの中では費用を捻出することができず，補助金に頼らざるを得ない状況だった．生態系サービスが提供する価値は複数あるが，そのほとんどは評価されていないため，管理は不十分だった．カーボン・オフセットは，都市と農山村をつなぐ一つの手法である．生態系サービスがもつ脱炭素効果を評価することで，共通資源（コモンズ）として支え合う仕組みをつくっている．全世界でカーボンニュートラルを目指すということは，このような生態系サービスを評価しながら，コモンズとして脱炭素機能を守っていくことが必要となる．

参考文献

今村栄一・井内正直 他（2016）日本における発電技術のライフサイクル CO_2 排出量総合 評 価総合報告：Y06', 電力中央研究所報告, 電力中央研究所.

環境省（2014）IPCC 第五次評価報告書の概要－第 1 作業部会（自然科学的根拠）－.

環境省・文部科学省 他（2018）日本の気候変動とその影響：気候変動の観測・予測及び影響 評価統合レポート.

経済産業省資源エネルギー庁（2021）都道府県別エネルギー消費統計, https://www. enecho.meti.go.jp/statistics/energy_consumption/ec002/

経済産業省資源エネルギー庁（2022）エネルギー白書 2022, https://www.enecho.meti. go.jp/about/whitepaper/

多喜真之・山本博己 他（2015）「国内バイオマス発電の経済性評価」, 第 31 回エネルギー資 源学会.

内閣府（2019）県民経済計算, https://www.esri.cao.go.jp/jp/sna/sonota/kenmin/kenmin_ top.html

IPCC（2013）Summary for policymakers. *in* climate change 2013: The physical science basis. Contribution of working group I to the fifth assessment report of the intergovernmental panel on climate change（eds. Stocker, T. F. et al.）. Cambridge University Press.

Saunois, M., Stavert, A. R. et al（2020）The Global Methane Budget 2000-2017, *Journal of Earth System Science Sci. Data*, 12, 1561-1623.

第7章
生物多様性の地球環境SDGsネクサス

森 章

　SDGsにおいて，生物多様性（biodiversity）の課題は，目標14「海の豊かさを守ろう」と目標15「陸の豊かさも守ろう」にとくに関わる．この2つの標語から解釈すると，両目標に共通して生物多様性を「守る」ことを最大目標に掲げているように思える．もちろん生物多様性の保全は重要であるが，ここでは守るだけではなく利用することを前提に置いていることに注意をしたい．たとえば，SDGsの目標2「飢餓をゼロに」といった目標の中でも，生物多様性の利用に関わるターゲット項目がある．具体的には，国際的合意に基づき，動植物の遺伝的多様性を維持しつつ，遺伝資源へのアクセスおよびその利用から生じる利益の公正かつ衡平な配分を促進することが掲げられている．これは，国際連合（国連）「生物多様性条約」における各国の交渉や合意事項，その先のゴールやターゲットとしても最重要項目の一つである．

　生物多様性を巡る問題では，しばしば保全や復元にどうしても注視されがちだが，私たちの人間社会は生態系，とくにその構成要素である生物多様性から様々な恩恵（生態系サービス）を得ている．様々な生態系サービスの供給源（自然資本）として，陸から海，熱帯から極域に至る多様な自然環境を持続可能な形で保全することは，人間社会にとって必須の命題である．とくに，自然の恵みを利活用し続けるためには，生物多様性の保全と復元が肝要となる．

7.1　保全と利用のバランス

　繰り返しになるが，生態系（ecosystem）と生物多様性の「保全」と「利用」の双方が大切である．しかし，その両者のバランスは，地域やセクターが異なると微妙に異なる．SDGsの関連目標から考えてみたい．たとえば，海洋を対象とした目標14は，「持続可能な開発のために海洋・海洋資源を保全し持続可能な形で利用する」としている．資源の利用が強調されている．一方で，

陸域を対象とした目標15は,「陸域生態系の保護,回復,持続可能な利用の推進,持続可能な森林の経営,砂漠化への対処,ならびに土地の劣化の阻止・回復および生物多様性の損失を阻止する」との内容である.保全と利用といった双方のアプローチが強調されるとともに,生態系や生物多様性といった事象が強調されている.言い換えると,前者が自然資源の利用を主とする一方で,後者は生態系や生物多様性を保護しつつ活用することをより念頭に置いている.このことは,SDGs の目標中の詳細なターゲットを読むとより明確となる(図7.1).

海洋と海洋資源を持続可能な開発に向けて保全し,持続可能な形で利用する

14.2 2020 年までに海洋及び沿岸の**生態系**への重大悪影響を回避するため,レジリアンスの強化 …(中略)海洋及び沿岸の**生態系**の回復のための取組を行う.

14.a (中略)開発途上国の開発における海洋**生物多様性**の寄与向上 …(以下省略)

陸上生態系の保護,回復および持続可能な利用の推進,森林の持続可能な管理,砂漠化への対処,土地劣化の阻止および逆転,ならびに生物多様性損失の阻止を図る

15.1 2020 年までに … (中略)森林,湿地,山地及び乾燥地をはじめとする陸域**生態系**と淡水**生態系**及びそれらのサービスの保全,回復及び持続可能な利用を確保する.

15.4 2030 年までに … (中略)**生物多様性**を含む山地生態系の保全を確実に行う.

15.5 2020 年までに … (中略)**生物多様性**の損失を阻止し,絶滅危惧種を保護し,絶滅防止するための緊急かつ意味のある対策を講じる.

15.8 2020 年までに,外来種の侵入を防止し,陸域・海洋**生態系**への影響を大幅に減少させる …(以下省略)

15.9 2020 年までに,**生態系**と**生物多様性**の価値を …(中略)戦略及び会計に組み込む.

15.a **生物多様性**と**生態系**の保全と持続的な利用のために,あらゆる資金源からの資金動員および大幅な増額を行う.

図7.1 SDGs の目標14と目標15における生態系と生物多様性への言及の違い
「生態系」と「生物多様性」への言及に着目し,ターゲットの内容を抜粋.外務省および地球環境戦略研究機関による仮訳をもとに,筆者が編集抜粋した.

SDGs の目標15では,「生物多様性の損失を阻止し,2020 年までに絶滅危惧種を保護し,また絶滅防止するための緊急かつ意味のある対策を講じる」,「2020 年までに,生態系と生物多様性の価値を,国や地方の計画策定,開発プロセス及び貧困削減のための戦略及び会計に組み込む」といった,生物多様性に明確な言及をしたターゲットがある.一方,目標14では,「2020 年までに,国内法及び国際法に則り最大限入手可能な科学情報に基づいて,少なくとも沿岸域及び海域の 10% を保全する」などの内容であり,生物多様性に明示的なターゲットは限られている.同様の傾向は,生物多様性条約下において,2020

SDGs	愛知目標	SDGs に対する生物多様性の影響	SDGs の生物多様性への影響
1	18	✚!	▽◉
2	7, 13, 16	✚!	▲▽◉
3		✚!	▽
4			▽
5			▽
6	5, 14	✚!	▲▽
7		✛	▲◉
8	4	✛	▽◉
9		✛	▽◉
10			▽
11		✚!	▲
12	1	✛	▲
13		✚!	▲◉
14	3, 6, 8, 10, 11	✚!	▲
15	2, 5, 9, 11, 12, 15, 16	✚!	▲
16			▽
17	19, 20		▽

SDGs は 1 番左の列にリストされている。2 番目の列は，SDGs の目標に要素が反映されている愛知目標を示している（SDGs に基づく関連ターゲットは，本報告書の第二部にさらに記述がある）。[12] 3 番目の列は，生物多様性が大きく貢献しているのはどの SDGs か，そして進行中の生物多様性の低下が当該 SDGs を達成する可能性を危うくするか低下させるかどうかということを示している。[13] 4 番目の列は，生物多様性の保全と持続可能な利用に対する SDG の影響の性質を示している。

✚ 生物多様性の保全と持続可能な利用が，当該 SDGs の達成に**直接貢献**する。

✛ 生物多様性の保全と持続可能な利用が，当該 SDGs の達成を**支援**する。

! 生物多様性の低下が当該 SDGs の達成を**危うく**する。

▲ 当該 SDGs の達成が生物多様性に**貢献**する。「貢献する」とは，当該 SDGs の達成が生物多様性への主要な直接的圧力に直接対処する関係を指す。

▽ 当該 SDGs の達成は，生物多様性に取り組むための環境を容易にすることに**貢献**する。「容易に」とは，当該 SDGs の達成により，生物多様性の問題への対処を可能にするための環境が改善される関係を指す。

◉ 生物多様性を保護しながら当該 SDGs を達成することは，潜在的に**制約**となる。「制約」とは，当該 SDGs と生物多様性の保全や持続可能な利用を同時に達成するには，潜在的な対立を回避し，トレードオフを最小限に抑えるために特定の道筋を選択する必要がある関係を指す。[14]

図 7.2　生物多様性，愛知目標，SDGs の間のつながり

国連環境計画（UNEP）地球規模生物多様性概況第 5 版 2020 より抜粋（環境省による和訳）.

年までに達成すべきと掲げられた 20 項目の「愛知目標」のうち，保護地域に関して，陸域および内陸水域がそのうちの 17% 保護を数値目標としていたのに対して，沿岸域および海域では 10% が目標数値であったことにも共通する．もちろん SDGs の目標 14 と 15 ともに，自然資源活用から生物多様性保全までをすべて重要と捉えており，決して二者択一的な内容ではない．ただし，両目標間で一定の差異があることも知っておきたい（図 7.2）．これは，愛知目標の設定時に，ホスト国である日本で，陸の保護と海の利用の組み合わせが目標設定として妥当性が高かったなど，各国の資源利用や保護区の事情を反映している．

人間社会が存在することで，原生的な生態系や生物多様性が損なわれる．一方で，人間社会が存在し続けるためには，生態系や生物多様性から，様々な便益，自然の恵みを受け続ける必要である．端的にまとめると，人間社会があることで生物多様性が失われがちだが，生物多様性がなければ人間社会が成り立たない．これは一見するとジレンマのように思える．しかしながら，人間社会の持続可能な発展，まさに SDGs が掲げる究極目標の実現には，持続可能な形で生物多様性を維持しつつ活用する術を見出していかなければならない．

生物多様性の利用と保全の間には，トレードオフがあり常にジレンマがあるように思える．実際に，生物資源を利用すれば生物多様性の保全が損なわれ，保全をすれば資源利用ができなくなるといったトレードオフが，多くの場合に存在する．しかし，保全と利用は必ずしも相反するものではなく，日本の里地里山のように，以前よりも利用されなくなることで，その場にかつて存在した生物多様性が失われつつある事例も見られる．あるいは，生態学的集約化農業など，保全をしつつ利用が促進されるような枠組みも広がりつつある．保全と利用の両者のバランスを，長期的な持続可能性の視点からより注視し，実際の社会や経済の活動の中で体現することが求められている．

7.2 持続可能性シナリオ

どのように生物多様性の保全と利用のバランスを保つことで，持続可能性を実現できるのだろうか？ 人間社会が存在する限り，様々な形で生物多様性に負の影響を与える．たとえば，都市や農地が存在することで，すでに多くの自

然環境が損なわれてきた．都市化や農地開発は世界的にもまだまだ進行しており，社会経済がより発展し安定するためには，土地改変が避けられない国や地域も多い．そのため，生物多様性を失わせる駆動要因である土地改変を一切行うべきではないとの意見は，極論となり現実的ではない．一方で，土地改変による負の影響を可能な限り取り除き，できれば生物多様性を回復させたい．そのためには，保護区を設けるなどの生きものの住み場所を守る直接的な取り組みだけでは十分とは言い切れない．たとえば，多くの土地改変は，食料や衣料をはじめとする物質的な需要が根本原因である．とくに，量的に過剰な需要，あるいは環境負荷の高い生産物への需要，あるいは必要以上の消費（浪費）を抑えることが必要である．言い換えると，持続可能な生産と消費を心がけることが必須である（図 7.3）.

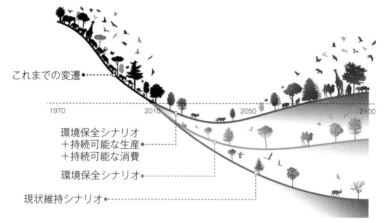

図 7.3　生物多様性の回復には，場所の環境保全だけでなく，持続可能な生産と消費の社会システムの構築が必須である
Leclère et al.（2020）の内容を抜粋して紹介する概念図を和訳した.

7.3　生物多様性，自然資本と生態系サービス

7.3.1　生物多様性

生物多様性条約では，生態系の多様性・種の多様性・遺伝子の多様性という

3つのレベルで多様性があるとしている（図7.4）．地球上の生きものは40億年という長い歴史の中で，様々な環境に適応して進化し，真核生物だけでも数千万種ともいわれる多様な生きものが現在も存在している．そして，個々の種の中でも多様性がある．この種内の多様性は遺伝的多様性ともいわれ，私たち現代人（ホモ・サピエンス）でも，一人ひとりに個性があり，見た目も中身も個々に異なるように，自然界の生物種には，それぞれの種の中に多様性がある．さらには，海洋や湖沼，川や草原，森林や砂漠といった場所の違い，さらには熱帯と温帯，艦隊のような気候帯の違いによって，そこに成立する生態系の姿，住む生物種が異なってくる．このような場の多様性が，生態系の多様性である．

生態系の多様性
山・川・海・まち，
たくさんの種類の自然環境があります

種の多様性
動物・植物・昆虫，
たくさんの生き物がいます

遺伝子の多様性
色・形・模様，
たくさんの個性があります

図7.4 3つの異なるレベルの生物多様性の概要図（札幌市ホームページ，2022 をもとに作成）

7.3.2 自然資本と生態系サービス

本章では，すでに「海洋資源」や「遺伝資源」という言葉が出てきた．海洋資源とは，その名の通り海洋にある資源を指す．広く捉えると，必ずしも生物資源とは限らず，たとえば，天然ガスやメタンハイドレートのようなエネルギ

ー資源をも含む．SDGs の目標 14 で述べられている海洋資源は，「海の豊かさを守ろう」という比喩で表されているのは，生物的な豊かさである．現在，海洋環境は芳しくなく，酸性化，汚染，温暖化，プラスチックごみなどによる望ましくない影響を受けている．その結果，私たち人間社会が必要とする水産物（いわゆるシーフード）を含む海洋の生物資源，豊かさが失われつつあることに対処しなければならない．その中には，海洋の遺伝資源も含まれる．海洋生物は，これまで魚介類や海藻類が主に食料水産物として利用されてきたが，近年では，再生可能エネルギー，医薬品，バイオテクノロジーなどの素材，材料としても注目されている．また，海洋には数多の遺伝資源があり，その多くはまだまだ未知である．海洋の生態系が健全で，様々な生物種や遺伝型が存在することで，食料供給をはじめ多くの便益を私たちの社会にもたらす．このような自然から得られる様々な恵みや便益は，生態系サービス（ecosystem service）と呼ばれる（図 7.5）．

　なお，自然からの恩恵は，食料や製薬，素材などに活用する物質の供給（供給サービスと呼ばれる）だけではない（図 7.5）．たとえば，自然環境があることで観光が促進されることが多く見られる．国連教育科学文化機関（UNESCO）の世界自然遺産に登録されることで，観光利用者が増加すること（その結果，地域経済が潤うこと）は世界中の多くの場所で報告されている．このような自然があることの社会や経済への公益性は，文化的サービスと呼ばれる．あるいは，河川のそばに遊水地があることで，通常は公園として活用しつつも（ここでも文化的サービス（cultural service）が生じている），大雨などによる増水時には，河道からあふれた洪水を一時的に貯留することで洪水被害を軽減する効果がある．この減災効果は，調整サービスとして知られている．

　そして最後に，これらの生態系サービスが発揮されるためには，自然が自然たるものとして維持されなければならない．自然たる生態系が存在し，そこで一次生産者である植物が光合成を介して二酸化炭素（CO_2）を吸収する．生まれた有機物が食物網を介して，消費者や分解者である多様な動物や微生物に流れていく．このような自然の摂理が維持されることで生態系が維持され，その結果，様々な生態系サービスが生じる．ゆえに，生態系の機能性が維持されること自体を基盤サービス（supporting service）と呼ぶ．

　基盤サービスは人間社会に直接的な便益（フロー，flow）をもたらしている

のではなく，むしろ資本（ストック，stock）の維持に関わるので，生態系サービスとは切り離して考え，生態系機能であるとの考え方もある（後述する，生物多様性，生態系機能，生態系サービスの関係性も参照されたい：図7.7）．なお，図7.5は，2005年の国連「ミレニアム生態系評価」に基づくが，その後の2010年に公開され広く活用された「生態系と生物多様性の経済学」では，基盤サービスの語は用いられず，生息・生育地サービスと表現されている．

　自然資本と生態系サービスの関係について整理をする．自然資本とは，地球上に存在する自然資源（動植物や微生物，大気，土壌，水，鉱物など）のストックのことである．これらのストックから出てくる，社会にとって何らかの価値をもたらすフローが，生態系サービスである（図7.6）．

　たとえると，銀行口座に預けた元本がストックであり，そこから生じる利息（利子）がフローである．利息分だけのお金を使用しても元本はなくならない

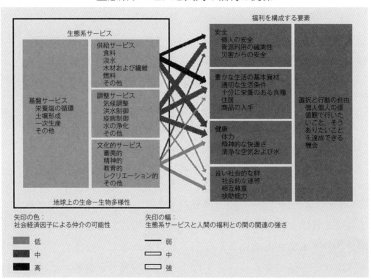

図7.5　生態系サービスと人間の福利（豊かさや幸せ）との関係性の概念図（国連ミレニアム生態系評価，2005：環境省による和訳）
この評価枠組みでは，生態系サービスは，「供給サービス」，「調整サービス」，「文化的サービス」，そして，生態系を根本から支える「基盤サービス」に大別される．基盤サービスは，根源的な生態系機能であり，人間個人や社会にとっての直接便益である生態系サービスとは区別すべきとの意見もあることに留意したい．

が，利息以上のお金を引き出して利用し続けるとやがて預金はなくなってしまう．自然資本と生態系サービスの関係は，この預金における元本と利息の関係性と同じで，むやみやたらに利用するのではなく，持続可能な形で自然資源と生態系サービスを運用しなければならない．

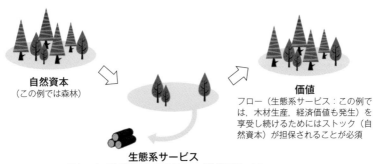

自然資本
（この例では森林）

生態系サービス
ストック（自然資本）からフロー（生態系サービス）として供出される物質あるいは非物質的な自然の恩恵（この例では，針葉樹が伐採されて木材として搬出）

価値
フロー（生態系サービス：この例では，木材生産，経済価値も発生）を享受し続けるためにはストック（自然資本）が担保されることが必須

図 7.6　自然資本（ストック），生態系サービス（フロー）と価値の関係性
ここでは，森林生態系から得られる林産物（木材）を例に，供給サービスの観点から例示した．実際には，森林から得られる生態系サービスは，木材供給に限らず，土砂災害の防備，水源涵養，微気象調整，炭素吸収を介した温暖化緩和，教育やレクリエーションの利用など非常に多岐にわたる（公益的機能とも呼ばれる）．（作図協力：小林勇太）

　ここでもう一度，資本主義のファイナンスやビジネスでの事例により，自然の価値について説明を行う．経済活動のうえで，企業の運用資金がストックであり，収益と費用というフローを生み出し，その差分として利益を算出する資本主義会計の考え方がある．これに照らし合わせると，自然資本の価値は，ストックの増減で評価できる．たとえば，ひどく収奪され農地としての機能性が低くなった痩せた土地（ストックが低くなっている）では，生態系サービスとしての農作物の収穫量も低くなってしまう（フローも低い）．この土地は，自然資本としての価値が著しく損なわれている．逆に，一度価値が低くなった場所でも，自然再生が進み，農林水産物が得られるようになったり，気候緩和に貢献したり，教育や文化的利用に役立つようになれば，その場所の自然資本と

しての価値は再度高まることもある. ここで注意をしたいことは, 特定の個人への利益につながる生態系サービスもあるが, 多くの生態系サービスには公益性があることである.

7.3.3 生物多様性が支える生態系サービス

これまでに, 自然資本としての生態系から様々な物質的・非物質的な公益性が発揮され, 人間社会に享受されることを解説してきた. ここで, 生物多様性の役割について, より注視したい. ここでの着目点は, ただ自然の要素があるといった事象ではなく, 自然環境の中に様々な生きものが存在していること, すなわち生物多様性の重要性である (図 7.7).

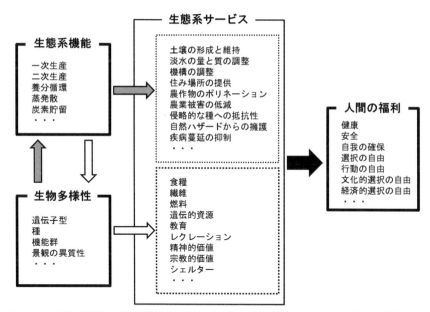

図 7.7 生物多様性, 生態系機能 (プロセス), 生態系サービスと人間の福利との関係性 (森, 2012)
生物多様性が, 生態系機能を介して間接的に, あるいは直接的に, 様々な生態系サービスを支えている.

たとえば, 様々な魚種や農作物, 品種があることで, 様々な食材を得ることができる (供給サービス). あるいは, 色々な鳥類がいることで, 農地生態系

で農業害虫が駆除される（生物防除，あるいはペストコントロールと呼ばれる調整サービス）．多種多様な樹木が生育する森林があることで，土砂災害の防止，微気象調整，さらには温暖化緩和にもつながる（調整サービス）．別の例で考えると，色々な生きものがいる池で自然観察会をするほうが，生きものの種類が少ない場所よりも適しており，参加者の経験や学習にとって有益だろう（文化的サービス）．これらの例に限らず，生物多様性が高いことが，直接的あるいは間接的な効果として，私たちの個人や社会に便益をもたらす．

　図 7.7 で示したように，生物多様性と生態系サービスの関係性のうち，生態系機能を介した間接的な効果がある．図で例示している生態系機能は，生態系サービス区分のうち，基盤サービスに概ね相当する．たとえば，上述した調整サービスの例では，多種多様な鳥類がいることが，食う食われるという自然界の食物網を維持している（生態系機能が高まっている）．よって，ペストコントロール[1] という農家にとって大切な生態系サービスが働いている．あるいは，森林の樹種多様性の例では，多種系ほどに光合成を介した一次生産が高まることで，大気中の CO_2 を隔離し森林内に貯蔵するといった機能性が向上する（図 7.8）．その結果として，温室効果ガスを大気中から取り除くことという，温暖化緩和を担う森林の調整サービスが高まる．

---

[1] 生き物間の食う食われるの関係性で成り立つ自然の機能性で，生物防除とも呼ばれる．

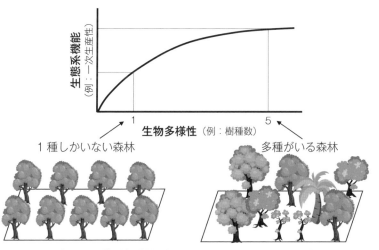

図7.8 同じ面積でも，樹種多様性が高い森林の方が，樹木の一次生産（生態系機能）が高まる

なお，生態系機能としての一次生産性は，多くの場合に面積当たりの炭素隔離速度と比例をするので，この機能性が高まることは，二酸化炭素を大気中から取り除いて温暖化を抑制するという生態系サービス（気候変動緩和に貢献する調整サービス）を生じさせている．日本の森林では，1樹種だけしかいない森林に比べて多樹種から成る森林では，単位面積当たりの炭素隔離速度が倍加することがわかっている．Mori（2018）の内容を，簡略して概念図化した．

7.3.4 生物多様性の役割の背景にある理由

　生物多様性がどのようなプロセス（過程）を経て，生態系サービスを支えているのだろうか？　近年の研究によって，多様性が高いとサービスが高まるという現象の背景にある理由，メカニズムが解き明かされつつある．たとえば，上述の森林の樹種多様性の場合，多種が存在することで，光や土壌栄養塩，水などの様々な資源を，総和としてより効果的に活用できる（相補性効果と呼ばれる）．もしも1種しかいなければ，すべての個体が，同じような温度や光環境，降水量の条件を好むので，不適環境条件の場所や年には，森林全体の一次生産性が低下してしまう．一方で，多種がいる森林の場合，異なる種がそれぞれ得意とする環境条件下で一次生産性を高められるので，総和としての森林の一次生産性が高まる．この相補性効果は，生物多様性が高いほどに生態系機

能が高まる理由の代表的メカニズムとして知られている．生物多様性の機能的役割については，様々な理論的裏付けがなされてきたが，ここでは相補性効果にもう少し焦点を当てたい．

　森林の例では，1 種しかいない森林では，相補的（補い合う）といった機能性に欠けると説明をした．この現象を食べ物と栄養摂取の関係性からもう少し説明をする．私たちが健康を維持するためには，様々な食材を摂取する必要がある．たとえば，ジャガイモは，ビタミン C やカリウム，食物繊維に富み，世界中で重要な食材として活用されている．しかしながら，ジャガイモだけを食べては，健康維持や成長に必要な栄養素のすべてを摂取することはできない．様々な食材を食べることで，単一の食材からだけでは決して網羅できない様々な栄養素を摂取できるのである．現在，栄養バランスに優れ，一般的な食品より栄養価が高い食材，いわゆるスーパーフードと呼ばれる食材も知られているが，どのようなスーパーフードであっても，それだけを食べていればあとは不要といった食材は存在しない．このことから，生物多様性が私たちの社会にとって欠かさせない存在であることを，図 7.9 では比喩的に示した．

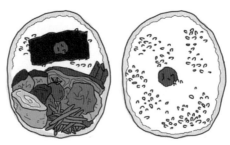

図 7.9　異なる生きものが相補的な役割を果たしている様子（森，2018：作図，前田瑞貴）
異なる食材は異なる種類の生きものから得ているために，生物多様性が低いことは右のお弁当のような状態であり，必要な栄養素を異なる食材から相補的に摂取しようとする左のお弁当とは対照的である．

7.4　生物多様性への脅威：ネクサスの観点から

　人間活動により多くの生物が住み場所を追いやられ，第 6 の大量絶滅が起き

ている可能性がある．急速な生物多様性の変化，特に消失の状況が危惧されている．産業革命後に人為要因により絶滅した生物種の数は，すでに数百種あるいは千種を超えるとの見積もりもある．2019年に，生物多様性及び生態系サービスに関する政府間科学-政策プラットフォーム（IPBES）公表の「地球規模評価報告書」では，100万種以上がすでに絶滅の危機にあると推計されている（図7.10；IPBES, 2019）．

　現在の生物多様性を巡る状況は，明るいとは言いがたい．だからこそ，私たち人間の社会経済活動に伴う生物多様性への望ましくない影響をできるだけ取り除き，多くの生物種，様々な遺伝型，多様な場所を保全する必要がある．

　自然たる生態系が存在し，そこで一次生産者である植物が光合成を介してCO_2を吸収する．生まれた有機物が食物網を介して，消費者や分解者である多様な動物や微生物に流れていく．このような自然の摂理，機能性が維持されることが，人間社会の存続にとっても欠かせないことは，すでに紹介してきた．それでは，どのような脅威が生物多様性に望ましくない影響を与えているのだろうか？　ここでは，特定の種の乱獲のような直接影響だけではなく，社会経済の中で複雑に絡み合う複数の要因にも着目をして解説をする．

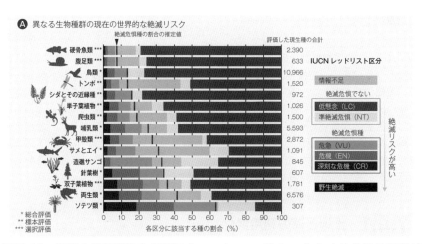

図7.10　国際自然保護連合の評価（www.iucnredlist.org）による絶滅危惧種が占める割合
IPBES 地球規模評価報告書政策決定者向け要約の和訳版から抜粋した（IPBES, 2019）．生物種の絶滅速度は過去100年間で急上昇している．

　IPBES 地球規模評価報告書では，過去 50 年間の生物多様性の変化および消失の直接的な駆動要因は，(1)土地と海の利用の変化，(2)生物の直接採取（漁獲，狩猟含む），(3)気候変動，(4)汚染，(5)外来種の侵入としている（影響が大きい要因から順に記述）．これらの背景には様々な原因（間接的な駆動要因）があり，人間社会のあらゆる活動に関わっている（図 7.11）．ここでは，いくつかの具体例を挙げながら，直接要因と間接要因について解説を行う．

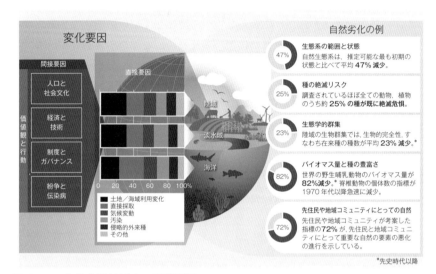

図 7.11　生物多様性減少の駆動要因
直接的な駆動要因（直接要因：土地/海域利用変化，生物の直接採取，気候変動，汚染，侵略的外来種）は，様々な社会的原因（間接的な駆動要因）に基づく（本図の出典は図 7.9 と同様）．間接要因は，人口動態，消費，貿易，技術，制度など無数存在し，社会的な価値観や行動様式にも影響される．縦縞模様の帯グラフ（地球の西半球）は，直接要因が世界の陸域，淡水域，海洋（東半球で図示）に与えてきた影響の内訳を示す．自然劣化の例で表記の円グラフは，人間が自然に与えた悪影響の大きさを，特定の事例に基づき数値化して示している．

7.4.1　土地と海の利用変化

　生物多様性に最も大きな影響を与えている直接要因は，土地と海の利用である．とくに，産業革命後の人口増大に伴い，地球上の多くの場所に過大な環境負荷を与えてきた．IPBES「土地劣化と再生に関する評価報告書」では，大量

消費，人口増加による消費の増幅，農地や放牧地の急激な拡大と持続不可能な管理が特に懸念事項であるとしている（IPBES, 2019）．とくに注視すべきは，これらの事項は互いに関連しており，土地劣化を介した生物多様性の変化や消失を引き起こす複合的な原因となっていることである．

　たとえば，国や地域の経済成長に伴う所得の増加は，食生活の肉食化を引き起こしがちであることが知られている．とくに近年では，日本を含むアジア諸国での変化が著しいといわれている．肉食，とくに牛肉は，生産されるカロリー当たりに必要な土地面積が大きい．それゆえ，経済成長は，放牧地への土地転換に代表される生物の生息地消失の間接要因となりうる．さらに，貿易のグローバル化に伴い，消費者側である裕福な国の食生活変化や需要増大が，生産者側である開発途上国の土地改変を誘引してしまう．地産地消よりも，ともすれば地球の裏側で生産された食品を輸入したほうが安いという国際経済の状況，経済的不均衡が，この間接効果を介した生物多様性消失を増幅させている．

7.4.2 気候変動

　気候変動（climate change）も生物多様性にとっての脅威である．温度や降水量が生物にとって不適となること，気候変動に伴って山火事や旱魃などの撹乱パターンが変化してしまうことなどにより，生息環境が著しく改変され，場合によっては種の絶滅を引き起こす．すでに相当数の生物種が気候変動による負の影響を受けていると考えられ，今後もその傾向は増大すると考えられている．しかしながら，気候変動だけによる影響評価を行うことは難しい．その理由としては，気候変動以外の要因との相互作用として，種の絶滅が生じるためである．

　たとえば，乱獲により個体群サイズが縮小しているがために，変化する気候条件に対応して次世代の個体が残せない場合がある．あるいは，都市化や耕作地化などによって生息地が断続されてしまっている場合もある．生息地が分断されていることで，温暖化に伴って気候適地を求めて移動できない（より涼しい高緯度方向へ移動できない）といった土地利用変化と気候変動の相互作用の場合，両者の相対寄与度を見積もることは難しい．そのため，将来的な気候変化に応じた種の分布変化や絶滅確率を求めることは容易ではない．

　さらに，将来的な気候変化に応じた生物多様性予測を困難としている理由に，

地球温暖化を抑えようとする社会経済活動の中には，土地改変を進めてしまうものがあることである．たとえば，再生可能エネルギー導入を目指して，バイオ燃料作物用に森林から農地へと土地改変が行われる場合がある．あるいは，CO_2 吸収のクレジット制度に伴い，商用植林地が新規造成される場合がある．これらの土地改変は，原生的な自然環境の消失につながる．つまり，たとえ地球温暖化が抑えられても，生息地が破壊されることで，生きものは行き場所を失ってしまう．この両者関係，地球温暖化抑制と生息地保護のトレードオフが，生物多様性の将来予測を困難としている．この課題に挑んだ研究を紹介したい．森林総合研究所の研究チームは，将来シミュレーションにより，気候変動緩和を目指した大規模な土地改変に伴う野生生物への負の影響を考慮しても，緩和対策を積極的に進めることで種の絶滅を抑えられることを示した．つまり，土地改変という副作用が伴っても，地球温暖化という主作用を抑えることのほうが重要とのことである（図 7.12）．

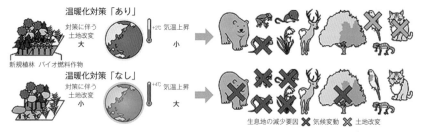

図 7.12　地球温暖化への対策「あり」と対策「なし」といった複数の異なるシナリオに基づく，将来の生物多様性の損失程度を予測比較した概要図
気温上昇が 2℃ 以内に抑えられる対策あり（上）のほうが，大幅な気温上昇によって多くの生物種の生息地が失われる対策なし（下）よりも，生物多様性の損失が抑えられると予測された（森林総合研究所プレスリリース）．

7.4.3　乱獲

　FAO（食糧農業機構）の世界漁業・養殖業白書（FAO, 2020）によると，世界の水産資源の 34.2% が持続可能な水準を超えて漁獲されている（2020 年）．また，WWF（世界自然保護基金）によると，海洋生物個体群の規模は，1970年から 2012 年にかけて，ほぼ半減（49%）したと見積もられている．この乱

獲の状況を引き起こしているのは，過剰漁獲，違法操業などであるが，そもそも消費者からの需要があるから乱獲が行われる．日本で消費されている海洋性食品の相応の割合が，海外での乱獲によるとも考えられている．日本人の食生活が西洋化して，以前よりも魚介類の消費量が低下しているともいわれている．しかしながら，国内での漁業を巡る社会状況の変化や海外産の食品価格の安さなど，様々な社会経済要因により，日本という国が海産食品資源の過剰な利用を遠隔に誘引している状況は継続している．

　なお，海外への遠隔責任だけではなく，国内の水産資源への過剰負荷も生じている．日本の沿岸では，魚介類の漁獲量が長期的に減少し続け，沿岸では海藻が激減し，中身のないウニの増加やクラゲが大発生するなど，異変が生じている．京都大学の研究チームが公表した研究成果によると，森林を守ることが

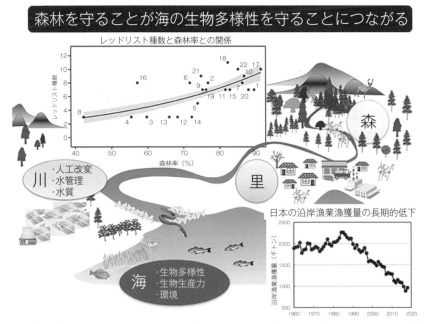

図 7.13 「森林を守ることが海の生物多様性を守ることにつながる」の研究背景と結果（Lavergne et al., 2022）の概要図
日本の沿岸漁業漁獲量は 1980 年代中期以降長期的に減少している（右下図）．また，左上図の 22（図の数字）の一級河川の森林率と河口域で確認されたレッドリスト掲載魚種の種数に関係することがわかった（京都大学プレスリリースより）．

海の生物多様性を守るとのことである（図 7.13）．日本では，昔から，海岸近くの森林が魚を寄せるという伝承が漁業者間であり，そのため海岸林などを魚つき林として守って来た歴史がある．そのような遠隔のつながり，ネクサスの重要性を定量的に示した重要な研究成果といえる．

┃**7.5**　生物多様性消失と気候変動：トレードオフとシナジー

7.5.1　双子の環境課題

　生物多様性消失と気候変動（いわゆる地球温暖化）の問題は，双子の地球環境問題ともいわれる．両課題ともに，国連でのさまざまな取り組みがあり，国際条約に基づく締約国会議（COP）が定期開催されている．国内外に様々な保全活動や政策への働きかけをする組織が存在し，環境問題としてともに着目されてきた．ともに 1992 年の主要国首脳サミット（いわゆる地球サミット）に端を発して国際条約が締約発行され，関連取り組みが生まれていることが双子と称される大きな理由である（なお，地球サミットを契機に，砂漠化防止条約も締約されていることにも留意したい）．

　現在のところ，国際社会の関心，とくに政治や経済における関心事項としては，生物多様性よりは気候変動が最も関心を集める中心課題となっている．これまでに，多くの国や自治体が気候非常事態宣言を発出している一方で，生物多様性非常事態宣言を宣言している国はまだなく，自治体レベルで数例があるにすぎない．このことは，社会的には，生物多様性の問題は気候変動ほどの重大課題ではないとの認識を反映している．しかしながら，経済の枠組みにおいても，気候変動を追従する形で生物多様性への関心が急速に高まっている．

　たとえば，世界経済フォーラムでは，気候変動への対応と生物多様性消失への対応の失策が，その他の数多の社会経済要因に比べても，最も大きな世界経済のリスク要因として評価されている（毎年公表のグローバルリスク報告書による）．とくに，気候変動の問題が世界経済リスクの最大要因であると考えられている．人為的な気候変動が激化すると，気象災害，旱魃などによる農作物不作，失業率増加などが連鎖的に生じ，株価暴落，世界恐慌のようなことが起こりうるとも考えられている．炭素排出量の多い国・企業が金融危機のリスク

要素としてますます認識されつつある．金融安定理事会による「気候関連財務情報開示タスクフォース（TCFD, Task force on Climate-related Financial Disclosures）」では，企業などに対し，気候変動関連リスクおよび機会に関する主要項目について開示することを推奨している．関連事項として，「国連責任銀行原則」も 2019 年に発足している．

　このような気候リスクに次ぐ要因として，生物多様性が注視されつつある．2021 年にクレディ・スイス㈱が公表した報告によると，アンケートに回答した投資家の 84％ が生物多様性消失に懸念を示しており，55％ が今後 2 年の間に生物多様性への対応が必要と考えていると評価された（図 7.14）．2020 年には，先述した TCFD に準拠する形で，国連開発計画（UNDP），世界自然保護基金（WWF），国連環境開発金融イニシアティブ（UNEP-FI），イギリスグローバルキャノピーの協働によって，「自然関連財務開示タスクフォース（TNFD, Task force on Nature-related Financial Disclosures）」が発足した．今後は，企業などの経済活動において，気候変動への対処だけではなく，生物多様性の変化消失への対応が，ますます求められると考えられる．

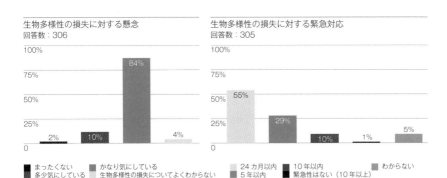

図 7.14　生物多様性への投資家の関心（クレディ・スイス報告書；ggpartners.jp による和訳）

7.5.2　自然に根差した解決策

　自然たる生態系が存在し，自然の摂理が維持されることで温室効果ガスを陸や海の生態系で吸収すれば，温暖化を 2℃ 以内に抑制するに要する費用の 3 分の 1 以上が削減可能との試算もある（Griscom et al., 2017）．このような自然

をベースにした気候変動対応は，その費用対効果の高さからますます注目を浴びている．とくに，陸上では，森林の樹木の光合成，一次生産の過程で大気から吸収される CO_2 の量は，人為的な年間放出量の 30% にまで至る．そこで，温室効果ガスである CO_2 を大気中から森林へと隔離するために，世界中で植林が盛んに推奨されている．

国際自然保護連合（IUCN）主導の「ボン・チャレンジ」では，36 の国・企業が約 1.13 億 ha の森林再生を約束した（2016 年）．2020 年には世界経済フォーラム（WEF）が，気候変動を緩和するために 1 兆本の植樹をするプログラムを立ち上げた．国連で採択された「生態系復元の 10 年間（2021-2030 年）」においても，生態系再生により温室効果ガスの隔離を進めることが強調されている．しかしながら，多くの国や企業の目標は商業性を念頭に置いた単一種（成長の早い商用種）の植栽造成である．この状況に対して，自然環境と社会経済の側面から多くの懸念が示されている．これまでに解説してきたように，多種を育む天然林は，炭素固定を介した気候変動緩和に留まらず，様々な生態系サービスを生み出す自然資本である．ゆえに，真に自然を活用するためには，自然要素としての樹木があることだけに注視する森林再生ではなく，自然の摂理の働く天然林の復元を目指さなければならない．気候変動が激化する状況下では，これまで以上に「生物多様性の役割」を注視することが求められる．

生物多様性に富む森林を保全・再生することの便益は非常に大きい．これまでは，気候変動と生物多様性の関係は一方向的だと考えられてきた．すなわち，温度や降水量の変化によって生物の生息環境が変化してしまうこと，その結果として，現在の生息環境が不適となってしまうこと，場合によっては絶滅の危機に瀕ししてしまうことが危惧されてきた．このような気候変動が生物多様性に影響を与えるという方向性だけではなく，反対の方向性，すなわち生物多様性の状況が気候にも影響を与えうることがわかりつつある（Mori et al., 2021）．世界中の森林を対象として，樹木多様性の変化と付随する炭素吸収能力の変化を予測したところ，地球温暖化を防ぎ樹木多様性の損失を回避すれば，炭素吸収機能が維持されることで温暖化のさらなる抑制につながるという気候安定化フィードバック（好循環）の可能性が見出された（図 7.15）．

望ましくない加速型フィードバック

温暖化が進むと生物多様性が失われ，さらに温暖化が加速する

望ましい安定型フィードバック

温暖化が抑制されると生物多様性が保全され，炭素吸収が進み，温暖化がさらに緩和される

図7.15　生物多様性と気候変動の両課題間における相互依存性，フィードバック関係
Mori et al. (2021) に基づく．なお，この研究では，生物多様性保全による気候変動緩和シナリオほどに，地球温暖化に伴う各国経済被害が緩和される可能性も示されている．

7.5.3　食料システム

　気候変動と生物多様性の課題，そしてこの両課題に留まらず，個人や社会の健康や衡平性などを考えたときに，ますます熟考と精査が必要である課題が，食料システムである．すでに，経済状況の変化に伴う食生活の変化が，土地改変をもたらすことを解説した．森林が放牧地などに転換されることで，森林性の生物の住み場所が脅かされるだけでなく，森林消失によって樹木に貯留されていた炭素が，温室効果ガスである CO_2 として待機中に放出されることで，さらなる温暖化につながる．中でも，放牧地では10億頭もの牛が飼われていると推計されており，反芻動物であるためのメタン放出の効果も合わさって，食料システム起源の温室効果ガス排出の4分の1ほどを牛肉だけで占めていると見積もられている[2]．

　さらには，食品廃棄，いわゆるフードロスの問題も無視できない．農地で生産された食べ物の多くは廃棄される．生産された食品のうち，収穫後から消費前までで15%，消費段階で9%，合わせて生産の約4分の1は廃棄される．土地や水，肥料などの資源が無駄となっており，炭素や生物多様性に対する負荷だけが生じている．食品廃棄分を，国際的な食料保障，飢餓などの問題対処に転用する可能性を模索しつつ，環境負荷の無駄をできる限り削減することが必

---

[2] 統計情報によっては，14億頭，温室効果ガスの30%を占めるとの推計もある．

要である．先進国を中心とした食品の消費国で，栄養バランスの取れたカロリー過多ではない食生活が行われ，食品廃棄が半減すると，遠隔地域の環境負荷を軽減し，全球での温室効果ガス排出を 3 分の 1 に削減できるとの試算もある（Bajželj et al., 2014）．

英国王立国際問題研究所（RIIA）と UNEP による「生物多様性保全のための食料システム改革に関する提言（2021 年）」では，以下のように報告している．世界の食料システムは，肥料，農薬，エネルギー，土地，水の投入量を増やすことで，より多くの食料をより低コストで生産しようとし，その結果として生物多様性消失の主な原因となっている．とくに農業は，絶滅の危機に瀕している種の大半（約 86％）の脅威であり，人為的な温室効果ガス排出の約 30％ に関わる（35％ との見積もりもある）．報告書によると，食料システムの改革は緊急の課題であり，以下を推奨している．とくに重要なことは，農地転換を防いで土地を保護すること，食生活を肉食中心から菜食中心にできる範囲で移行すること，より生物多様性に配慮した農業に移行することである．

最後に，食材の多様性と人の健康との関わりを調べた興味深い研究を紹介したい．すでに，図 7.9 で多様な食材を食べることの重要性をもとに，生物多様性の役割を概念的に示した．この図は，あくまで比喩的な表現として用いたのだが，実際にこの効用を示した研究が，2021 年に報じられた．研究では，異なる魚介類の種は，微量栄養素や脂肪酸を相補的に摂取するために有効であるだけなく，タンパク質含有量にはほとんど差がないことを発見した（Bernhardt & O'Connor, 2021）．色々な食材を食べると色々な栄養素が摂取できること，逆に述べると，単一の食材だけを食べても栄養が偏ることは，自明である．特筆点は，色々な食材となる水生生物種（魚介類）はヒトの健康にとって必要な栄養素を相補的にもっているだけなく，必要な栄養素を摂取するまで食べなければならない分量（ポーション）が低下することである．つまり，様々な食材の種を摂取することで，無駄に多量を食べなくても必要な栄養摂取ができることを示唆している．さらに研究では，摂取種数を増やしても魚介類中のタンパク質量は増えないことも示している．

以上をまとめると，私たちの食生活を支える食材としての生物資源の多様性があることは，私たち個人の栄養摂取にとって大切であり，健康維持に要する食品消費の過剰な消費を避けることにもつながり，結果として，食品消費を介

した地球の食料システムへの負荷軽減の可能性があるといえる（図7.16）．ヒトと地球の健康に資する食生活スタイルは，生物多様性と気候変動の課題の両者解決にとって，欠かせない重要な要因である．

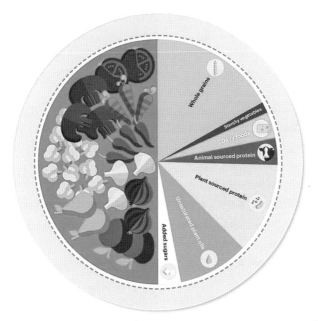

図7.16　プラネタリー・ヘルス・プレート（Planetary Health Plate）と呼ばれる，ヒト個人と地球の食料システムの双方の健康を考慮した際の推奨される食材量（EAT ランセット委員会による）

この食材例では，肉，魚，卵の消費を抑える他，砂糖や精製穀物，でんぷんを大幅に削減した食生活が推奨されている．なお，図では，あくまで世界的な平均値に基づいたものであり，実際には地域や文化，宗教などによって内容が異なる．食生活を見直すことは，個人の健康につながるだけでなく，土地や資源利用の再考，栄養やカロリーの衡平な分配，持続可能な生産者の支援とともに，気候変動緩和や生物多様性の保全にも貢献しうる．

　生物多様性の課題解決は，食料システムや土地利用の再考を通じて，気候変動をはじめ多くの社会環境問題の解決につながる．生物多様性の保全を目指すと同時に，生物多様性から様々な社会への便益を促進することも視野に入れて，包括的に自然との向き合い方を考えていくべきである．

参考文献

IPBES 地球規模評価報告書政策決定者向け要約の和訳版，https://www.iges.or.jp/jp/
publication_documents/pub/translation/jp/10574/IPBESGlobalAssessmentSPM_j.pdf

外務省および地球環境戦略研究機関による仮訳，https://www.iges.or.jp/jp/sdgs

京都大学プレスリリース，www.kyoto-u.ac.jp/ja/research-news/2021-10-26

クレディ・スイス報告書，www.credit-suisse.com/media/assets/microsite/docs/responsi-
bleinvesting/unearthing-investor-action-on-biodiversity.pdf

国連環境計画（UNEP）地球規模生物多様性概況第 5 版 2020（環境省による和訳），www.
biodic.go.jp/biodiversity/about/library/files/gbo5-jp-lr.pdf）

国連ミレニアム生態系評価（Millennium Ecosystem Assessment）（2005），https://www.
millenniumassessment.org/en/Global.html

札幌市ホームページ（2022）www.city.sapporo.jp/kankyo/biodiversity/

森林総合研究所プレスリリース，www.ffpri.affrc.go.jp/press/2019/20191203-01/index.html

森章（2012）エコシステムマネジメント，共立出版

森章（2018）生物多様性の多様性，共立出版

Bajželj, B., Keith, S. et al.（2014）Importance of food-demand management for climate miti-
gation. *Nature Climate Change*, 4, 924-929.

Bernhardt, J. R. & O'Connor, M. I.（2021）Aquatic biodiversity enhances multiple nutrition-
al benefits to humans *PNAS*, 118（15）e1917487118.

Chatman House（RIIA）& UNEP（2021）Food system impacts on biodiversity loss: Three
levers for food system transformation in support of nature, Chatman House.

Cowie, R. H., Bouchet, P. et al.（2022）The Sixth Mass Extinction: fact, fiction or specula-
tion? *Biological Reviews*, 97（2）, 640-663.

EAT ランセット委員会，https://eatforum.org/learn-and-discover/the-planetary-health-
diet/

FAO（2017）The future of food and agriculture: Trends and challenges.（Food and Agri-
culture Organization of the United Nations Rome）

FAO（2020）The State of World Fisheries and Aquaculture 2020（Arabic Edition）: Sus-
tainability in action, Food & Agriculture Organization of the United Nations（FAO），
https://www.fao.org/documents/card/en/c/ca9229en

Griscom, B. W., Adams, J. et al.（2017）Natural climate solutions. *Proceedings of the Nation-
al Academy of Sciences of the United States of America（PNAS）*, 114（44）11645-11650.

Hisano, M., Searle, E. B. et al.（2018）Biodiversity as a solution to mitigate climate change
impacts on the functioning of forest ecosystems. *Science Biological Reviews*, 93（1）, 439-
456.

Holl, K. D. & Brancalion, P. H. (2020) Tree Planting Is Not a Simple Solution. *Science*, 368, 580–581.

IPBES (2018) The IPBES assessment report on land degradation and restoration (eds. Montanarella, L. et al.), IPBES secretariat, https://ipbes.net/assessment-reports/ldr

IPBES (2019) Global assessment report on biodiversity and ecosystem services of the Intergovernmental Science-Policy Platform on Biodiversity and Ecosystem Services (eds Brondizio, E. S. et al.), IPBES secretariat, https://ipbes.net/global-assessment

Lavergne, E., Kume, M. et al. (2022) Effects of forest cover on richness of threatened fish species in Japan. *Conservation Biology*, 36 (3), e13847.

Leclère, D., Obersteiner, M. et al. (2020) Bending the curve of terrestrial biodiversity needs an integrated strategy. *Nature*, 585, 551–556. (概念図：https://iiasa.ac.at/news/sep-2020/bending-curve-of-biodiversity-loss)

Lewis, S. L., Wheeler, C. E. et al. (2019) Regenerate natural forests to store carbon. *Nature*, 568, 25–28.

Loreau et al. (2022) The Ecological and Societal Consequences of Biodiversity Loss. ISTE Book, John Wiley & Sons, Inc.

Mori, A. (2018) Environmental controls on the causes and functional consequences of tree species diversity. *Journal of Ecology*, 106 (1), 113–125.

Mori, A. (2020) Advancing nature-based approaches to address the biodiversity and climate emergency. *Ecology Letters*, 23 (12), 1729–1732.

Mori, A., Lertzman, K. P. et al. (2017) Biodiversity and ecosystem services in forest ecosystems: a research agenda for applied forest ecology. *Journal of Applied Ecology*, 54 (1), 12–27.

第8章 グローバル水資源の地球環境 SDGs ネクサス
：ヴァーチャルウォーター（VW）に着目して

鼎　信次郎

　水は石油などとは異なり，グローバルに流通する戦略的物資ではなく，ローカルな資源と考えられがちである．水資源についてはグローバルな視点で考える必要はないのか？　実は，そうではない．本章では，ヴァーチャルウォーター（Virtual Water, 以下 VW）という概念の紹介の後，VW の日本への輸入量およびグローバルな貿易量の算定例を示し，ローカルにとどまらない現代世界における水資源の特徴を VW の視点から概説する．VW とは，これまで可視化されてこなかったものを可視化し，水資源問題をより広い視野において考えるためのツールである．VW は 1990 年代前半に登場し，水（W, Water）と食（F, Food）を結びつける当時としては新しいコンセプトであった．本章では，VW と実際に使われる水資源とのネクサスについて，いくつかの側面からの考察を行う．また，VW と SDGs の関係についても言及する．ここで強調しておくべきは，本章は VW 貿易の推進を勧めるものでもなければ，VW 貿易について否定的な意見を述べるものでもない．VW はネクサスの考察への大いなるきっかけとなるが，可視化された VW というものからどのような結論を導き出すかは各人，各社会に委ねられている．

8.1　ヴァーチャルウォーター

8.1.1　VW の登場

VW という言葉は以前は驚きを伴って迎えられていた．

> 筆者：山紫水明の国ともいわれる日本であるが，実は水資源の不足は隠れ
> 　　　た大きな問題の一つである．
> 聴衆：え，どういうこと？
> 筆者：ヴァーチャルウォーターというものがあって…

といった 10 年前の公開講座などでの前振りが，今では何の驚きもない当然の
ものと受け止められている．小学生相手の塾の社会科のテキストにおいても，
一つのまとまった項目として VW が紹介されている．本章では，この VW な
るものの概説を行い，本書の主題であるネクサスや SDGs との関連についてま
で述べてみたい．

　ヴァーチャルウォーター（VW）とは，環境省（2022）の仮想水計算機ホー
ムページの説明を借りつつ改変すれば，「<u>食料</u>などを輸入している国（消費国）
において，もしその輸入食料などを自前で生産するとしたら，どの程度の水が
必要かを推定したものであり，ロンドン大学東洋アフリカ学科名誉教授の
John Anthony Allan 氏がはじめて導入あるいは名付けて広く伝えた概念」で
ある．食料がハイライトされているわけは，人間の水資源利用量の 7 割から 9
割が農業ひいては食料生産のために使われるからである．

8.1.2　水という資源

　ここで改めて，水資源の利用量や必要量とはどのようなものであるかについ
て要点を記す．何らかの人間活動に利用することを目的として，河川や地下水
から水を取ったり汲み上げたりすることを「取水」といい，その量を「取水
量」という．この取水量のすべてが，使ってなくなってしまうわけではない．
たとえば水田から取水した場合，かなりの水量は再び河川や水循環系に戻ると
考えられる．取水した水量のうち，なくなってしまう量を消費量という．なく
なるといっても，実際は水は循環しており，基本的には蒸発して空へと戻って
いるだけなのだが，陸上で液体の淡水を使う私たちからすると「なくなった」
ということで，消費と名付けられている．取水量ベースでは世界の水資源利用
量の約 7 割が，また消費量ベースでは約 9 割が農業のために使用されたと推計
されている．そのため VW の説明においても食料がハイライトされていた．
ちなみに，農業において取水した水を作物・植物に与える行為は灌漑と呼ばれ

る．乾燥地で植樹に水を与える行為も灌漑である．

　水を資源として考えることは当然である，と思うかもしれない．しかし，日本において水資源という言葉が広く使われだしたのは，それほど古い時代のことではない．第二次世界大戦後の GHQ 占領下において，後に政府内で省などと同等の立場となる経済安定本部の中に，資源調査会（初期の名称は資源委員会）があり，その一部門として 1947 年に水部会が置かれた．このあたりが日本における水資源（水は資源である）の始まりである．そしてこの水部会は1956 年には水資源部会となった．この時代の資源としての水への期待は，主として水力発電のためと考えられる．後に都市用水の安定供給が大きな問題となり，さらには食料危機が喧伝される時代もあった．近年ではこれからはカーボンニュートラルの時代ということで，再び再生可能エネルギーのための資源として注目を浴びている[1]．

8.2　日本の VW 輸入量

8.2.1　VW 輸入量の概観

　ではまず日本の VW 貿易，とくに日本への VW 輸入量から概観する（図8.1）．

　我が国の食料自給率から明らかなように，農作物や食料について日本は完全なる輸入国である．ごく限られた少量，高価なものを輸出してはいるものの，量的には圧倒的に輸入国といえる．そのため，輸出量については考えず，日本への VW 輸入量だけを見てもらえれば，それがほぼすべてということになる．図 8.1 から読み取れることは，どのようなことであろうか．まず気付くことは，VW 輸入量（1 年当たり）は日本の水資源利用量（1 年当たり）と同じ桁数である．その性質上，推定誤差はかなり大きいため，細かい数字についての議論

---

[1]　時代とは巡るものと感じざるを得ない．また，日本における VW 研究の最初の一歩に多少は関わったということで本章は筆者が担当しているが，より指導的な立場で研究を推進したのは筆者の上司であった沖大幹氏（東京大学教授）である．VW については『水の未来』（沖，2016）にも詳しい．本章を読んで興味をもたれた方は，そちらもご参照いただきたい．

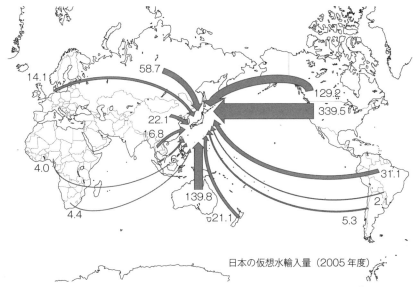

図 **8.1** 日本の仮想水輸入量（2005 年度）総輸入量（単位：800 億 m^3/年）

はせず，同程度であると考えて構わない．そして，途上国からではなく，アメリカやオーストラリアなどの先進国からの輸入が大半であるともいえる．

8.2.2 VW 輸入とは

「ヴァーチャルウォーター，あるいは直訳としての仮想水というのは，そもそも，どのような量なのか？」これに答えるために，さらに詳しく説明したい．最も重要な点は，水や水分そのものの輸入量ではないということである．

図 8.1 に示された VW 量は，貿易量×原単位で計算される．貿易量は，たとえば小麦の輸入量などである．原単位は，たとえば 1 kg 当たりの小麦を生産するのに必要とされる水資源量が，最終的な生産物である小麦の資源量の何倍であるかということである．環境省ホームページの仮想水計算機では，小麦製品であるパンは約 1600，牛肉約 20000 などの原単位が採用されている．これらは研究チームや研究論文ごとによって数字が多少は変わるものであり，厳密な数にこだわっても本筋は変わらない．キリのよい覚えやすい数字として，小麦などの主要穀物一般の原単位であれば 1000 倍（＝1 kg の小麦の生産に水1000 kg が必要），牛肉であればそのさらに 10〜20 倍，すなわち 10000〜20000

倍（＝牛肉 1 kg の生産に水 10000〜20000 kg が必要）と考えてもらって差し支えないであろう（Allan, 2003）.

　小麦など農作物を作るのに水が必要であることは想像していただけるであろう. 農作物ではない例にはなるが，小学校 1 年生の夏休みの宿題の定番であるアサガオの観察には，水やりは欠かせない. また，水田で作る米が必要とする水の量が小麦などよりも多い.

　では，牛肉の生産に必要な水とはどのような量なのか？　これは牛が飲む水のことではない. 牛は飼料などを食べて成長する. 飼料は主に植物であるから，その生育には水が必要である. 食物連鎖や生物濃縮のピラミッドの上層部ほど，すなわち小麦やとうもろこしではなく牛や豚ほど，必要とされる水の量は必然的に多くなる. 牛や豚はたくさんの飼料を食べて大きくなるからである. 日本への VW 輸入量の大半は，牛肉や豚肉，鶏肉などの輸入によるものか，あるいは国産の牛肉，豚肉，鶏肉のための飼料の輸入によるものか，ということになる. パンやうどんの輸入も含まれている. 関税の上下によって，あるいは狂牛病などによって，どの国から何を輸入するかが年によって多少は変わったり，国産の割合が多少上下したりするが，全体的な様相は図で十分に表現されているといえる.

8.2.3 国内の水資源利用量と VW の比較

　VW 輸入量と日本の水資源の利用量とが似た桁数になるかもしれないということは，食料についての自給率の数字を見れば推測できるかもしれない[2]. 原単位の大小についても，スーパーの買い物でわかるといえばわかる. 国産かアメリカ産かといったことはさておき，牛肉と豚肉と鶏肉の値段をスーパーや肉屋の店頭で比べれば，なんとなく VW の原単位の比に似ていると感じるはずである[3].

　また，日本においてアメリカやオーストラリアなどの先進国からの VW 輸

---

[2]　筆者らも VW 輸入量の計算の後，予想通りの結果であるといった感想をもった. そのため，「当然の結果ですね」といわれても仕方がないが，必ずしもそうではなく，「初めて気付きました」などといわれることも多い.

[3]　研究成果というのは，当然と思われる結果であったということも多いので，VW もそういった例の一つであっただけかもしれない.

入が大半といえる状態であることは，予想通りとも予想外ともいえる結果である．VW についての筆者らの最初の計算の試みの動機として，私たち先進国は途上国の資源を収奪しているのではないか，という多少の直感的想像があったことは否めない．しかし，実際には先進国から日本への VW 輸入のほうが大きいという結果になった．その意味では予想外といえる結果であった．一方で，VW は農業のための水であり，食料自給率，食料の輸入元などを考えると，アメリカやオーストラリアなどからの VW 輸入が卓越しそうだというのは予想通りでもある．直感と合理的演繹的な思考とは必ずしも一致しないという例かもしれない．図 8.1 では南米からの輸入はそれほど大きなものとして表現されていないが，最近の世界全体の VW 輸出入を見ると，南米からのアジアとヨーロッパへの輸出が最大級のものとして目につく（Dalin et al., 2019）．いわゆる先進国だけでなく，広大な平地を有する国は VW 輸出の主役となりうるといえる．

8.3 VW を理解するための追加説明

8.3.1 水と土地

VW を踏まえると，結果として，「やはり日本全体としては水資源が足りない」ということなのであろうか．しかし，そう単純ではない面がある．日本が飼料や肉を輸入しているのは水資源が足りないというだけでなく，土地が足りないということでもある．農林水産省が，輸入がストップした場合の食事例を例示しているが（農林水産省, 2022），サツマイモやジャガイモが主となるようであり，これは土地の制約（サツマイモやジャガイモのほうが少ない土地で大量に生産できること）と大いに関係している．また，諸外国の一部には，河川に隣接する土地をもっていれば水利権も得ることになるという水利権についての沿岸権制度が存在する．日本でも地下水は土地所有者のものである．日本の河川水の水利権は一般的には土地と切り離されているため，水と土地の結び付きというのを忘れがちであるが，前述の例のように水と土地とは様々な形で結びついている．

ここまでは主に農業や食料についての VW 貿易について述べてきた．日本

は工業国であるから，では工業は，と思われるかもしれない．しかしながら，工業絡みの VW 貿易量は農業・食料よりも一桁小さい値と試算されている（沖，2016）．水資源の最大の消費先は，水を大量に土地に含ませ農作物を作る行為であるからだ．そのため，ここでは工業については表立っては取り扱わないこととする．ただ，工業に関連して量的な面では使用する水の量は大したことがない場合でも，深刻な汚染や公害を引き起こす可能性がある．汚染も土地との関連で現れがちである．将来的には，それらも含めて研究や算定が改良されていく可能性がある．

　これまで VW のみについて解説を行ってきたが，類似の概念としてウォーター・フットプリント（Water Footprint，以下 WF）がある．WF にもいくつかの異なった定義があるが，ここでは代表的なものの一つである ISO14046（2014）の概略について，簡単に説明する．まず，WF はライフサイクル・アセスメント（ISO14044）に基づく．また，WF は水量の総和を求めるものではなく，「水質の変化を含めた環境に与える影響を評価する」ものである．これは後述する外部不経済を表現できるものともいえる．水循環・水利用の特性として，場所や時間によって周辺環境に与える影響が異なるものでもある．このように ISO では全体的な枠組みが定められたものの，具体的な計算方法についてはまだ定まったものはない．

8.3.2　ヴァーチャル＝仮想？

　環境省ホームページ上での VW 計算システムは「仮想水計算機」という名前となっている（環境省，2022）．初期の研究時に，たとえば卒業論文などのタイトルにおいて，筆者らが VW に対して仮想水という訳語を当てはめたからだ．これは，virtual reality が仮想現実と訳されているというところから流用したものである．しかし，その後しばらくしてから，「仮想という訳語はあまり適切ではないのではないか」とのご指摘をしばしばいただくようになった．なぜなら，実際に使われた水資源があるからである．virtual reality のような完全に仮想の世界のできごとというわけではない．誤訳ではないが，厳密な意味での訳語ではないのかもしれない．virtual や virtually の英和辞典では，必ずしも「仮想」を意味するものではない．事実上の，といった説明が先にくる．ただ，すでに仮想水という言葉が広まってしまったことも事実である．

　一方で，生産した場所で実際に使われた水の量そのものでないことも確かである．繰り返しになるが，「もしその輸入食料などを生産するとしたら，どの程度の水が必要かを推定したもの」と「もし」が入ることになる．たとえば，アメリカでの実生産に 1000 L が必要だったとして，もし日本で生産するとしたら 2000 L であった場合，日本が輸入した VW は 2000 L のほうになる．「もし」は「仮に」でもある．とはいえ，食料の輸入は「事実上」水を輸入しているのと同じであるという意味での virtual でもある．100 点満点の名付けというのは，いつでもなかなかに難しいものかもしれない．

8.4　グローバルな VW 貿易量

　次に，世界全体の VW の移動を概観してみる（図 8.2）．最初に目につく特徴は何であろうか．

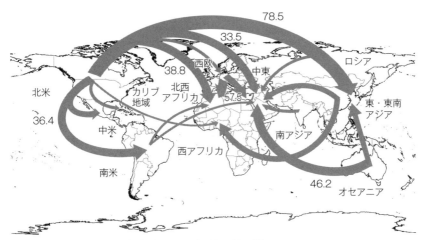

図 8.2　世界の地域間の仮想水貿易　（単位：億 m^3）

　輸入が集中しているのは中東や北アフリカ，いわゆるアラブ地域の辺りである．いうまでもなく，これらの地域は乾燥しており，水資源の欠乏は深刻である．一方，これらの地域は，すべての国においてというわけではないが，石油や天然ガスを産出する．石油や天然ガスを売り，その代金で水そのものを大量に輸入するのではなく，水資源消費の塊といって差し支えない食料を輸入して

いるのである．VW の算定に用いた「水と小麦は 1000 倍」を踏まえれば，水ではなく食料の輸入によって輸送コストがずいぶん安くなることは容易に想像できる．ちなみに日本も，主な輸入国の一つであり，計算方法によっては 1 位に躍り出る可能性さえあるほどの上位国である．

　一方，主な輸出国として，アメリカ・カナダなどの北米やオーストラリアなどが目に付く．先進国であると同時に水と土地を豊富にもつ農業国である．農業というと途上国をイメージしがちであるが，必ずしもそうではなく先進国が目立つ．フランスなども VW 輸出国である．また，この図では読み取れないかもしれないが，タイ・ベトナム・アルゼンチン・ウクライナ・カザフスタンなども主な輸出国であり，VW 輸出国は主に先進国だけということでもない．平地と水と暖かさに恵まれていることが特徴であろう．

　また，明示的に表現されていないが，たとえばアメリカから日本へ輸入される小麦について，もし日本で作った場合と，もしアメリカで作った場合とを比べると，アメリカで作る小麦のほうが水利用量が少なくて済むという当然の算定結果が得られている．

　ここで，Allan 教授の元々のアイデアを振り返ってみよう．彼が VW の概念を発表したのは 1993 年の自身の職場でのセミナーでのこととされている．Allan 教授は，中東と北アフリカの地理学を専門としていた．政治学や地政学という言葉のほうが感覚的に近いかもしれない．そして，中東と北アフリカという明らかに乾燥した地域の政治と水管理を社会科学的に分析していく中で，食料の輸入が大きな役割を果たしていることに気付き，その分析に組み込んで議論を進めていった．彼は最初は "embedded water" という言葉を使っていたが，注目を浴びず，VW としたところ大いに注目され，そちらを使うようになったとのことである．この点において，virtual＝仮想という翻訳も悪くはないのかもしれない．彼自身，（それまでにも似た議論はされてきたという意味においてであろう）このアイデアは独創性のない派生物であると書いている．

　必ずしも世界全体の量を定量化せずに，中東と北アフリカにおいて重要な概念として社会科学的に提唱されていた VW について，世界全体の定量化と可視化を進めた結果，中東と北アフリカへと向かう VW の矢印群が現れたわけである．

　図 8.1 と図 8.2 は筆者らが VW 研究の初期の段階で作成したもの（Oki &

Kanae, 2004）であり，2000 年頃のみを対象としている．その後の研究の進展に伴い，過去と現在の世界の大陸間の VW 貿易の可視化や世界の各国間での仮想地下水貿易の可視化なども可能となってきた（図 8.3，図 8.4）．すでに記述した南米からの VW 輸出の増加なども，それらの図では見てとれる．

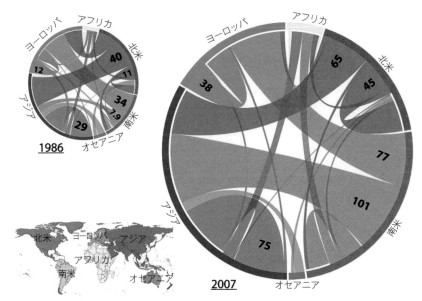

図 8.3 世界の大陸間の VW 貿易（1986 年と 2007 年）（Dalin et al., 2019）

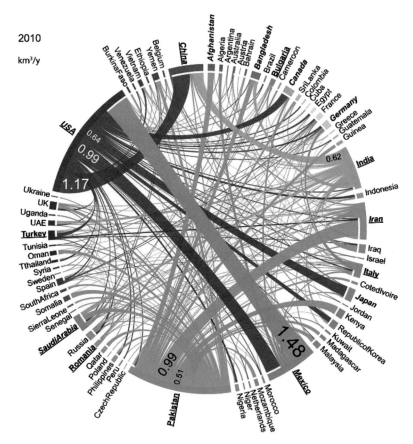

図 8.4　世界の国々間のヴァーチャル地下水貿易（2010 年）（Dalin et al., 2019）

8.5　ヴァーチャルウォーターとリアルウォーターのネクサス

8.5.1　両極端な考え方の例示

　ここからは VW に関するネクサスについて，特にヴァーチャルウォーターとリアルウォーター（実際に生産に利用された水量）のネクサスについて扱う．まず，両極端となる 2 つの考え方を示すところからはじめる．正解は A と B のどちらであろうか？

A：水資源に余力のある場所や国で，農産物などを生産しそれらの生産が厳しい条件の場所や国が輸入することは，効率的な国際分業といえ，すばらしい．

B：水資源を消費する食料生産を外国に頼るなど，もっての外である．地産地消がベストである．

正解はたぶん，どちらでもない．政権選択などと同様に，どちらか一方だけを好む人もいることであろう．それに対してもっともらしい理由を付けることは可能かもしれないが，さらに口達者な人は逆の立場から論破することも可能かもしれない．また，AとBの中間と考えるに至る人もいることであろう．この場合も，A寄りの人からB寄りの人までいるかもしれない．どちらが正解とはなりにくい．

Aは，Allan教授が提唱した，あるいは名付けたときのVWのコンセプトに近いといえる．ただ，彼は「すばらしい」とまではいっていないはずである．価値判断は学術的概念の外側にある．

Aは，経済学の分野においてDavid Ricardoが提唱した「比較優位の法則」（リカードウ，1987）の水資源版と考えて差し支えない．そのため，そもそも当然であるという人もいるであろうし，「私もずっと以前から，同じようなことを考えていた」という人もいるだろう．しかし，Allan教授は専門である中東の政治・貿易問題とVWを結び付け，水資源管理と食料需給とを結び付け，さらには地球環境問題と結び付け，そして何よりも，その重要さを強く認識するがゆえにVWというキャッチーな言葉を発明し，世界中に広めたわけである．後付けで「比較優位からして，当然のアイデアではないか」などといってしまってよいものではなさそうだ．それはさておき，スーパーにおいて海外産の牛肉が国内産の牛肉より安いのは，関税のことを忘れた比較優位の法則の一つの現れともいえよう．

8.5.2 トレードオフ

しかしAには弱点もある．仮に世界が平和で，貿易には何も障害がなく，貿易が活発だったとしても，環境についての外部不経済の問題は残る．「外部不経済（external diseconomies）」とは，ここでの意味を簡単に記せば，市場での取引や価格・コストに反映されない環境への悪影響などのことである．た

とえば，あるモノの生産の際に周囲を汚染したりするとしよう．それが値段に反映されているのであれば，何も問題なく大丈夫であるとはいえないのかもしれないが，まだよいであろう．実態としては，そういった環境への悪影響は値段には転嫁されにくく，生産地の周囲の汚染が進行してしまうことも多い．外部不経済までを含んでの比較優位であれば，A の弱点も薄まるといえるわけであるが，現時点ではまだ，そうでない場合が多い．

　ここで，水量について使用量や消費量だけを計算するのではなく，汚染についても考慮しようという考え方は現れつつある．そういった汚染という意味での水の利用量が「グレイウォーター（grey water）」と呼ばれることもある．現段階で必ずしも決定的な計算手法があるわけではないが，グレイウォーターを計算した研究や推計結果はある．ただ，そういった汚染や汚濁が実際の価格などに転嫁されて貿易量に影響を与えない限り，VW の量はそのままであり，外部不経済は残ることになる．

　外部不経済には，汚染だけでなく，地下水の低下・枯渇の問題もある．化石地下水が枯渇することになれば深刻である．地下水のくみ上げに必要な電力は価格転嫁されているのかもしれないが，枯渇という究極的に困った事態への進行については外部不経済として残る．

　また，「世界が平和で，貿易には何も障害がなく」という状況が必ずしも実現されない，あるいは永続的でないことは，昨今の事情を通して周知の通りである．実際に貿易が滞る場合もあろう．その場合，輸入国は大いに困る．輸出国側にも経済的ダメージがあるかもしれない．また，表面上，貿易は滞りを見せていないとしても，その状態を保つために，たとえば必要以上の投資や援助が必要であるとか，外交交渉において譲歩しているであるとか，そういったことが起こっているかもしれない．これも外部不経済の一種といえる．逆のパターンもありうるといえ，日頃から国際分業が行われていれば紛争などが生じにくいということも考えられる．

　「効率的な国際分業」と「環境についての外部不経済」は一つのトレードオフであるといえ，「効率的な国際分業」と「貿易がうまくいかないリスクを有していること」もまた別のトレードオフといえよう．スムーズな貿易を保つための投資や配慮なども，ある種のトレードオフかもしれない．トレードオフはネクサスを形作る典型的な一側面である．

このように A の弱点を考えていき，B に近い考えに辿り着く人もいるかも
しれない．ただ，完全に B という人は，もちろん上記のような A の様々な弱
点を踏まえて総合的に判断してではあろうが，直感的にアンチ・グローバリゼ
ーションを旗印としていることもありそうだ（アンチ国際援助の場合もある）．
それも一つの現代的な立場である．このように考えていくと，A か B か，あ
るいはどの程度それらの中間であるかは，政権選択などにも似た選好の問題と
いえそうである．

ここで，さらに一つ追記しておかねばならないことがある．ここまでネクサ
スの考察として，外部不経済やトレードオフなどについて言及してきた．しか
し，それらはあくまで VW から類推あるいは想像できるといっただけのこと
であり，VW そのものは，環境影響を示す指標ではない．VW は「食料などを
輸入している国（消費国）において，もしその輸入食料などを自前で生産する
としたら，どの程度の水が必要か」であり，水需要の結果的な国際転嫁を定量
化したものである．ある選択をしたことで生じる架空の量ということになるた
め，経済学的には「環境影響」というよりも「機会費用」に類するものとなる．

A と B はヴァーチャルウォーターを重視する立場とリアルウォーターを重
視する立場ともいえる．両者の特徴を上手に生かし，うまく組み合わせていく
ことが，実際のところ，求めるべき方向性となるのであろう．地域ごと，時代
ごとの特徴を踏まえ，柔軟に，順応的に，という追記も必要であろう．

8.5.3 水・エネルギー・食料ネクサスと VW

水・エネルギー・食料ネクサス（WEF ネクサス）については 1 章で詳述さ
れていることから，ここでは VW に関することに焦点を絞りたい．

食料の生産には多くの場合，水資源が必要とされる．水があれば食料が生産
できる．この水⇒食料という特定の方向性をもった関係が，WEF ネクサスに
おける一般的な水と食料の関係といえる．従来の水資源分野（工学や農学など
における水資源に関わる学問分野および実社会における水資源管理セクター）
では，この方向性の矢印のみが扱われてきた．VW は水⇐食料と矢印の向きが
逆転する．水の輸入の代わりに食料が輸入される．ここまで述べてきたように
当然と思われる考え方の組み合わせでもありながら，コペルニクス的転回でも
ある．

　カーボンニュートラルを目指す世の中では，水⇐バイオエネルギーという矢印も発生することであろう．

　実社会において食料などの輸入は普通に行われてきた．それは経済的に安価であり，それはすなわち，経済的比較優位が現れているだけのことである．しかし，それが水資源管理の一部であると明示的に意識して行われてきたであろうか？　水資源分野において，食料などの輸出入が水資源管理の一部と考えられてきたであろうか？　このように考えると，小学校の教科書に短く載せられるような単純なことでありながら，VW というのは奥が深く，画期的であることが実感される．

　画期的なものは，そう簡単には受け入れられない．実際，論文や書籍や白書において VW が紹介されはすれども，実際の水資源管理の中に明示的に位置付けられている例があるかというと，疑問である．一方で，VW すなわち輸入に頼ることを前提としすぎると，足元の水資源管理をより良い方向へと進めようというインセンティブが失われるかもしれない．VW についての研究や算定は，VW 輸出入の促進を推進しようというものではない．この点についてはニュートラルである．

　ところで，VW が 1993 年頃に「発明」されたのとほぼ同時期に，世界銀行などにおいて水と食料のネクサスという言葉も使われ始めている．どちらかの用語が先にあったということではなさそうだ．水分野ではネクサスより先に VW が先に広く使われるようになった．

8.6　SDGs6 と VW

　淡水分野の SDGs は目標 6 であり，「安全な水とトイレを世界中に」というのが大目標となっている．その中で，たとえばターゲット 6.1 と 6.2 は飲料水や下水・衛生などに関するものであり，VW に関係しそうなものは，「ターゲット 6.4　2030 年までに，全セクターにおいて水の利用効率を大幅に改善し，淡水の持続可能な採取及び供給を確保し水不足に対処するとともに，水不足に悩む人々の数を大幅に減少させる」と「ターゲット 6.5　2030 年までに，国境を越えた適切な協力を含む，あらゆるレベルでの統合水資源管理を実施する」であろう．しかし，ターゲット 6.4 にも 6.5 にも VW は顔を出さない．あくま

でリアルウォーターのみが対象とされている.

　また, トレードオフにも共通することであるが, 原単位を考えすぎると, 米は大量の水を必要とするので米を作るのをやめて全部麦にしてしまおう, などといったアイデアが登場してしまうかもしれない (在エジプト日本大使からエジプト現地の話題として聞いたこともある). しかし, これはこれで SDGs の他の項目にあるはずの, 地域の文化を守っていこうという方向性と相反するかもしれない.

　こういった SDGs のような世界的でオープンな目標の中に VW を位置付けるのは, 確かに難しい. 外部不経済の問題もあれば, 金と権力による世界中からのモノの買い付けにより, 足元の水資源問題を顧みないということにもなりかねない. Allan 教授は VW を「サイレントな」あるいは「目に見えない」ソリューションであるともいっている. ときには数十年かかる水資源施設の増強・改修などに対して, 輸出入はほぼ即座に対応可能という特徴もある. SDG にも登場させにくく, 水資源分野における忍者のようなものといえようか. しかし, SDG に登場させにくくとも, 世界的な水資源問題を考えるうえで, あるいは各国の水資源問題を世界的な視野で考えるうえで, VW は無視することのできないコンセプトであるはずだ.

参考文献

沖大幹 (2016) 水の未来－グローバルリスクと日本, 岩波書店.

環境省 (2022) 仮想水計算機, https://www.env.go.jp/water/virtual_water/kyouzai.html

農林水産省 (2022) 知ってる？日本の食料事情2022, https://www.maff.go.jp/j/zyukyu/

リカードウ (1987) 経済学および課税の原理 (上巻), 岩波書店.

Allan, J. A. (2003) Virtual water-the water, food, and trade nexus. Useful concept or misleading metaphor? *Water international*, 28 (1), 106-113.

Dalin, C., Taniguchi, M. et al. (2019) Unsustainable groundwater use for global food production and related international trade. *Global Sustainability*, 2, e12, 1-11.

ISO 14046 (2014) Environmental management － Water footprint － Principles, requirements and guidelines (国際規格　環境マネジメント——ウォーター・フットプリント——原理, 要求事項および指針).

Oki, T. & Kanae, S. (2004) Virtual water trade and world water resources, *Water Science & Technology*, 49 (7), 203-209.

第9章
持続可能な窒素利用と
地球環境 SDGs ネクサス

林　健太郎

　窒素はタンパク質や DNA などに必須の元素である．大気は窒素ガス（N_2）で満ちているものの，私たちは N_2 を直接に同化できず，飲食物のタンパク質を通じて窒素を摂取する．食料生産にも肥料となる窒素が必要である．20 世紀初期に実現した人工的窒素固定技術により，人類は望むだけの反応性窒素（Nr，N_2 を除く窒素化合物の総称）を合成することが可能となり，食料生産を飛躍的に伸ばし，世界人口の増加を支えてきた．反応性窒素には火薬や製品素材などの産業用途もあり，窒素利用は人類に大きな便益をもたらしている．一方，人類の窒素利用の拡大に伴い大量の Nr が環境に逸出するようになり，温暖化，大気汚染，水質汚染，富栄養化などの窒素汚染をもたらしている．この利用の便益と汚染の脅威のトレードオフを窒素問題と称する．本章は，窒素という物質の特徴，窒素問題の概要，そして，窒素問題内部および他の環境問題とのネクサスを紹介し，読者の窒素問題への理解を深めることを企図している．

9.1　地球システムにおける窒素

9.1.1　全球スケールの窒素循環

　窒素（N, nitrogen）は，第 15 族の中で最も軽い原子番号 7 の元素である．地球における窒素の存在比は，地殻では約 30 位と目立たない．しかし，大気では 1 位であり，大気組成（混合比）の 78% が二原子分子の窒素ガス（N_2）で占められている．窒素は電気陰性度が高い元素であり，多くの他の元素を酸化して（窒素自体は還元されて）化合物を形成する．典型的な化合物はアンモ

164

ニア（NH_3, ammonia）である．一方，電気陰性度が窒素よりも高い酸素に対しては窒素が酸化されて化合物を形成する．典型的な化合物は狭義の窒素酸化物（NO_X, nitrogen oxides，一酸化窒素と二酸化窒素）や硝酸（HNO_3）である．ただし，反応性がきわめて高い窒素原子同士が三重結合したN_2はとても安定で，高温下でわずかに酸素と化合してNO_Xを生成する程度である．すなわち，N_2が地球大気の大部分を占めている理由は，地球の素材に窒素が含まれていたことに加え，N_2が常温気体の安定な物質として大気に蓄積されたことによる．N_2を除く窒素化合物は多種多様であるが，N_2よりも反応性が高いことから，反応性窒素（Nr, reactive nitrogen）と総称される（Galloway et al., 2002）.

窒素は生命の根源的な性質に欠かせない元素である．すなわち，窒素はタンパク質やDNAの素材となるアミノ酸や核酸塩基の構成元素として，生命代謝，生体組織の形成，遺伝情報の保存・発現・継承に決定的に関与している．タンパク質は酵素として生命機能を司り，素材として生体器官を象り，また，DNAは遺伝情報の継承と発現を担う．よって，窒素は生物の多量必須元素の一つであり，人体の元素組成（重量比）において窒素は4位（約3%）である（林 他，2021）.ただし，ほとんどの生物は安定なN_2を直接に利用できず，生体が利用可能なNrを獲得しなくてはならない．雷や野火によってもN_2からNrがわずかに生成するものの，N_2をNrに変換する主役もまた生物である．それは，N_2からNH_3を合成する能力を獲得した一部の微生物であり，この生物過程を生物学的窒素固定（BNF, biological N fixation）と呼ぶ．後述のとおり，いまや人類もN_2からNH_3を合成する技術を有しているが，常温常圧で働くBNFの模倣はいまだ実現していない．BNFが生物圏の窒素循環の出発点となり，食物網を通じて植物や動物に窒素が流れ，排せつ物や生物遺骸は微生物により分解などを受け，一部は土壌に有機物として保持される．このように，地球システムの窒素循環（nitrogen cycling）は生物によって駆動されている．

窒素とその化合物は様々に分類が可能である（表9.1）．たとえば，反応性（安定なN_2，その他のNr）[1]，化学形態（気体，液体，固体，液体に溶存，気体中の粒子［エアロゾル］），酸化・還元（還元物，N_2［酸化数0］，酸化物），

---

[1] ただし，Nrにも化学種によって反応性の大小がある．

無機・有機（無機物，有機物）などである．また，人類は天然に存在しない窒素化合物を合成して用いてもいる．たとえば，半導体のエッチング剤に用いられる三フッ化窒素（NF_3）[2]や青色ダイオードの素材になる窒化ガリウム（GaN）である．

　地球システムは，地圏（geosphere），水圏（hydrosphere），および気圏（atmosphere）から構成される．各圏をまたいで生物が暮らす領域を生物圏（biosphere）と呼ぶ．また，人間活動の規模が地球システムに強い影響を及ぼすほどに大きくなったことから，生物圏から半ば分離した人間活動の領分を人間圏（anthroposphere）と呼ぶ．図 9.1 は，地圏（陸域，地殻，マントル），水圏（陸水，海洋），気圏（大気），人間圏（人間活動）を一つの区画とした地球システムの窒素の賦存量と各区画をつなぐ窒素の流れ（窒素フロー）をあらわす．大気には陸域と海洋を合わせた量の約 5000 倍の窒素が存在するが，ほと

表 9.1　環境中の主な窒素化合物

化合物名	反応性	化学形態	酸化・還元	無機・有機
窒素ガス（N_2）	不活性	気体	—	無機物
アンモニア（NH_3）	反応性	気体	還元物	無機物
ヒドラジン（N_2H_2）	反応性	液体	還元物	無機物
アンモニウム塩	反応性	固体，溶存，エアロゾル	還元物	無機物
アミン	反応性	固体	還元物	有機物
アミノ酸	反応性	固体	還元物	有機物
タンパク質	反応性	固体	還元物	有機物
一酸化窒素（NO）	反応性	気体	酸化物	無機物
二酸化窒素（NO_2）	反応性	気体	酸化物	無機物
亜硝酸（HNO_2）	反応性	気体・液体	酸化物	無機物
硝酸（HNO_3）	反応性	気体・液体	酸化物	無機物
一酸化二窒素（N_2O）	反応性	気体	酸化物	無機物
硝酸塩	反応性	固体，溶存，エアロゾル	酸化物	無機物

---

[2]　強力な温室効果ガスでもある．

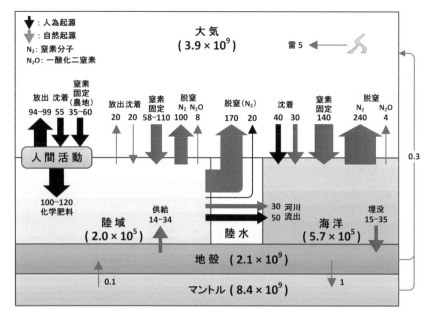

図 9.1 地球の窒素賦存量（括弧内，Tg N）と窒素フロー（Tg N/年）
1 Tg N＝100 万 t 窒素．Söderlund & Svensson (1976), Gruber & Galloway (2008), Fowler et al. (2013), Houlton et al. (2018) に基づき作図（林，2023）．

んどが安定な N_2 である．一方，陸域と海洋に存在する窒素の大部分は生物を含む Nr であり，地球システムの窒素循環の主役となっている．自然の窒素フローの多くは大気と地表間の交換であるが，大気から地表に向かう BNF および地表から大気に向かう脱窒ともに N_2 が主体のフローであり，いずれも微生物が駆動する過程である（詳細は 9.1.3 項）．人工的な窒素固定技術が世界的に普及した近年では，人間活動に伴う窒素フローが自然の窒素フローに匹敵する規模に拡大している（詳細は 9.2.4 項）．

9.1.2 局地スケールの窒素循環

BNF が地球スケールの窒素循環の出発点であることをすでに述べたが，より小さなスケールで考えると，ひとたび Nr となった窒素が空間的に輸送されて別の生態系の窒素循環に加わりうる．ある生態系に流入した窒素は，様々な生物・非生物過程によってその形態を変え，生物・土壌・水・大気を循環し，

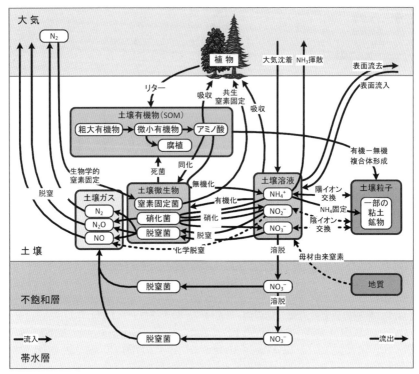

図 9.2　陸域生態系の主な窒素循環過程（林, 2023）

一部は蓄積され，一部はその生態系から流出する．生態系の窒素循環の全容は
とても複雑であるため，ここでは局地スケールの陸域生態系を例として，大気
－陸域間，陸域内，陸域－水域間に分けて主な過程を概説する（図 9.2）．

　大気－陸域間の主要過程について，大気から陸域に向かう窒素フローには
BNF に加えて大気沈着（atmospheric deposition）がある．大気沈着は，雨や
雪などの降水に取り込まれた Nr が地表にもたらされる湿性沈着と，大気中の
ガス状・粒子状の Nr が直接に地表にもたらされる乾性沈着からなる．一方，
陸域から大気に向かう窒素フローには，脱窒，NH_3 揮散，燃焼に伴うガス
状・粒子状の Nr の放出，および植物からの Nr の放出がある．

　陸域内の主要過程について，対になる微生物過程として有機物を分解してア
ンモニウムイオン（NH_4^+）を生成する無機化と，微生物が無機窒素を同化す
る有機化があり，また，NH_3 から硝酸イオン（NO_3^-）を生成する硝化（nitrifi-

cation）と，NO_3^- を還元して最終産物として N_2 を生成する脱窒（denitrification）がある．その他の生物過程として，植物による養分吸収に始まる食物網があり，リター[3]として土壌に有機物が還ることで一巡りする．有機物の一部は土壌動物の分解を受け，微生物の無機化を経て，新たな循環に戻る．さらに，土壌の物理化学的過程として，概して負電荷を帯びる土壌粒子の陽イオン交換による NH_4^+ の保持（吸着）と放出（脱着）や，一部の粘土鉱物によるアンモニウム固定が起こる．陰イオンである NO_3^- は土壌に吸着されにくいため，土壌中の水（土壌溶液）とともに動きやすい．

陸域—水域間の主要過程について，地表面では降水に伴う表面流去・流入が起こり，地形によっては窒素を含む相当量の物質が高所から低所に輸送される．降水量が蒸発散量を上回る場合には，土壌から不飽和層（地下水で飽和していない地層）を通過して帯水層（地下水で満たされた地層）への水輸送が起こり，上記のとおり土壌に吸着されにくい NO_3^- は帯水層まで輸送される．地表水と比べるときわめて遅いものの，帯水層にも動水勾配に沿った地下水の水平方向の流れがあり，一部が河川・湖沼・沿岸といった水域に湧出する．

9.1.3 窒素循環を駆動する微生物代謝

私たちには植物と動物の食物網が窒素の大きな流れを生み出しているように見えるものの，生態系の窒素循環を完結させているのは微生物である．すなわち，相対した微生物過程が複数存在することで，生態系の過度な窒素不足や窒素過剰が起こらないようになっている．たとえば，BNF のみが働くならば生態系に Nr が蓄積していくことになるが，土壌，水，底質中の脱窒によって N_2 が生成して大気に還ることでバランスする．リターがそのままであれば生態系は有機物で溢れてしまうけれども，微生物による微小な有機物の無機化によって有機物は消費されていく．

土壌微生物が駆動する窒素過程は実に多様である．そのうちいくつかを紹介する（図 9.3）．硝化は，NH_3 から亜硝酸イオン（NO_2^-）を生成するアンモニア酸化と，NO_2^- から NO_3^- を生成する亜硝酸酸化の 2 段階からなる好気的独立栄養過程である．アンモニア酸化を行う微生物は細菌（bacteria）と古細菌

---

[3] 植物の落葉落枝・枯死根，動物の排せつ物・遺骸．

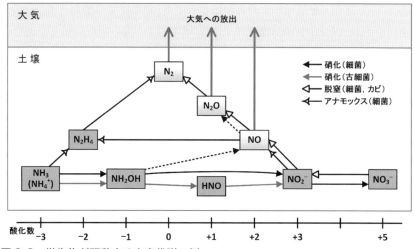

図9.3　微生物が駆動する窒素代謝の例
NH_3：アンモニア，NH_4^+：アンモニウムイオン，NH_2OH：ヒドロキシルアミン，
HNO：次亜硝酸，NO_2^-：亜硝酸イオン，NO_3^-：硝酸イオン，NO：一酸化窒素，
N_2O：一酸化二窒素，N_2：窒素ガス，N_2H_4：ヒドラジン．林 他（2021）に基づ
き作成．

（archaea）に見られるものの，現在の知見では，亜硝酸酸化を行う微生物は細
菌のみが知られている．大気化学反応による生成を除き，硝化は生態系におい
て NO_3^- を生成する唯一の過程である．言い換えると，生態系に余剰な NH_3
が存在すると，硝化により NO_3^- と変換されうる．脱窒は，Nr に含まれる酸
素を用いて有機物を分解して，NO_3^- から NO_2^-，一酸化窒素（NO），一酸化
二窒素（N_2O），そして N_2 と段階的に還元していく嫌気的従属栄養過程である．
脱窒を行う微生物は細菌とカビ（fungi）で知られている．ただし，細菌では
種によって各段階の能力に差異があり，特に N_2O を N_2 に還元する能力を有す
る脱窒細菌は一部である．また，カビの脱窒は N_2O の生成で止まることが知
られている．N_2O は強力な温室効果ガスかつ成層圏オゾン破壊物質であるた
めに，人間活動の環境影響面で重要である（詳細は 9.3.1 項）．1990 年代に発
見された嫌気性アンモニア酸化（アナモックス，anammox）は，NH_4^+ と
NO_2^- を用いてヒドラジン（N_2H_4）を経て N_2 を生成する嫌気的独立栄養過程
であり，一部の細菌がこの能力を有している．N_2O を経由しないことから下
水処理への応用が期待されている．微生物の窒素代謝には多様な過程が存在し，

一つの細胞で NH_3 を NO_3^- まで酸化する完全硝化細菌（コマモックス，co-mammox）が 2015 年に公表されるなど，近年においても新発見が相次いでいる（林 他，2021）.

9.1.4 窒素循環と他の物質循環の関わり

窒素は生物の必須多量元素の一つであり，食物網に深く組み込まれている．そのために，生物に必須となる他の物質や元素の動態とも深く関与しあっている．典型的には，水 (H_2O)，炭素 (C)，リン (P) が挙げられる.

水は多くの物質を溶存あるいは懸濁させることが可能な優秀な溶媒であるとともに，地球の温度範囲では液体（水），固体（氷），気体（水蒸気）の三相の形態をとり，相変化に伴う潜熱[4] が大きく，比熱も大きい[5] という特徴を有する．このため，地球システムでは水の相変化が気象の原動力の一つとなり，水そのものが地球を循環し，循環する水は溶かし込んだ物質を輸送する媒体ともなる．加えて，生命現象の発揮には液体の水が必要である．すなわち，細胞とは生命現象が発生した原初の海水を膜によって隔離したものに端を発する．Nr の多くは水によく溶けて水とともに動く．環境中の窒素フローとしては，NO_3^- の地下水への溶脱（leaching），降水に伴う湿性沈着などが典型であり，植物が吸収する窒素は，土壌溶液などの水に溶け込んでいる NH_4^+ や NO_3^- である．地球における水の動態とネクサスについては第 1 章および第 8 章を参照されたい.

窒素がタンパク質や DNA を構成する元素として生物に欠かせないことはすでに述べたが，これらを含む有機物の骨格となる元素が炭素である．よって，生態系における炭素と窒素の循環は互いに密接に関与しており，化学量論的（stoichiometric）な炭素と窒素の存在比（C/N 比）[6] が物質循環や生態系の栄養条件の指標となる．C/N 比は陸上植物や土壌を対象によく用いられている．土壌の C/N 比（重量比）は 10～20 程度の範囲であり，C/N 比が小さいほど窒素の相対的な存在量が多く，物質循環が盛んであることを指標する．大気中の二酸化炭素 (CO_2) 濃度が増加すると植物の光合成を促進する効果があるが，

---

[4] 固体・液体・気体という相の変化に必要な熱.

[5] 温まりにくく冷めにくい.

[6] 全炭素と全窒素の重量比あるいはモル比.

窒素の要求量も増加する．これに対して利用可能な窒素が十分にないと CO_2 の光合成促進効果が目減りし，植物体の C/N 比が上昇する（たとえば，Hayashi et al., 2022）．

　リンもまた生物にとって必須の元素である．細胞内のエネルギー貯蔵・放出に重要な役割を果たすアデノシン三リン酸や，骨や歯の主成分となるリン酸カルシウムとして利用される．リンを含む化学量論的指標としてよく知られるのが炭素：窒素：リンのモル比であるレッドフィールド比であり，陸水生態系や海洋生態系の栄養条件の評価にしばしば用いられる．水域の富栄養化・貧栄養化の観点では，窒素とリンのうち相対的に不足しているほうが生物生産を律速する．つまり，相対的に余剰なほうが富栄養化の主要因となる．

9.2　人類と窒素

9.2.1　なぜ窒素を必要とするのか

　まず，十分な量の食料を生産するためには肥料となる Nr が必要である．人類は飲食物を通じてタンパク質の形で窒素を摂取する．飲食物となる農作物の生産には肥料となる窒素が欠かせない．また，畜産物や一部の水産物の生産にも飼料となる窒素が欠かせず，飼料作物の生産にも肥料としての窒素が必要である．

　次に，火薬・爆薬・ポリマーなどの原料となる化学物質のために Nr が必要である．窒素化合物には人類にとって有用であるものが多い．その中には窒素を含むとは知らずに長らく利用されてきたものもある．たとえば，尿から作られるアンモニア水はローマ時代にも用いられ，黒色火薬（硝酸カリウムを主成分とする硝石に硫黄や炭を混ぜたもの）は西暦 1000 年ごろの発明とされる（林 他, 2021）．窒素単体の発見はずっと後の 18 世紀のことである．火薬や爆発物としての窒素化合物は，ニトログリセリンを珪藻土に浸み込ませたダイナマイトや，より爆発力の高いトリニトロトルエン（TNT）などに発展し，戦争の質を大きく変えた．平和的な産業用途としては，合成繊維となるナイロンや合成樹脂として多様な用途をもつウレタンなど，身の回りの多くのものに窒素が使われている．

さらには，燃料などエネルギー面での新たな窒素用途が生み出されつつある．水素よりも安全な NH_3[7] を水素キャリアとしてエネルギー源に利用するアイデアに加え，NH_3 そのものを燃料として用いるアイデアがある．

このように，現在の人類は多用途に多量の Nr を用いているが，20 世紀初期を境として，この前後では Nr の獲得手段が大きく異なった．20 世紀以前は，自然過程により少量ずつ，あるいは，化石化したものを掘削して Nr を獲得していた．20 世紀初期に実現したハーバー・ボッシュ法（Haber-Bosch process）（ヘイガー，2017）により，人類は NH_3 を人工合成できるようになり，NH_3 をスタート物質として他の Nr も合成できるようになった．

9.2.2 人工的固定技術確立前の窒素の獲得

肥料としての人類の窒素源は，排せつ物や植物などのすでに存在する Nr の利用が基本であり，およそ農耕が始まった頃から経験的に用いられてきた．また，BNF を行う微生物と共生するマメ科作物が緑肥となり，若い植物体や収穫残渣をすき込むことで地力が向上することも知られていた．19 世紀初期に南米においてグアノ（鳥糞石）やチリ硝石（主成分は硝酸ナトリウム）といった化石化した Nr が発見されると，これらを採掘して用いるようになり，利権を巡る紛争や戦争にまで至った．しかし，これらは採掘するとなくなる枯渇性の窒素資源であるために，19 世紀末には将来の窒素欠乏による飢餓が懸念されるようになり，Nr の人工合成技術の開発競争が始まった（ヘイガー，2017）．

9.2.3 人工的窒素固定技術

20 世紀初期に確立した人工的窒素固定技術として，ハーバー・ボッシュ法，ビルケランド・アイデ法（アーク放電法），およびフランク・カロ法（石灰窒素法）が挙げられる（図 9.4）（林 他，2021）．

ドイツで開発されたハーバー・ボッシュ法は，高温・高圧下で N_2 と水素を化合させて NH_3 を合成する技術である．Fritz Haber が 1905 年に実験室での合成を実現し，Carl Bosch が率いるチームが反応容器，触媒，収率，製造コストなどの数多の問題を解決して 1913 年に商業生産を実現した．現在の人工

---

[7] ただし，NH_3 にも毒性や環境影響面の問題はある．

的窒素固定もハーバー・ボッシュ法を基本とする.

　ノルウェーで開発されたビルケランド・アイデ法は，空気で隔てられた電極間に大きな電位差を与えて絶縁破壊させることで生じるアーク放電により，空気中のN_2と酸素を化合させてNO_Xを合成する技術である. 雷によるNO_X生成の模倣ともいえる. 空気と電気があれば合成可能な点は有利ながら，電力消費が大きく，生成物が多様なNO_Xの混合物あることが実用化の弱点であった.

　ドイツで開発されたフランク・カロ法は，生石灰と炭素を高温下で反応させてカルシウムカーバイドを合成し，これに高温下でN_2を吹き付けてカルシウムシアナミド（石灰窒素）を得る技術である. シアナミドは劇物であり，水に触れるとNH_3が生成する. すなわち，石灰窒素には農薬かつ肥料として働くユニークな特徴があり，現在の日本でも少量ながら製造されている.

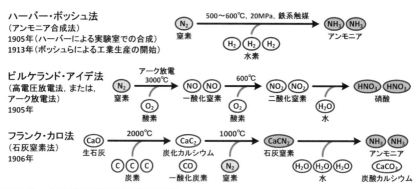

図9.4　人工的窒素固定技術の工程

9.2.4 ハーバー・ボッシュ法後の人類の窒素利用

（1）食料生産：大増産をもたらした肥料

　1960年代以降，ハーバー・ボッシュ法によるNH_3合成が顕著に増加した（図9.5）. 用途の大部分は化学肥料（chemical fertilizer）であり，食料となる作物生産量を増やすとともに，余剰生産力が飼料作物の生産も増やして家畜生産量も増えた. その結果，世界全体としては現在も人口増加が続いている. 食料生産においては，品種，農薬，機械化などの農業技術の発展の効果も大きい. しかし，生産力を最も制限する窒素肥料の上限を化学肥料が取り払った寄与は

とても大きい. 本来の畜産は, 人間が食べられないものを家畜に食べさせて有用物を生み出す営みでもあったのだが, 現在の畜産の多くは, 人間の食料にもなる作物を与えて大量生産する体系を作り上げている.

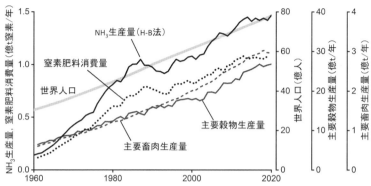

図9.5 ハーバー・ボッシュ法 (H–B法) によるアンモニア (NH$_3$) 生産量, 窒素肥料消費量, 主要穀物 (コメ, コムギ, トウモロコシ) 生産量, 畜肉 (ウシ, ブタ, ニワトリ) 生産量, および世界人口の推移

(2) 工業生産：各種原料・素材

世界平均では人工的固定窒素の約20% が化学肥料以外の用途, すなわち産業用途に用いられている. 一方, 食料・飼料の多くを輸入し, 工業製品が輸出の主力である日本では, 窒素需要に占める産業用途の割合が高い. 2000年代後半以降は, 国内製造 NH$_3$ の半分以上が産業用途であった (Hayashi et al., 2021). また, 安定な N$_2$ にも, 嫌気雰囲気を作るためのガス, 不活性ガスとしての充填剤, 冷媒としての液体窒素など多様な用途がある.

(3) エネルギー生産：新たな燃料

人間活動には動力や電力などのエネルギーが欠かせない. そのエネルギー源を燃焼起源の熱として与えるものが燃料である. 燃焼に伴い, 燃料中の窒素および燃焼空気中の N$_2$ から NO$_X$ が生成する. NO$_X$ は典型的な大気汚染物質であり, 現在は脱硝技術により高効率で N$_2$ への無害化が可能であるが, このために NH$_3$ や NH$_3$ 源となる尿素を敢えて添加することも行われている.

化石燃料を燃やすと CO$_2$ が発生する. 地中に隔離されていた炭素が CO$_2$ と

して排出されると温暖化の原因となる．日本では，脱炭素化（decarbonization）のために NH_3 を燃料として利用する動きが出てきている．経済産業省は，2050 年に年間 3000 万 t の NH_3（約 2500 万 t 窒素）を燃料利用する目標を掲げた（経済産業省，2021）．2015 年の世界の NH_3 製造量が約 1 億 4000 万 t 窒素であり，日本の NH_3 需要が 100 万 t 窒素に満たなかったことを考えると莫大な量である．NH_3 の用途間の競合に加え，NH_3 の漏出や燃焼した NH_3 が NO_X になることによる環境影響への懸念がある．技術・制度・環境面のすべてから，この温暖化対策が他の問題を悪化させて将来世代を困らせることのないよう，注意深い取り組みが必要である．

9.3 窒素問題

9.3.1 問題のあらまし

図 9.5 で示した窒素利用の増加は，増加しようとする人口に対して食料供給が制限要因とならないように食料増産を実現してきた点で，成功例に映る．しかしながら，人類の窒素利用は地球システムの持続可能性に重大な懸念をもたらしている．窒素利用という便益を求めた結果，窒素汚染（nitrogen pollution）という脅威を引き起こし，人の健康と自然の健全性に害を及ぼしているのである．このトレードオフを窒素問題（nitrogen issue）という（図 9.6）．

なぜ窒素を利用すると窒素汚染が生じるのだろうか．肥料や原料としての窒素利用は私たちに食料や製品をもたらすものの，経済全体の利用効率は約 20 ％ とされる（Sutton et al., 2013）．すなわち，人類が利用する窒素の約 80 ％ は最終産物に届かず環境に逸出する．環境に逸出した Nr は，その理化学性に応じ，温暖化，成層圏オゾン破壊，大気汚染，水質汚染，富栄養化，酸性化と多様な環境影響をもたらす．N_2O は温暖化および成層圏オゾン破壊の原因となる．NO_X はそれ自体が大気汚染物質であることに加え，HNO_3 および粒子状 NO_3^- の前駆物質であり，地表に沈着すると富栄養化や酸性化の原因となる．NH_3 は大気中では粒子状 NH_4^+ の前駆物質となり，土壌や水域では富栄養化や酸性化の原因となる[8]．また，粒子状の NO_3^- と NH_4^+ は大気汚染物質の微小粒子状物質（$PM_{2.5}$）の主要成分でもあり，世界平均では $PM_{2.5}$ の約 40 ％ が

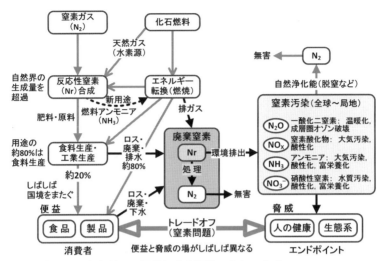

図 9.6 窒素問題：窒素利用の便益と窒素汚染のトレードオフ

NO_3^- や NH_4^+ であると評価されている（Gu et al., 2021）．土壌や水域に直接負荷された NO_3^- もまた富栄養化に寄与するとともに，水質汚染物質でもある．ひとたび環境に排出された Nr は化学的形態を変えつつ複雑に巡り（窒素カスケード，nitrogen cascade），最終的に安定な N_2 に戻るまで影響を及ぼし続ける（Galloway et al., 2003）．

　窒素問題にはいくつかの重要な特徴がある．まず，窒素汚染の空間範囲が多様である．温暖化や成層圏オゾン破壊は全球的な影響である．一方，富栄養化による生態系影響や地下水の NO_3^- 汚染は局所的な影響である．国際貿易や大気・海洋の長距離輸送により，窒素利用の便益を享受する場所と窒素汚染の脅威を被る場所が異なることが多い．国際貿易については，食料・飼料・原料などの輸入国は，これらの生産に伴う窒素排出を生産国に負わせており，生産国の窒素汚染を間接的に助長する．資源の輸入依存度が高い日本は，2012年時点では国際貿易を通じた他国への窒素負荷として世界で最大の国であった（Oita et al., 2016）．炭素問題とも置き換えらえる温暖化問題と比べると，窒素問題はいまだよく知られておらず，影響が多岐にわたるために問題の所在と因

---

8) NH_3 自体は塩基性であるが，硝化によって正味の酸として働く．

果関係を自覚しづらく，全体像の把握も容易ではない．影響が多岐にわたることは，言い換えれば，窒素問題と多様な環境問題が実は密接に関わっていることでもある．ネクサスにおける窒素の役割は，栄養や素材としての正の面と，窒素汚染としての負の面の表裏様々と思われる（9.4 節）．

　窒素汚染による人の健康と生態系の健全性への被害額として，世界全体で年間 3400 億米ドルから 3兆 4000 億米ドルとの試算がある（UNEP, 2019）．窒素利用には，食料の肥料などのメリットに加え，仮に環境に Nr が逸出したとしても，それが適正量であれば生態系の生物生産を増やす正の効果がある．窒素利用がもたらす便益と付随する窒素汚染による脅威の双方を定量化することにより，問題解決を支援する情報が得られる．すなわち，便益が脅威を上回ること，さらには，脅威をなるべく小さくすることを目指す行動を起こすための定量的な指針となる．通常の費用便益分析（CBA, cost-benefit analysis）は，便益を得るための費用と得られる便益を貨幣換算して比較する手法であるが，窒素問題の便益と脅威の比較にも応用が可能である．また，貨幣換算が困難な価値も含めた費用効果分析（CEA, cost-effective analysis）が必要となる場合もあるだろう．

　増大した人間活動は地球システムに人間圏を造り出し，地球史は人新世（Anthropocene）に入った．現在の人間圏の窒素循環は生物圏と同規模に達している（図 9.1）（Fowler et al., 2013）．窒素循環の観点では地球がもう一つできたようなものである．しかし，人間圏は地球システムとつながっており，加速した窒素循環は地球システムの物質循環と生態系を攪乱している．「地球の限界」とも称されるプラネタリー・バウンダリー（planetary boundaries）（Rockström et al., 2009; Steffen et al., 2015）において，窒素が安全な領域を超えたと評価されたことはよく知られている．しかし，この評価は富栄養化防止の観点のみからなされたものであり，Nr が温室効果ガス，成層圏オゾン破壊物質，$PM_{2.5}$ の前駆物質，窒素循環の攪乱に伴う生物多様性への影響をも引き起こしていることを考慮すると，Nr の潜在リスクを過小評価している可能性がある．

9.3.2　世界の取り組み

　窒素問題の専門家グループである国際窒素イニシアティブ（INI, International Nitrogen Initiative) が 2003 年に正式発足し，3 年ごとの国際窒素会議の主催や国際プロジェクトの立案などを行ってきた．INI は世界各地に地域センターを設けており，日本は東アジア地域センターに含まれる．

　窒素問題への取り組みは主に欧州において先行した．これは 1970 年代の酸性雨などの長距離越境大気汚染や農業由来の水質汚染が国内・国際の環境問題となっていたことにより，国際的な研究調査・モニタリング・政策調整の体制が作られてきたことと並行している．たとえば，「長距離越境大気汚染条約」の議定書群による NO_X や NH_3 の排出規制や，農業に起因した地下水および表流水の硝酸汚染や表流水の富栄養化を低減・防止するための硝酸指令などの政策に結実している．1990 年代の NITREX および 2000 年代後半の NitroEurope とその集大成の欧州窒素評価書（European Nitrogen Assessment）（Sutton et al., 2011）が窒素に関する代表的な国際プロジェクトである．

　INI が立案し，国連環境計画（UNEP）が実施し，地球環境ファシリティ（GEF）が支援する国際窒素管理システム（INMS, International Nitrogen Management System）プロジェクトが 2017 年 10 月に開始された．INMS は，廃棄窒素（nitrogen waste）を 2030 年までに半減するための科学的知見を国際政策に結び付けることを目的とし，2023 年 6 月発刊予定として国際窒素評価書（INA, International Nitrogen Assessment）の制作を進めている（Sutton et al., 2021）．INMS に参画する専門家の支援を受けて，UNEP は窒素問題の情報発信（UNEP, 2019）や，2019 年 3 月の第 4 回国連環境総会（UNEA, United Nations Environment Assembly）における持続可能な窒素管理決議（UNEP/EA. 4/Res. 14），2019 年 10 月の国連持続可能な窒素管理グローバルキャンペーンとコロンボ宣言，2020 年 6 月の UNEP 第 1 回窒素作業部会，そして，2022 年 3 月の第 5 回 UNEA における再度の持続可能な窒素管理決議（UNEP/EA. 5/Res. 2）など，様々な活動を続けている．

9.3.3 日本の取り組み

　日本においても，温暖化，大気汚染，水質汚染，富栄養化などの影響分野ごとに多数の研究開発が行われてきた（林 他，2021）．2023 年の本書執筆時点では，ムーンショット型研究開発事業のうちいくつかが窒素問題の解決に資する研究開発が行われている．たとえば，「産業活動由来の希薄な窒素化合物の

循環技術創出プロジェクト」(2022) では，排ガスや排水中の Nr を N_2 に処理せずに Nr として回収して再生利用する技術開発を目指し，「微生物による地球冷却プロジェクト」(2022) では，微生物を活用して N_2O やメタンなどの温室効果ガスを大幅に削減する技術開発を目指している．筆者は 2015 年に有志による日本窒素専門家グループ (JpNEG, Japanese Nitrogen Expert Group) を立ち上げ，窒素問題に関する学際的な専門家の情報共有を図ってきた (JpNEG, 2022)．そして，2022〜2027 年度の予定で「人・社会・自然をつないでめぐる窒素の持続可能な利用に向けて」(Sustai-N-able) プロジェクトを推進し，肥料・原料・燃料としての窒素の便益を保ちつつ，窒素汚染の影響を緩和した持続可能な窒素利用の将来設計を目指している（総合地球環境学研究所, 2022).

9.4　窒素問題の多様なネクサス

持続可能な開発目標（SDGs）の 17 個の目標のうち，直接的に窒素に関することが述べられているのは「目標 14　海洋資源」の富栄養化防止の観点である．しかし，食料・製品・エネルギーを得る肥料・原料・燃料となり，生態系にとって重要な栄養塩である窒素は，すべての SDGs に関係する（林 他, 2021；12 章）.

窒素問題は，内部に複雑なネクサス構造を有している．たとえば，窒素利用の便益と窒素汚染の脅威の関係，便益としての各用途間の競合や再生利用を介した効率的な利用，窒素汚染がもたらす多様な環境影響間の相互作用[9]，エンドポイント[10]となる人と自然との関係などが挙げられる．また，空間的には，同一・近接した場所での連関と，サプライチェーン，国際貿易，大気や海洋の長距離輸送を通じた遠距離あるいは間接的な連関があり，この間に窒素の化学種が変化するという時間的要素も関与する[11].

窒素問題は，他の環境問題ともネクサスの関係を有する．Nr の合成にエネルギー源および水素源となる化石燃料を必要とし，化石燃料の燃焼に伴い

---

[9] たとえば，大気発生の抑制で地下への溶脱が増えるなど.

[10] 最終的に影響を被るもの.

[11] たとえば，土壌の NH_3 が硝化により NO_3^- となり溶脱して地下水に入る.

NO_x が発生することに加え，N_2O が重要な温室効果ガスであることから，「炭素問題（温暖化）」ひいては「化石燃料・鉱物資源」との関係が深い．また，食料生産には肥料となる Nr が必要であるが，同時に作物の生育には十分な水が必要であり，窒素汚染は水の利用可能性を制限する点で「水資源」との関係も深い．環境に逸出した Nr は生態系を富栄養化に導く一方で，過耕作による土壌に蓄えられた窒素（地力窒素）の収奪や過剰な水産資源利用は，陸域・陸水・海洋生態系の劣化や貧栄養化を招きうる点で「生物資源」の量や質にも強く影響を及ぼす（図 9.7）．

　窒素フットプリント（nitrogen footprint）は，カーボン・フットプリント（carbon footprint）と同義であり，各品目の最終消費量と当該品目の仮想窒素係数の積和により潜在的な窒素排出量を与える（Shibata et al., 2014; Hayashi et al., 2018）（図 9.8）．窒素フットプリントは，生産―消費ネクサスの簡易な指標になりうる．既往研究では国民一人当たりの平均値として求めることが多いが，データが充実すれば特定の個人の窒素フットプリントの算定も可能である．ただし，現状の算定手法は，空間・時間を介した排出―影響ネクサスを明示的に扱うことができない．すなわち，どこでどの Nr 種がどれだけ環境に逸出し，その結果どのエンドポイントにどのような影響がどの程度生じたのかが定かではない．人間社会からの排出，自然環境の動態，および人と生態系への影響を組み合わせた時空間解析が可能になれば，窒素問題のネクサスの定量化と可視化が大きく飛躍すると期待される．

　窒素収支（nitrogen budgets）とは，対象とするシステムを循環し，あるいは出入りする窒素の量を明らかにすることである．一国を対象とした窒素収支は，当該国の窒素問題の理解に重要な基礎情報となり，窒素汚染の潜在影響の可視化，政策立案の基礎情報，環境影響や政策効果のモニタリング，国際比較，および科学的に知見が不足している箇所の把握という利点を有する（林 他，2021）．一例として，日本の 2010 年の窒素収支を図 9.9 に示す（Hayashi et al., 2021）．日本には国際貿易を通じて大量の窒素が流入している．窒素収支は窒素フローの積み重ねにより集計され，窒素フローの算定には経済などの活動量の情報も必要である．活動量の情報は，他の環境問題のネクサス評価にも必要であり，整合した共通データセットを構築することが望ましい．直接的な窒素のフローと収支（図 9.9）に加え，直接の窒素フロー解析と産業連関分析を関

連付けることにより，各産業の生産・消費により環境に排出される窒素量を評価する手法の開発が進んでいる（Oita et al., 2021）．今後は，空間分布を考慮し，他の環境問題とのネクサスを定量的に扱えるようになることが重要な研究目標となろう．

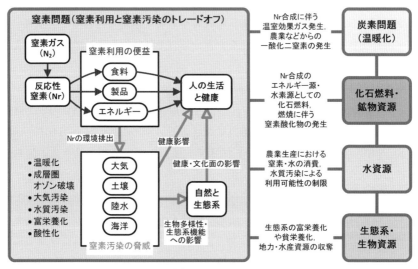

図 9.7　窒素問題のネクサスおよび窒素問題と他の環境問題のネクサス

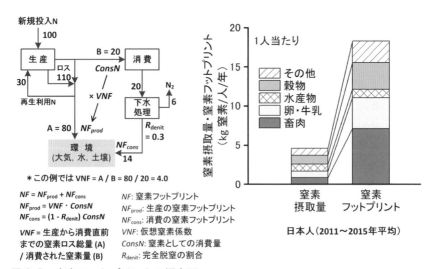

図 9.8　窒素フットプリントの概念図

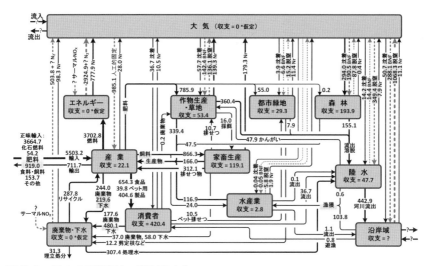

図 9.9 日本の窒素収支（2010 年）
実線は反応性窒素（Nr），破線は窒素ガス（N$_2$）のフロー．Hayashi et al.
（2021）に基づき作図．

9.5 持続可能な窒素利用に向けて

　窒素は肥料・原料・燃料として人類に大きな便益をもたらす．しかし，人類の窒素利用は意図せずに窒素汚染を引き起こし，人と自然の健康を脅かしてもいる．このトレードオフ，窒素問題を解決するには，窒素利用効率の向上，環境に排出される Nr の無害化，および窒素需要の縮小により，将来世代に持続可能な窒素利用を受け渡すことが求められる（林 他，2021）．これは，先に紹介した Sustai-N-able プロジェクトの目標でもある．重要なことは，窒素問題を解決しようとする努力が他の環境問題を悪化させず，将来世代の持続可能性を損ねないことである．この要件を満足するには，個々の環境問題の因果関係を解明することに加え，環境問題間のネクサスを正しく理解し，ある行為・対策がネクサスを通じて環境問題間にどのように波及するかを量的に把握する知見と技術の開発が求められ．これらは今後の大きな挑戦である．

参考文献

経済産業省（2021）燃料アンモニアサプライチェーンの構築，https://www.meti.go.jp/press/2021/09/20210914003/20210914003.html

産業活動由来の希薄な窒素化合物の循環技術創出プロジェクト（2022），https://www.n-cycle.jp/

総合地球環境学研究所（2022）実践プログラム Sustai-N-able プロジェクト．要覧 2022，pp. 30-31，総合地球環境学研究所．

林健太郎（2023）窒素問題に対する世界の取り組みとその地下水硝酸性窒素汚染への影響．地学雑誌，132，印刷中．

林健太郎・柴田英昭 他編著（2021）図説窒素と環境の科学―人と自然のつながりと持続可能な窒素利用―，朝倉書店．

微生物による地球冷却プロジェクト（2022），https://dsoil.jp/

ヘイガー，T.（2017）大気を変える錬金術 新装版，みすず書房．

Fowler, D., Coyle, M. et al.（2013）The global nitrogen cycle in the twenty-first century. *Philosophical Transactions of the Royal Society B*, 368, 20130164.

Galloway, J. N., Cowling, E. B. et al.（2002）Reactive nitrogen: too much of a good thing? *Ambio*, 31, 60-63.

Galloway, J. N., Aber, J. D. et al.（2003）The nitrogen cascade. *BioScience*, 53, 341-356.

Gruber, N. & Galloway, J. N.（2008）An Earth-system perspective of the global nitrogen cycle. *Nature*, 451, 293-296.

Gu, B., Zhang, L. et al.（2021）Abating ammonia is more cost-effective than nitrogen oxides for mitigating PM$_{2.5}$ air pollution. *Science*, 374, 758-762.

Hayashi, K., Oita, A. et al.（2018）Reducing nitrogen footprints of consumer-level food loss and protein overconsumption in Japan, considering gender and age differences. *Environmental Research Letters*, 13, 124027.

Hayashi, K., Shibata, H. et al.（2021）Nitrogen budgets in Japan from 2000 to 2015: Decreasing trend of nitrogen loss to the environment and the challenge to further reduce nitrogen waste. *Environmental Pollution*, 286, 117559.

Hayashi, K., Tokida, T. et al.（2022）Fertilizer-derived nitrogen use of two varieties of single-crop paddy rice: a free-air carbon dioxide enrichment study using polymer-coated ^{15}N-labeled urea. *Soil Science and Plant Nutrition*, 68, 41-52.

Houlton, B. Z., Morford, S. L. et al.（2018）Convergent evidence for widespread rock nitrogen sources in Earth's surface environment. *Science*, 360, 58-62.

JpNEG（2022）日本窒素専門家グループ，https://jpneg.jimdofree.com/

Oita, A., Malik., A. et al.（2016）Substantial nitrogen pollution embedded in international trade. *Nature Geoscience*, 9, 111-115.

Oita, A., Katagiri, K. et al. (2021) Nutrient-extended input-output (NutrIO) method for the food nitrogen footprint. *Environmental Research Letters*, 16, 115010.

Rockström, J., Steffen, W. et al. (2009) A safe operating space for humanity. *Nature*, 461, 472-475.

Shibata, H., Cattaneo, L. R. et al. (2014) First approach to the Japanese nitrogen footprint model to predict the loss of nitrogen to the environment. *Environmental Research Letters*, 9, 115013.

Söderlund, R. & Svensson, B. H. (1976) The Global Nitrogen Cycle. *in* Nitrogen, Phosphorus and Sulphur-Global Cycles (eds. Svensson, B. H. *et al.*), pp. 23-73, SCOPE Report 7, Ecological Bulletins, 22, Oikos.

Steffen, W., Richardson, K. et al. (2015) Planetary boundaries: guiding human development on a changing planet. *Science*, 347, 1259855.

Sutton, M. A., Howard, C. M. et al. eds. (2011) The European Nitrogen Assessment: Sources, Effects and Policy Perspectives. Cambridge University Press.

Sutton, M. A., Bleeker, A. et al. (2013) Our Nutrient World. Global Overview of Nutrient Management. Centre for Ecology and Hydrology, Edinburgh on behalf of the Global Partnership on Nutrient Management and the International Nitrogen Initiative.

Sutton, M. A., Howard, C. M. et al. (2021) The nitrogen decade: mobilizing global action on nitrogen to 2030 and beyond. *One Earth*, 4, 10-14.

UNEP (2019) The Nitrogen Fix: From Nitrogen Pollution to Nitrogen Circular Economy. Frontiers 2018/19: Emerging Issues of Environmental Concern. United Nations Environment Programme.

第 **10** 章
科学と政策の対話による 参加型シナリオ構築手法
：ネクサス思考の向上に向けて

馬場健司

　本章では，水・エネルギー・食料の連関関係（ネクサス）やSDGsを題材とした「参加型シナリオ構築手法」のそれぞれに特徴をもつ適用例を紹介する．そして，このような手法が「ネクサス思考」[1]や「自分事化」の発現にいかなる効果をもちうるのかといった点や，研究成果の社会実装やエビデンスベース政策形成に向けてもちうる課題について議論する．最後に，これらの効果の発現や課題の解消を目指して，現在進行しつつある脱炭素社会の実現を題材としたプロジェクトでの適用状況についてまとめる．

10.1　参加型シナリオ構築手法の概要

　気候変動に関する政府間パネル（IPCC, Intergovernmental Panel on Climate Change）は，気候予測や影響評価などの科学的知見を生み出すための前提として，気候シナリオ（RCP, Representative Concentration Pathways, 代表的濃度経路）や社会経済シナリオ（SSP, Shared Socioeconomic Pathways, 共有社会経済パス）などを用意している．こういった「シナリオ」は，定量的な出力を得るためのモデルを記述する前提条件などを指すことが多い．
　一方で，シナリオプランニングと呼ばれる手法が，1970年代に入ってロイヤル・ダッチ・シェル（株）の経営戦略立案において開発され，Lovins

---

[1] それぞれの資源間での相互関係，相互依存性，シナジー，トレードオフについて理解しようとする，そして競合する需要と異なる視点について注意を傾けようとする持続的な努力．

(1976) や Robinson (1982) においてもエネルギー政策へ適用された．その後の展開については，数多くのレビューがこれまでにも行われている（たとえば Quist et al., 2006; Amer et al., 2013; Dean, 2019）．Spaniol et al. (2019) は，1967 年以降の 405 本のシナリオ構築に関わる文献を調査した結果，将来志向，定性的記述，もっともらしさ（単なる理想の追求ではなく一定の実現可能性をもつ）といった 6 つの要素を満たすものを「シナリオ」と定義することを提案している．

これら様々なステークホルダー（stakeholder, 利害関係者）の参加により実施される「参加型シナリオ構築手法」は，不確実性を伴う既存の将来予測を補完し，ありうる将来に対する洞察を得るため，そして不連続な将来を想定して，それに対してバックキャスティング（backcasting）によりいくつかの道筋を描いたうえで，現在実施すべき政策やアクションプランについて，専門家や政策担当者，ステークホルダーの参加・協働により検討を行うものとして確立されてきている．不確実性の高い将来の問題に対して，現在からの連続的な将来を予測した結果に基づいて行政計画を立案するという従来の方法は必ずしも適切ではなく，このような参加型シナリオ構築手法により立案された計画や施策が重要と考えられる．

本書の主題であるネクサス（本章では主に水・エネルギー・食料の連関関係を指す）を題材とした参加型シナリオ構築手法としては，大分県別府市における馬場 他（2018），増原・馬場（2021）の他に，Johnson et al. (2017)，Hoolohan et al. (2018) をはじめ多くの適用例が見られる．一方で，SDGs を明示的な題材とした参加型シナリオ構築手法については，現時点では Aguiar et al. (2020) など，かなり少数に限定される．

次節では，このような参加型シナリオ構築手法の国外での適用事例を 3 つ紹介する．

10.2 参加型シナリオ構築手法の適用事例

10.2.1 ネクサスを題材とした手法

最初に，水・エネルギー・食料（Water-Energy-Food, 以下 WEF と略す）

ネクサスシステムにおける潜在的な技術革新の幅広い理解を達成することを目指して，3つの技術革新（嫌気性消化，ヒトや家畜のタンパク質源としての昆虫食，余剰食料の再分配）を題材として，超学際的アプローチをイギリス国内で適用した Hoolohan et al.（2018）による「ステップアッププロジェクト」を取り上げる．その全体像は図 10.1 に示すとおりである．このアプローチは，気候，社会，技術革新がどのように WEF それぞれの分野へ影響を及ぼすのかについて理解しようとしている．シナリオは，定量的なモデルの出力結果と一貫性のある形で 2050 年の定性的な将来像を WEF それぞれの分野についてイギリスを中心に描くものである．

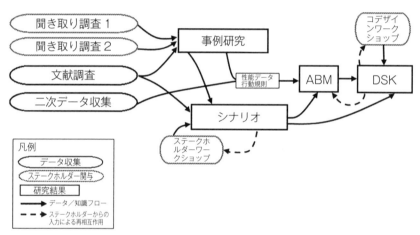

図 10.1　水・エネルギー・食料ネクサスシステムにおける潜在的な技術革新の理解のための「ステップアッププロジェクト」のプロセス（Hoolohan et al., 2018）

　まず，ステークホルダーへの聞き取り調査には 2 種類あり，1 つは起業家を対象として，技術革新に影響を与えるプロセスについての情報を得るものであり，もう 1 つは，規制当局などを対象として，技術革新を巡る組織間の相互作用などについて情報を得るものである．これらの情報は，先行研究の文献調査から得られる情報も併せてシナリオの構築に用いられる．シナリオは，気候，社会，技術的な変化に照らし合わせて技術革新の普及や影響がどのように異なるかを探る，つまりその技術革新が将来存在する可能性のある世界の特性を理解

するための基礎情報を与えるものとして描かれる．さらに，シナリオは，効果的な技術革新を可能にするための経路を検討する参加型バックキャスティングプロセスを実施するための基礎も提供することになる．参加型のシナリオ開発は，ステークホルダーと専門家との相互学習を促進し，問題の理解と枠組みを変える機会であるだけでなく，潜在的な解決策に合意し，行動能力を高める機会ともなりうる．

　さらにシナリオは，エージェントベースモデル（ABM, Agent-Based Model）のパラメーターを変化させる論理とデータを提供するものとしても用いられる．つまり，エージェントの行動の規則化や技術革新の成果の定義などに用いられる．たとえば，シナリオ内の論理を利用して，気候変動に関する既存の予測データを特定し，事例研究の対象地域で ABM の水文学的および土地利用要素へのデータを入力することができる．さらに特定された二次データも入力されて，モデルが記述される．そのような入力を経て，技術革新の普及の偶発性と影響をより深く理解することができる．また，ABM は，技術革新を既存の状態から全国規模にスケールアップする際の推定にも用いられる．

　意思決定支援キット（DSK, Decision Support Kitl）は，ステークホルダーと専門家によるコデザイン（協働企画，co-design）ワークショップの実施に際して，ABM の出力結果をわかりやすく提示しつつ，より幅広いステークホルダーから暗黙知を引き出すために用いられる．DSK の主な要素は，(1)水・エネルギー・食料（WEF）のベースライン状態と，シミュレーションを介して予測された WEF の将来の状態を指標により表現すること，(2)コデザインワークショップにて入力されるユーザーニーズと要件に基づいて多基準意思決定分析などを行い，最善の技術革新を提示すること，(3)以上について不確実性を含めつつ可視化すること，である．

　このようにして初期的なシナリオが，コデザインワークショップにおいて洗練され，異なる未来を実現させる可能性のある行動や政策介入について検討される．このアプローチでは，定量モデルとして汎用的な ABM が用いられ，エージェントの行動の規則化などにシナリオの論理が用いられるといった相互作用をもたせている．ステークホルダーはシナリオを構築する主体であり，ABM の出力結果を，DSK を通じて提示し，これに対して入力を得る主体という役割をもっている．

　次に，Johnson & Karlberg（2017）による，定量モデル 長期エネルギー代替案計画システム（LEAP, Long-range Energy Alternatives Planning system）や水資源評価計画システム（WEAP, Water Evaluation and Planning system）と，シナリオプランニングに基づく定性的なシナリオを組み合わせた「共同探索アプローチ」を，水・エネルギー・食料（WEF）ネクサス問題について適用した例を紹介する．これは，ストックホルム環境研究所（SEI）と，ケーススタディを担う地元大学や環境 NGO との協働によりルワンダで実施された．図 10.2 は，このアプローチの全体像を示したものである．

　最初のステップでは，現在の状況を特定し，将来がどのように展開するかに関するシナリオを仮定し，続いてこれらのシナリオを初期的に定量モデル化する．最初のシナリオを議論するために，初期の段階では広範なステークホルダーがワークショップに招集され，一部のステークホルダーは定量モデルの技術開発チームの一員となるよう招集される．ステークホルダーは最初のワークショップにおいて，エネルギーと食料生産のための水と土地利用，および関連する社会生態学的影響の観点から現在の状況を説明するよう求められる．そして

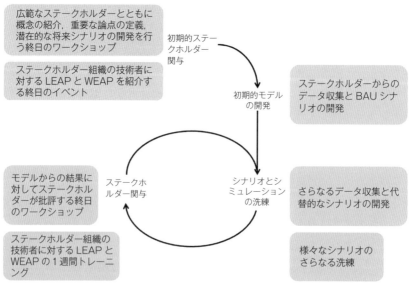

図 10.2　水・エネルギー・食料ネクサスの協働探索シナリオのプロセス（Johnson & Karlberg, 2017）

この情報は，なりゆきシナリオ（BAU, Business As Usual）の開発に使用される．この BAU と比較するため，ステークホルダーは，国の政策の枠組みに基づいて，人口増加や農業変革，エネルギー転換の違いによる第 2 のシナリオを生成するよう求められる．

このワークショップと同時並行的に，プロジェクトで使用される，ストックホルム環境研究所の開発による LEAP や WEAP による定量モデル「ネクサスツールキット」に関する初期的トレーニングも実施される．一部のステークホルダーが技術開発チームのメンバーとして，プロジェクトの終了時に熟練したユーザーになれるようにツールキットに関する知識を早期に習得させることを企図したものである．この技術開発チームのステークホルダーには，電力会社や各政府機関，地元大学などが含まれる．

ワークショップ中に収集された情報や半構造化インタビュー，ステークホルダーが利用できるローカルデータリポジトリ，および文献情報に基づいて，「ネクサスツールキット」を使用して最初のモデルが構築される．ステークホルダーとの対話では，このツールを用いて，たとえばエネルギー関税の引き上げ，肥料の補助金，灌漑ダムの建設などの政策的介入をシミュレーションすることができ，それによってステークホルダーはいくつかの開発経路を分析し，結果を評価できる．

初期的モデルが開発される頃，一部のステークホルダーも入った技術開発チームによる 1 週間のトレーニングが開催され，現場知に基づいてモデルの仮定と結果を評価し洗練する機会が与えられ，ステークホルダーは，必要に応じて，モデリングの専門家に対してより適切なデータについて指示することができる．このようにしてモデルが洗練された後，より広範なステークホルダーグループとの 2 回目のワークショップが実施される．ここでは，SWOT[2] 分析アプローチが用いられる．SWOT 分析で得られた洞察は，様々なステークホルダーグループに対するそれぞれの開発経路の影響を強調するものとなる．これらの含意に基づいて，第二の国家枠組みシナリオにおけるいくつかの未解決のジレンマが特定され，これに対する応答として，ステークホルダーは，第三の「ネクサス」シナリオの生成が求められる．このようなステークホルダーと専門家

---

[2] strengths（強み），weaknesses（弱み），opportunities（機会），threats（脅威）．

との相互作用は，地域の LEAP および WEAP モデルにどのデータを含めるべきかについて，専門家により明確な理解をもたらしただけでなく，一連のシナリオの修正にもつながっている．

　以上のプロセスの各ステップを必要に応じて反復することにより，モデルやシナリオをさらに洗練させ，技術開発チーム内の能力を向上させ，ステークホルダー同士や専門家との相互学習を増やしていく．そして，分野間のトレードオフの解決策，たとえば，農業分野とエネルギー分野の両方に正の影響を与える可能性のあるいくつかの有望な技術革新戦略などが提案されることにより，プロセスは終了に向かっていく．

　このアプローチは，一部に SWOT 分析などの経営戦略立案で確立された手法と，ネクサス課題でしばしば用いられる定量モデルとを統合させ，WEF ネクサスを理解するうえでのステークホルダーの現場知や認識の重要性をより一層，強調したものとなっている．それは，地域社会特有の重要な多くのネクサス課題の特定に現場知を用いていることや，複数回にわたるシナリオの生成の要請だけでなく，一部のステークホルダーには技術開発チームのメンバーとして参加させたことに現れている．そして，地域でのモデルの適用を共同開発し，データ，仮定，結果を精査することで，より高度な適用が可能となったとしている．何よりも，地域のステークホルダーが定量モデルやツールキットを維持できれば，継続的に政策決定に情報を提供できる可能性が高まる．この点は，プロジェクト終了後の研究成果の社会実装に関わる問題であり，最初から地域社会のステークホルダーが実装する技術開発側に関与していることは重要である．

10.2.2　SDGs を題材とした手法

　SDGs を題材とした参加型シナリオ構築手法の適用事例は，一部の例外を除いては現時点では必ずしも多くはない．その中で，ストックホルム大学レジリエンスセンターを中心とする研究メンバーが，2018 年 10 月にルワンダで開催された「2050 年アフリカ世界対話」という，農業と食料システムの変革がサハラ以南のアフリカにおける SDGs の達成にどのように貢献できるかを議論する 2 日間のマルチステークホルダーワークショップにおいて "3H4SDG" という新しいアプローチを考案し，適用している．以下では，この適用事例につい

て，Collste et al.（2019）や Aguiar et al.（2020）をもとに紹介する.

　図 10.3 は，そのプロセスを表したものである.３つのホライズン（3Horizon）とは，そもそもは企業経営における技術革新の創出に向けて，マッキンゼー・アンド・カンパニー（株）が 2000 年に提唱したものであり，ホライゾン１で当該年度の短期的な課題に対処し，ホライゾン２で次世代に向けた高い成長機会を見つけ，ホライゾン３で未知の新規事業の種をまくことを指している（Baghai et al., 2000）.このアプローチは幅広い分野で適用されてきており，"3H4SDG" では，これを社会の変革についてアレンジした Sharpe et al.（2016）らをベースとして，ホライゾン１：変革したい現在のシステム，ホライゾン２：望ましいシステムに到達するために必要な変化，ホライゾン３：変革した後の望ましいシステムとし，それぞれの要素として，４つに分類したSDGs：社会（SDGs の目標 1-6），経済（SDGs の目標 7-12），環境（SDGs の目標 13-15），ガバナンス（SDGs の目標 16-17）を関連付けていく方法となっている.

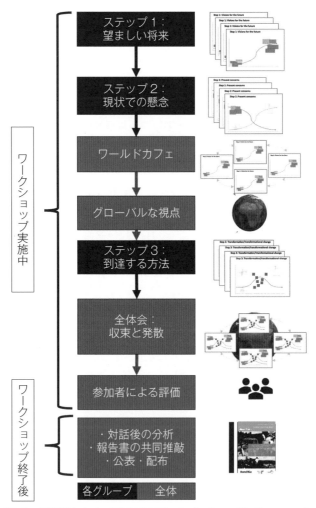

図 10.3　SDGs を題材とした "3H4SDG" のプロセス（Collste et al., 2019）

　3 つのステップは，一般的なバックキャスティングのものと同様であり，ス
テップ 1 は将来の願望を明らかにし（ホライズン 3 に相当），ステップ 2 は懸
念を提示し（ホライズン 1 に相当），ステップ 3 では，ステップ 1 で表現され
た望ましい将来に到達するために必要な変革か，ステップ 2 で特定された現在
の懸念事項への対処方法を検討する（ホライズン 2 に相当）プロセスとなって
いる．各ステップにおいて参加者は，視点の多様性を確保できるように構成さ

れた 6〜8 名程度の小グループに分かれ，少なくとも 90 分ずつ（理想的にはそれ以上の時間）を費やして進められる．ステップ 2 と 3 の間，ステップ 3 の後に全体での検討が行われる．

各ステップのグループワークでは，ステップに呼応するホライゾンの大きな図が参加者の前に置いてあり，参加者間のアイデアを出しやすくするための視覚的な道具として使用される．同時に，ファシリテーターによる関連するガイド的な質問も用意されている．参加者は，ファシリテーターの要求に応じて，4 色の付箋紙により，上述の 4 つに分類した SDGs の要素をそれぞれのホライゾンに記入，添付していき，最終的には 3 つのステップそれぞれで完成される 3 つのホライゾン図を統合した 1 つのインフルエンスダイアグラム（influence diagram）[3] が完成され，統合的な議論が行われる．

ステップ 1 と 2 の後には，「ワールド・カフェ（The World Café）」方式によるグループ間の交流が用意されており，各グループの参加者の一部がグループ間を巡回して，それまでの結果を共有し，対照的な視点や考慮していなかった問題に注意を払うことになる．その後の「グローバルな視点」セッションでは，たとえば共通社会経済経路（SSP）などの最近のグローバルシナリオが紹介され，グループワークで議論中の文脈に対するそれらの影響について情報提供を受ける．このセッションは，参加者が望ましい将来をブレインストーミングする際に思考を制約しないよう，ステップ 2 の後に行われる．このように地域とグローバルの様々なスケールでの議論を可能にさせることによって，さらに多くの視点が浮かび上がることが期待される．

その後，ステップ 3 において，各グループが現在の課題を克服し，SDGs に到達するために必要な行動やアクターについて統合的に議論する．参加者は，現在の懸念とその深層にある原因を打破し，持続可能な未来に到達するための阻害要因を取り除くための短期的および長期的な行動，それらの行動の背景にいるアクターは誰かなどを考えるよう求められる．

以上のステップの終了後，全体会において結果を書き起こして整理し，いくつかの経路間の「収束」と「発散」を分析する．「収束」分析は，異なる経路間に共通する要素であり，持続可能な社会へ向かうすべての経路について合意

---

[3] 因果関係，事象の時系列，その他の変数と結果の関係などの状況を図示したもの．

しうる部分を特定する．「発散」分析は，持続可能な社会へ向かう経路の複数の選択肢，異なる将来へ向かう経路の分岐点を特定する．収束は合意しうる要素であり，したがって特定の行動を義務付ける可能性がある点を示すことができ，発散の要素は，シナリオのさらなる議論，理解が必要となる．この分析過程においてインフルエンスダイアグラムが活用され，システム思考的アプローチが用いられている．その分析後に，評価セッションにおいて，参加者はワークショップを改善するためのフィードバックを主催者に提供するよう求められる．ワークショップが終了してから，すべての対話結果と分析結果が報告書として構成され，参加者によって評価されたものが社会に広く公表，配布される．

　このアプローチは，主として企業経営の中で用いられてきた手法を地域社会のSDGsの問題に適用したものであり，その要素はシナリオプランニングやワールドカフェなどの確立された手法の組み合わせとなっている．明示的にネクサス課題を取り上げているわけではないものの，「収束」と「発散」分析は，トレードオフとシナジーの分析に他ならず，本質的にはネクサス課題を取り上げているといえる．また，グローバルなシナリオの紹介など，ローカルなシナリオだけではないマルチスケールを意識させ，インフルエンスダイアグラムを用いたシステム思考アプローチも組み合わせている．

10.3　手法の効果：ネクサス思考を中心として

　以上で紹介してきた参加型シナリオ構築手法がもつ効果とは，一般的には，自分を取り巻いている環境をよりよく理解する，不確実性を含めた様々な要因が絡み合う「構造」を理解することができる，変化への認識力と適応力を高める，未来からのシグナルをより早く感知し，意思決定者が変化に合わせ迅速に対応することを助ける，などが期待される（城山 他，2009）．また，特にネクサスという「厄介な問題（wicked problems）」を解決するという文脈に即しては，(1)確立されている視点や実例を解放，棄却すること，(2)ネクサスを社会に再導入すること，(3)相互依存関係の特定，が挙げられている（Hoolohan et al., 2019）．

　(1)については，特に変革が求められているときに，すでに受け入れられている考え方や行動のアンラーニング（学習棄却，unlearning）は重要であり，分

野横断的な対話を行うことによってネクサスの相互作用について理解が進んだ結果，従来の視点や捉え方が棄却されたり，修正されたりすることなどを意味している．このようにして，シナリオは将来の変化のこれまで考慮されていなかった側面に焦点を当てるものとなっていく．

　(2)については，可能性を強調することにより創造的思考を促し，それによって課題解決が可能な戦略の立案が可能となるのであり，そのための経路を探る機会を提供することへの期待を意味している．たとえば，シナリオの中で持続可能なトランジョン（変革）マネジメント（transion management）を議論することにより，単に技術革新だけでなく，社会変化と環境正義の議論も前面に出てくることなどを意味している．

　(3)については，ネクサス間をまたがる分野横断的なつながりを特定することによって，持続可能性に至る変革的行動をサポートすることがきるようになることへの期待を意味している．たとえば，シナリオに内在するステークホルダー間の将来の潜在的な対立の源を現時点で認識し，ステークホルダー間で対話，交渉を行うことにより，その課題の深刻性や必要な行動の緊急性について集団的な理解を深めるといったことなどである．

　これらの中核となる概念として，「ネクサス思考」が挙げられる．これは，それぞれの資源間での相互関係，相互依存性，シナジー，トレードオフについて理解しようとする，そして競合する需要と異なる視点について注意を傾けようとする持続的な努力とされる（Sharmina et al., 2016）．そして，ネクサス思考は，異なる政策分野の関係性に本質的な変革をもたらす最も重要な促進要因「境界交差（boundary crossing）」として議論されるものであるが，簡単に実現されるものではないことも認識されている．もっとも，ネクサス思考は，より大きな視点から捉えれば「システム思考」（何かを達成するように一貫性をもって組織されている相互につながっている一連の構成要素であるシステムを対象として，問題の根本原因が何かを見出し，新たな機会を見つける自由を与えてくれる思考法（メドウズ，2015）に他ならないともいえる．

　前節までに紹介した3つの事例では，いずれについてもネクサス思考を巡るいくつかの効果が発現したことが言及されている．

　「ステップアッププロジェクト」のアプローチでは，Hoolohan et al.（2019）によれば，参加者へのインタビュー結果から以下の諸点を挙げている．まず，

ワークショップでの議論を通して，将来の計画に対する既存のアプローチを棄却し，将来の視点を導入して分野横断的な対話を可能にさせたりすることによって，シナリオや，ネクサスシステムがどのように相互作用するかについての参加者の暗黙の理解を深めたこと．次に，トランジションマネジメントを議論することにより，ネクサスの視点や捉え方が，ともすれば単なる資源管理の課題を理解するものとして位置付けられたかもしれなかったものから，より全体的な理解を可能にするものとして位置付けられることが示されたこと．そして，参加者が直面した共通の課題の程度と必要な行動の緊急性についての集団的理解を深め，トランジションに向けて自身の組織内で行うことができる即時の変更の必要性を認めたこと，などである．

「協働探索シナリオ」アプローチでは，Johnson & Karlberg（2017）によれば，専門家とステークホルダーとでシナリオの共同作成と影響の共同分析の過程において，各分野が直面するジレンマの理解を深め，すべてのステークホルダーによる地域発展に向けたシナリオへの「自分事化」をもたらした，とされている．ネクサス課題の特定については，一例を挙げると，最初は灌漑，水力発電，河川や湖沼の環境流量要件の維持のための水利用を中心に展開していた議論が，その後のワークショップでは，食料，飼料，燃料のためのバイオマス使用も同様に重要であることが明らかになっていき，エネルギーと食料生産のための水とバイオマスの使用が強く結び付いていることが判明し，飼料や燃料のためのバイオマスの現在の過剰使用は，深刻な土地劣化を引き起こしており，電気などの代替エネルギー源（水力発電など）へのより高い依存によっても部分的にしか相殺できないことが，定量分析の結果から明らかとなった．このため，バイオマスの管理が変わらないまま継続された場合，需要は 2030 年までに供給を 3 倍上回り，木炭産業や家畜飼育などのバイオマス用途に応じてすべてのセクターに深刻な影響を及ぼす可能性があることが示された．このようにして，ステークホルダー間でしばしば意見の相違が見られたものの，各分野で何をするにしても他の分野に影響を与えるという共通の理解が得られ，すべてのステークホルダーが継続的な対話の必要性を表明し，対話のための分野横断的プラットフォームが形成されている．

"3H4SDG"アプローチについては，Collste et al.（2019）は，参加者への質問紙調査結果より，2 つの視点（SDGs の統合的な視点，参加者のシナリオへ

の「自分事化」）に関連して，以下のように指摘している．まず，SDGsの統合的視点については，発見された将来社会に至る経路や複数の代替案が，特定の分野の詳細に過度に焦点を合わせることなく，統合的な視点を維持できたとのことであり，分野横断的アプローチにより課題解決することの重要性をステークホルダーが認識できたことを指摘している．そして，「自分事化」については，代替的な将来像が外部から押し付けられたのではなく，参加者が経験した現実から浮かび上がってくるように感じられたとする参加者が多かったことが指摘されている．さらに，将来に関わる議論が創造的であったとの評価も挙げられた．また，公開前の最終報告書の評価プロセスも「自分事化」を向上させたとの指摘も見られた．

ネクサスやSDGsを題材とする参加型シナリオ構築手法の「厄介な問題」として，まず一般的に時間がかかる傾向にある点が挙げられる．これはシナリオの範囲が広く，参加する専門家にもステークホルダーにも未知であったり，間接的であったりする課題が多いためである．したがって，ネクサスに関する分析はともすればすぐに複雑になり，リソースを消費するため，まずは本格的なネクサス分析に着手する前に，最初のワークショップなどにおいて，ネクサス課題が実際に具体的に存在するか否かについて，現場知を用いて実現可能性を確認することが肝要であろう．そして，実施過程では，すでに広範で複雑な課題であるものからさらに拡大し，複雑さを加えていくことになるものの，定量モデルや各種のネクサス思考（システム思考）を促す定性的ツールを用いて，専門家とステークホルダーが対話を進めることにより，発散と収束，トレードオフとシナジーが明らかになる可能性が示されている．

また，「ネクサス思考」から「ネクサス実践」への移行をいかに実現するかについても「厄介な問題」といえよう．ネクサス課題の解決策は，すでに受け入れられている考え方や行動のアンラーニング（学習棄却）により，伝統的な分野やその境界を超えるものとなる．これは一般的には受容性が高いものではない．参加者がいかにネクサス思考を獲得したとしても，そのような解決策を，参加したステークホルダーの同僚や協力者と共有することには困難を伴う．また，持続可能なトランジションの達成に資する制度や慣行へと変えていくには，社会的な意思決定や合意が必要になるが，政策決定機関やすべての関係組織内に，シナリオという成果を活用する素地があるか否かについても議論の余地が

あるだろう．このことは，参加するステークホルダーの代表性にも依存するため，初期段階でのステークホルダー分析において，前述のネクサス課題の存在の確認とともに，ステークホルダーとその利害の特定も重要となる．

┃ **10.4**　**今後における手法の適用可能性**

　筆者らは，WEF ネクサスについて，これまで紹介してきた参加型シナリオ構築手法と同様のものを実施してきた．以下に示すのは，大分県別府市での適用事例である（図 10.4）．最初に，ステークホルダーの地域社会の将来に関わる懸念や利害関心を明らかにし（ステップ 1・2：現場知の収集と共有），インフルエンスダイアグラムでその構造を表現し，次に，これに対する専門家の判断（エキスパートジャッジメント，expert judgement）を複数回にわたる質問紙調査への回答/集約/再回答/再集約を繰り返すデルファイ調査（Delpi method）により得て（ステップ 3：専門知の収集），最終的にすべての関係者の間でシナリオの共有と将来像の具現化に向けた行動計画を案出する（ステップ 4：現場知と専門知の統合）．詳細は馬場 他（2018），増原・馬場（2021）を参照されたい．

　本手法においても，システム（ネクサス）思考，つまりそれぞれの資源間での相互関係，相互依存性，シナジー，トレードオフについて理解しようとする努力の発現を促す定性的ツールとして，インフルエンスダイアグラム，エキスパートジャッジメントなどを実施しており，目的に見合った成果は得られたものと考えている．ただし，前述の「厄介な問題」として挙げられた，時間がかかる点は大きな課題となった．これには，ネクサス課題が実際に具体的に存在するか否かについて，ステークホルダー分析を丁寧に行ったことも一つの要因と考えられる．また，専門家による科学的知見の創出にも時間を要している．これには多くの場合，ネクサスに関わるオープンデータがほとんど存在せず，データを収集するところから始めていることが影響している．その帰結として，ワークショップの場でも定量ツールを用いて専門家とステークホルダーが対話するような設定はできず，逐次的に供給されるにとどまった．また，「ネクサス思考」から「ネクサス実践」への移行については課題のまま残されている．これにはステークホルダーの構成は十分に吟味されたものの，長期間にわたっ

図 10.4　水・エネルギー・食料ネクサスを題材とした「統合型シナリオ構築手法」のプロセスと最終的なシナリオ例（大分県別府市での適用事例）
馬場 他（2018）より修正（上），増原・馬場（2021）（下）.

ため一貫して関与できたステークホルダーが必ずしも多くなかったことと，政策決定者のコミットメントが決して薄かったわけではないものの，たとえば

「協働探索シナリオ」アプローチのように，政策担当者やそれに近いアクターを技術開発チームに参加させるようなこともなく，研究成果の社会実装やエビデンスベース政策形成（EBPM, Evidence Based Policy Making）に向けた課題が残されている．今後は，特にこのような点に留意して参加型シナリオ構築手法の適用を目指す必要がある．

　現在進行中の文部科学省の研究プロジェクト「地域の脱炭素社会の将来目標とソリューション計画システムの開発と自治体との連携を通じた環境イノベーションの社会実装ネットワークの構築」における「各地域の脱炭素化に向けた将来目標や計画などの策定に資する「脱炭素地域計画支援システム」の開発」では，そのような機会を目指している．いわゆる「2050 年ゼロカーボンシティ宣言」を表明する地方自治体が全国で相次いでいる一方で，地球温暖化対策実行計画などの具体的な改定において，ロードマップの構築，具体的な施策の立案などで困難に直面している．ケーススタディとして取り上げる京都府では，京都市をはじめ，城陽市，大山崎町，福知山市，京田辺市，綾部市，亀岡市，京丹後市，宮津市，与謝野町などが 2022 年 1 月時点で同宣言を表明しており，まずはこれらの先行自治体の進捗や到達点，促進・阻害要因などについて，担当者への聞き取り調査を実施したうえで，最初のワークショップを実施し（2022 年 1 月 28 日，オフ/オンラインによるハイブリッド開催），研究情報や事例情報（シーズ）を提供しつつ，自治体担当者が抱える課題や悩み事を共有し，行政ニーズの抽出を図った．このコデザインワークショップのシリーズでは，ネクサス課題としてそれぞれの地域社会における潜在的なトレードオフとシナジーを特定したうえで，いくつかの地域において，ステークホルダーを特定し，定量的なツールとともにネクサス思考を促す定性的なツールを用いて，参加型シナリオ構築手法を適用することを企図している．

　図 10.5 は，ラウンドテーブルの議事録にテキストマイニング（textmining）[4] を行った結果である．これは，まず主要な話題を抽出するために階層クラスター分析（似たもの同士の語でのグループ分け）を行い，その結果として抽出された話題のカテゴリーに，議事録の各段落を分類するために，作成した

---

[4] 文章を単語や文節で区切り，それらの出現の頻度や出現傾向などを統計的に分析することにより情報を取り出す手法．

コーディングルール（ある種の分類基準）を適用して，各自治体がどの話題のカテゴリーに関心をもっていたのか自治体別にクロス集計し，マトリクス形式で可視化したものである．様々な話題がある中で，シナジーについては，部署間での連携は本業の仕事もあるためなかなか難しいこと，京都府や他の市と連携したとき負担が増えてしまうのではないかという懸念が示された一方で，京都市内に立地している総合地球環境学研究所や地球温暖化防止活動推進センターにて情報を集約することによりそれぞれの取り組みの可視化や促進ができるのではないか，といった期待が挙げられた．なお，トレードオフについては，必ずしも明確な問題関心はこの場では示されなかった．

ただし，事前の聞き取り調査では以下の点が明らかとなっている．(1)率先行動として自身の行政庁舎については，エネルギー効率向上に向けては，施設の統廃合問題，建築物の耐用年数が阻害要因となっていること，(2)産業・業務部門については，大企業は対策が進んではいるものの，中小企業はほとんど進んでおらず，脱炭素を進める知見をほとんど持ち合わせていないか，進めるためのリソースがないなどの阻害要因があり，知見を有する京都市や広域自治体で

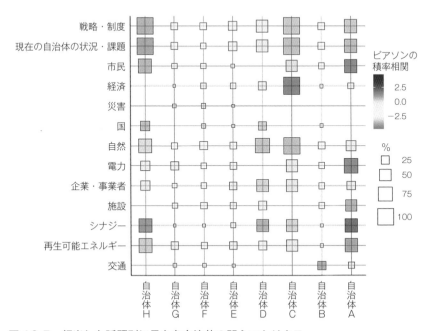

図 10.5 頻出した話題別に見た各自治体の関心マトリクス

ある京都府による政策移転がキーとなること，(3)家庭部門については，地域新電力事業者との連携による地域貢献型の再生可能エネルギーの導入を進めたり，市民とのワークショップにより普及啓発を進めたりするケースがみられる一方で，メガソーラー（大規模太陽光発電）やウィンドファーム（集合型風力発電）の立地に伴う対立が顕在化するケースもあり，サイレントマジョリティをいかにマネジメントしていくがキーとなること，などである．

　今後は，以上の知見を基に，いくつかの地域におけるネクサス課題を特定したうえで，適切な参加型シナリオ構築手法をアレンジして適用し，ネクサス思考をネクサス実践へとトランジションマネジメントしていく方向を模索していく．

謝辞

　テキストマイニングの分析については，東京都市大学環境学部環境ガバナンス研究室・鈴木健斗氏による．京都府をはじめとする府内各自治体担当者には聞き取り調査やラウンドテーブルにご協力いただいた．記して感謝申し上げたい．

参考文献

城山英明・角和昌浩 他編著（2009）日本の未来社会 エネルギー・環境と技術・政策，東信堂．

馬場健司・土井美奈子 他（2016）気候変動適応策の実装化を目指した叙述的シナリオの開発：農業分野におけるコミュニティ主導型ボトムアップアプローチと専門家デルファイ調査によるトップダウンアプローチの統合．地球環境，21（2），113-128．

馬場健司・増原直樹 他（2018）超学際的アプローチによる別府における統合型将来シナリオづくり，地熱資源をめぐる水・エネルギー・食料ネクサス―学際・超学際的アプローチに向けて―（馬場健司 他編著），pp.235-259，近代科学社．

増原直樹・馬場健司（2021）水・エネルギーネクサスに対する学際・超学際的アプローチの成果と課題―別府市における温泉・観光と地熱発電に関するシナリオプランニングの事例―，環境科学会誌，34（2），66-79．

メドウズ，ドネラ・H 著，枝廣淳子・小田理一郎 訳（2015）世界はシステムで動く――いま起きていることの本質をつかむ考え方，英治出版．

Aguiar, A. P. D. et al.（2020）"Co-designing global target-seeking scenarios: A cross-scale participatory process for capturing multiple perspectives on pathways to sustainability." *Global Environmental Change*, 65, 102198.

Amer, M., Daim, T. U. et al. (2013) A review of scenario planning. *Futures*, 46, 23-40.

Baghai, M., Coley, S. et al. (2000) The Alchemy of Growth: Practical Insights for Building the Enduring Enterprise, Basic Books.

Collste, D., Aguiar, A. P. et al. (2019) A cross-scale participatory approach to discuss pathways to the 2030 Agenda SDGs: the example of The World In 2050 African Dialogues. A Methodology paper on the The Three Horizons Framework for the SDGs (3H4SDG), https://dx.doi.org/10.31235/osf.io/uhskb

Dean, M. (2019) Scenario planning: A literature review. A repot of project No. 769276-2, UCL Department of civil, environmental and geomatic engineering.

Hoolohan, C., Larkin, A. et al. (2018) Engaging stakeholders in research to address water-energy-food (WEF) nexus challenges. *Sustainability Science*, 13, 1415-1426.

Johnson, O. W. & Karlberg, L. (2017) Co-exploring the Water-Energy-Food Nexus: Facilitating Dialogue through Participatory Scenario Building, *Enviromental Science & Policy* 5, 24.

Lovins, A. (1976) Energy strategy: the road not taken? *Foreign Affairs*, 55, 63-96.

Quist, J. & Vergragt, P. (2006) Past and future backcasting: The shift to stakeholder participation and personal for a methodological framework. *Futures*, 38, 1027-1045.

Robinson, J. B. (1982) Energy backcasting A proposed method of policy analysis. *Energy Policy*, 10, 337-344.

Sharmina, M., Hoolohan, C. et al. (2016) A nexus perspective on competing land demands: wider lessons from a UK policy case study. *Enviromental Science & Policy*, 59, 74-84.

Sharpe, B., Hodgson, A. et al (2016) Three horizons: a pathways practice for transformation. *Ecology & Soc*iety, 21 (2), 47.

Spaniol, M. J. & Rowland, N. J. (2019) Defining scenario. *FUTURES & FORESIGHT SCIENCE*, 1, e3.

第11章
地球環境 SDGs ネクサス知識の情報デザイン

熊澤輝一

　本章は，地球環境 SDGs ネクサスを，意味関係に基づいて知識を記述する観点から捉える章である．そのためにまず，SDGs ネクサス知識の動的なメカニズムについて整理する．次に，知識共有の仕掛けとして，地球環境 SDGs ネクサスを可視化することに着目し，システム開発のデザインと実装のケーススタディを行う．さらに，開発したシステムでの知識の記述方法を紹介することを通して，明示的な知識記述で表現可能な範囲について論ずる．最後に，可視化参照物としての SDGs ネクサス知識の情報デザイン一般のあり方と，今後の方向についてまとめる．

11.1　SDGs ネクサス知識とは

　本章は，地球環境 SDGs ネクサスを，意味関係に基づいて知識を記述する観点から捉える章である．これまでの章では，データに基づいて事物の連関を明らかにしてきた．そこで解釈を行うのは人間であり，データそのものに意味はない．私たちの判断により直接的に関わるのは，データではなく，思考によって処理されたり，体系化されたものとしての「知識（knowledge）」である（バーク，2004）．章を始めるにあたり，バーク（2004, 2015）をはじめとする文献を紐解きながら，知識とはどのようなものなのか，少し考えてみよう．

　知識とは何か，という問いは，答えるのがほとんど困難である．とはいえ，少なくとも「情報（information）」から「知識」を区別する必要がある．人類学者のクロード・レヴィ＝ストロースは，「知識は"調理されたもの"であるけれど，情報は"生（なま）のもの"である」と，隠喩をもって説明する．バーク（2015）は，「もちろん，データというのは客観的に"与えられるもの"

ではなく，様々な仮定や偏見をもちこんでしまう人間精神が知覚したものであるのだから，情報が"生（なま）"だと言っても，相対的な意味で言っているのである．それでも知識は処理されるという意味では「調理される」ことになる」と補足する．

今日，あらゆる文化の中に「知識」が複数存在することは明白になっている（バーク，2004）．様々な知識を区別する一つの方法は，知識の機能や使い道によるものである．たとえば社会学者のジョルジュ・ギュルヴィッチは知識を7種類に区別している（Gurvitch, 1971）．知覚的，社会的，日常的，技術的，政治的，科学的，そして哲学的知識の7つである．もう一つは，知識を生産し伝達する社会集団の違いによって区別するものである．ある専門分野の科学の知識についてはその分野の科学者が，行政を進めるための法制や運用についての知識は行政官が，ある湾での漁場の様子や魚の撮り方についての知識は地元の漁業者が，それぞれに築き上げている，ということである．建築，料理，織物，治療，狩猟，農耕などは，非言語的な側面を多くもつが，これらも知識として見ることができるのだ（バーク，2004）．

実際，たとえばSDGsの目標3「すべての人に健康と福祉を」を実現するには，健康に関する医学の知識だけでは解決しない．生活習慣を理解するための文化に関わる知識，その地域に暮らす人々を行動へとかき立てるための制度や仕組みに関する知識，と様々な知識が必要である．そして，これらの知識は，相互作用すること（バーク，2004）で変容していくことになるだろう．また，それぞれの知識にはそれを専門に扱う人がいるので，1人の人間が抱え込めるものではない．

「SDGsネクサス知識」とは，まさに，複数の種類の知識が重層的に連関しあうものであり，それぞれの知識を有する者とも分かちがたいものなのである．この複数性と主体依存性が，客観的なデータではなく，知識とその意味を扱うことの意義である．

本章では，このようなSDGsネクサス知識を共有し，人々の間での相互作用を促すことで，SDGsネクサス知識の体系そのものを発展させるための仕掛けをどうやって構築するのか，という点に焦点を当てて説明する．

そのための準備として続く11.2節では，このようなSDGsネクサス知識の動的なメカニズムについて整理する．そのうえで，11.3節では，知識共有の仕

掛けとして，地球環境 SDGs ネクサスを可視化することに着目し，システム開発のデザインと実装のケーススタディを行う．11.4 節では，開発したシステムでの知識の記述方法を紹介することを通して，明示的な知識記述で表現可能な範囲について論ずる．11.5 節では，可視化を踏まえたうえでのネクサス知識の情報デザイン一般のあり方と今後の方向についてまとめる．

11.2　ダイナミックにデザインされるSDGsネクサス知識情報

　本節では，SDGs ネクサス知識は環境，社会制度，技術・文化，主体の範囲や内容が変化しうることと，それを前提とした情報デザインの方向について整理する．

11.2.1　SDGs ネクサス知識を捉える

　SDGs には，17 の目標と 169 のターゲットがある．その限りでいえば SDGs の世界は閉じている．しかし，これまでも MDGs（Millennium Development Goals）から SDGs に展開する過程で，気候変動に伴う貧困の発生が課題として取り上げられた（蟹江，2017）ように，きっと未来には新しい課題（あるいは環境問題）が生まれ，それとともに，新しい枠組みが求められることだろう．地域のより具体的な課題や，歴史的な経緯を踏まえた課題とつながるかもしれない．そう考えると，SDGs の知は，未知の何かとつながっていて，つながっている先はわからないことを想定する必要がある．

　文献情報データベース Scopus を用いて，"Sustainabl* and nexus"[1] で検索した経年変化を調べてみると，図 11.1 のようになる．SDGs ネクサスに関わる知識は，増加の一途をたどっていることがわかるだろう．つまり，前の期の知識だけでは，次の期の SDGs ネクサスを論じることができない現実に，私たちは，直面している．

---

[1] アスタリスク（*）は，0 文字以上を置き換えるものである．「Sustainabl*」とすることで，「Sustainable」と「Sustainability」の両方を検索した．

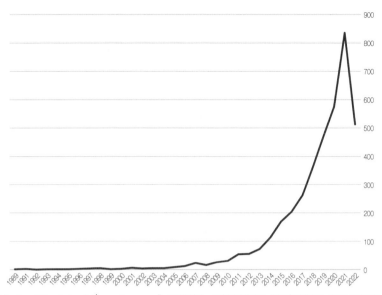

図 11.1　"Sustainabl* and nexus" で検索した経年変化（調査実施：2022 年 6 月）

　このような状況に加えて，知識の面からの SDGs ネクサスの議論を特殊にしているのは，時代に依存する内容の知識と，ある程度普遍的な内容の知識が混ざっているうえに，学術の領域でもその混合状態において知識が扱われている点である．そもそも，SDGs は国連が定めた目標であって，国際社会が作った思考の枠組みである．その一方で，対象となる，貧困，飢餓，教育，…は，普遍的な概念である．そうはいっても，これらを項目として選んだのは，人間の組織である．このように，SDGs ネクサスのアイデアそのものが時代性，政治性と分かちがたいものとなっている．ところが，それを価値中立のもとで排除してしまうと，今度は，人々の共通認識や行動原理を支える知識体系を失うことになる．知識の範囲や内容が，社会的に変更されうることを視野に入れた議論が必要である．

　問題は，さらにある．知識は，語りや文字といった言葉から把握されるものばかりではない点である．SDGs ネクサスの知識の担い手や対象に，このような知識共有の方法をもつ担い手や，日々の暮らし，文化的な営みの場面を含めるならば，記述だけでは表現できない知識も視野に入ってくる．ところが，見取りなどの非言語な方法や，身体の動きと連動して身に付ける「身体知（embodied knowledge)」は，記述された知識から獲得することはできない．

　知識の本質へ向けた追求は，建築・都市デザインにおいて「パタン・ランゲージ（pattern language）」を提案した Christopher Alexander が，パタン・ランゲージの目的を「無名の質（Quality without a Name）」の実現とし，その「質」があらゆるものに存在する「生命構造」であることにたどり着いたことに，その困難さを見てとることができるだろう（アレグザンダー，2013；長坂，2015）．

　11.1 節でも触れたように，SDGs ネクサス知識は，それぞれの知識を有する者との関係性を反映したものでもある．それゆえ，知識の内容や範囲は，主体によって異なる．立場や専門により，認識する範囲や細かさ，視点が異なるからである．すなわち，知識を得る対象世界が異なるからである．主体が認識する環境の世界のことを「環世界（Umwelt）」という（ユクスキュル／クリサート，2005；三宅，2016）．

　たとえば，あなたが暮らす地域の川や湖の水について考えてみてほしい．その水はどこから来たのか？　どんなものが混ざっている水なのか？　その水を地域の人は何に使っているのか？　川や湖の水の使い方によって，生き物の棲む所がどう変わるのか？　限られた水を地域や違う産業の間でうまく使っていくにはどうすればよいのか？　水害が起こりやすい地域，水が足りなくて困っている地域に生きる人々は，その水とどのように向き合ってきたのか？　これらの問いにそれぞれ向き合う研究者や専門家がいる．同じ川や湖を見ていても，研究者や専門家ごとに，その水の見かたや見え方が違う．生まれ育った時代や国・地域，さらには，時間幅も環世界を決めるだろう．子どもと大人では，異なる時間幅の中で情報を探索するが，その密度は子どもの方が高いかもしれない．

　ガバナンス（governance）の観点に着目すると，地球環境問題は，グローバル（地球規模），リージョナル（国際地域），ナショナル（国），ローカル（地域・地元）とそれぞれの層（空間や政策アリーナ）で論じられている．それぞれのアリーナでガバナンスを担う多様な主体が存在する．具体的には，国際機関，国の政府，地方自治体，各層で活動する企業，NGO・NPO，それぞれのアリーナに対して権利を有する市民などである．こういった利害関係に関わる主体のことをステークホルダー（stakeholder）という．佐藤（2018）は，

これらをつなぐ者として「双方向トランスレーター」の存在を導き，全体のダイナミクスを地域環境知の生産と流通の観点から体系化した．それぞれのアリーナにいる主体が形成する地域環境知同士の流通を円滑にするのが，双方向トランスレーターの役割である．

このように，認識の範囲や内容に違いがあるがゆえに，分野横断，（時空間）スケール横断，政策アリーナ横断（設計と行動）が必要になる．その認識を形成する要因の一つに知識がある．したがって，それぞれの主体が形成するSDGs ネクサス知識を表現できれば，主体間比較を共有された知識情報のもとで行うことができる．

11.2.2 可視化参照物として SDGs ネクサス知識を記述する

Simon（1947）以来議論されてきた限定合理性に実情を照らして，限られた知を前提とした課題解決が現実的でない中，私たちはどのような知識情報システムをデザインすればよいのだろうか．

持続可能な社会を実現するための知識を追求すればするほど，構想される知識情報システムは，未知の知や記述不能な知が視野に入ってくる．記述可能な知識からこれらに接近するためには，実際に情報処理を行う人間が，その知識を認知（生活体が対象についての知識を得ること）して，処理しやすい状態にしておく必要がある．それをどう表現するかが課題となる．

たとえば，事業や活動を進めるための計画書は，知識を組織化して表現したものに他ならない．SDGs に引き寄せると，国の環境基本計画が代表的である．平成 30 年 4 月に閣議決定された第五次環境基本計画（環境省，2018）では，SDGs の考え方も活用し，複数の課題を統合的に解決していくことが重要として，相互に関連しあう分野横断的な 6 つの重点戦略を設定している．これが文章で記されている．

第五次環境基本計画では，「地域循環共生圏」の考え方を新たに提唱し，各地域が自立・分散型の社会を形成しつつ，地域の特性に応じて資源を補完し支え合う取り組みを推進していくこととしている．資源循環，自然共生，脱炭素による 3 つの柱で枠組みが作られている．これまでも国は，環境省の施策を見るだけでも，過去 4 期の環境基本計画や里山・里海イニシアティブ，生物多様性戦略，気候変動適応計画などで，様々な構想が体系付けて示されてきた．私

たちは，ここで示された体系とそれを包括して表現した「地域循環共生圏」の
ようなコンセプトから，計画の趣旨と方向性を認知する．

　より直接に環境の状態を認知する場面ではどうか．たとえば，農業において
ドローンを用いた生産管理を行う場面を考えてみよう．ここでは，農産物の生
育状況が波長を捉えて表示された画像によって表現されている．

　これは，「可視化（visualization）」と呼ばれる表現手段である．可視化とは，
人間が直接「見る」ことのできない現象・事象・関係性を「見る」ことのでき
るもの（画像・グラフ・図・表など）にすることをいう．可視化には，等値線
表示・ベクトル表示・グラフ表示などの基本的な表示法の応用から，主成分分
析のような高次元空間上に分布しているデータを平面上に写像するもの，グラ
フィックレコーディング[2] など，様々な手法がある．たとえば，近藤・マレー
（2022）は，環境問題を可視化した様々な事例を取り上げている．

　デザインの元々の意味は，「計画を記号に表す」ことである（日本デザイン
振興会，2022）．その意味でいえば，上述の計画書はデザインの産物であり，
可視化はデザインの手段の一つである．原（2001）は，ヴィジュアル・コミュ
ニケーションが扱うものを，「コンピュータや情報テクノロジーによって拡大
していく視覚性を通じて，人間がその身体性や感覚をどこまで拡張できるかと
いう観点を扱う世界であるとも考えられる」としたうえで，「情報を視覚的に
制御することによって発生する力の様相を探究し，その成果を情報伝達の質の
向上のために運用していこうという視点が，広義のヴィジュアル・コミュニケ
ーション・デザインであろう」としている．

　では，可視化はどのような役割を果たすのだろうか．Star & Griesemer
（1989）が定義した「バウンダリー・オブジェクト（boundary object）」では，
異なるシステム境界で両者をつなぐことを役割としている．そして，Alexan-
der の「パタン・ランゲージ」では，パタンは「全体性」探求のための「ルー
ル」であり，あるいは手がかりとして用いる「図像」の役割を果たす（長坂，
2015；アレグザンダー，1993）．

　こういった人々の知識の生産と共有を促す概念が意図するのは，可視化によ

---

[2] 議論，セミナー，インタビューなどの内容を，グラフィックや文字を用いて，リアルタイムで記
　録し，全体の内容を保存する手法．

る表現物は人間によって参照されるものである，ということである．可視化したものは，それを見せることよりも，むしろそれを参照しながら考えるための材料であり，きっかけであり，手がかりである．

したがって，SDGs ネクサス知識情報システムおいては，範囲や内容の異なるシステムをつなぎ，これらのシステムを有するそれぞれの主体が参照する物として構想することが，組織や学術の世界に馴染みながら（適応しながら）機能するための要件と考える（図 11.2）．

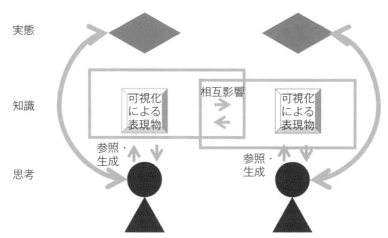

図 11.2 可視化参照物としての SDGs ネクサスシステム構築物

11.2.3 SDGs ネクサス知識の意味連関の可視化技法

ここからは，「知識」という言葉を，意味をかなり限定して使うことにする．簡潔にいうと，記述できる範囲での知識を扱う．もう少しいうと，ここで扱う知識は，人工知能技術の領域の定義を用いる．以下で用いる知識とは，「人によって認識され，明示的に記述された判断の体系」に限定する（新田，2002）．たとえば，人によって確認された「事実」や，日常的に使われる「ルール」や「法則」，「常識」，「ノウハウ」，「辞書」などであって，文書などで明示的に書くことのできるものを指す．

そのような前提を基礎にした知識情報デザインには，2 つの道がある．第一は，データ駆動によるデザインである．これは，データとプログラムの自動更

新を図ることで知識情報のデザインを図るアプローチである．これについては，第 4 章で構築されたシステムをより動的にすることで達成されるだろう．第二は，マンマシンシステム（man-machine system, 人間・機械系）に基づくデザインである．人間と機械の相互作用の中で行われるのが，この情報デザインである．本章が注目するのは，後者のほうである．ここでは，知識を直接記述するアプローチが採用される．

　知識を表現する記述形式はいくつかあって，人工知能技術の基本に立ち帰ると，Minsky（1975 年）による「フレーム（frame）」や Quillian（1966 年）による「意味ネットワーク（semantic network）」などがその例である．しかし，そこで表現できることは，むしろ表現形式によって制限されているところがある．こうした制約の中，意味内容を記述できるように徹底したのが，オントロジー工学（ontology engineering）の理論である．言い換えると，オントロジー工学は，意味内容に従う内容志向のアプローチである．オントロジー工学については，11.4 節で説明する．

　機械システムとそれを操作する人間とが有機的につなげられた一つのシステムのことをマンマシンシステムという（日本機械学会，1997）．マンマシンシステムは学習機構を備えている．その内部の相互作用によって起こるのは，この系による学習であり，人間，機械双方による学習である．van der Leeuw（2019）は，社会の長期的な持続可能性を論ずる中で，「人間の学習は，観察と知識の創造という自己触媒反応として捉えることができる多くの特性をもっているように思う」としたうえで，「情報と知識の間の認知的フィードバックが，個々の人間がその社会的・自然的環境に課すパターン形成の発展の根底にある自己触媒反応である」ことを指摘した．

　したがって，複数の種類の知識が重層的に連関しあう SDGs ネクサス知識は，こういった記述可能な知識を参照，生成しながら，学習メカニズムに組み込まれる中で議論されるのである．

　各主体の知識を記述可能な仕様のもとで SDGs ネクサスを可視化するには，どのような方法があるのだろうか．ネクサスを可視化する手段といわれて，誰もが思いつくのは，ネットワークグラフ（network graph）による可視化ではないだろうか．知識における関係を記述して構造化したものを明示することができれば，SDGs ネクサスを捉えることができそうだからである．他の方法に

よるネクサスの可視化については，今のところ考えつかないので，本章では，知識に関してもグラフ形式での関係の可視化について検討する．

　この背景にある理論は，「位相幾何学（トポロジー，topology）」の考え方である．トポロジーとは，図形を構成する点の連続的位置関係のみに着目する幾何学で「位置の学問」を意味している．コンセプトモデルやダイアグラムと呼ばれる日常的に設計の理論で多用される図式の多くはトポロジーに関連する．実際に3次元の構造物を具現化する建築の分野においても，建築のプログラムや構成要素が複雑化するにつれて，建築デザインの主題はユークリッド幾何学的な図式の関係からトポロジカルな図式の関係へとシフトしている．トポロジーは，直感的には規則性を見出すことのできないような複雑な曲面をもつ造形の中に有機的な関係性を定義することに貢献している（岩田，2015）．

　以上の整理から，SDGsネクサスシステム構築物に使われる意味連関を可視化する技法については見えてきた．しかし，参照物として見た場合の議論は尽くされていない．ユーザとSDGsネクサスシステム構築物との関係についての検討が必要である．これをキーワードアイコンのデザイン，ユーザインターフェース，サイトストーリーの観点から乗り切ろうとした事例を，次節で紹介する．

11.3 SDGsネクサスを可視化するということ：地球環境学ビジュアルキーワードマップ（VKM）のデザインと開発から

　本節では，SDGsネクサスの可視化を論ずるための事例として，筆者が所属する総合地球環境学研究所（以下，地球研）における一種の知識情報ポータルとして開発したWebサイト，「地球環境学ビジュアルキーワードマップ（以下，地球環境学VKM，Visual Keyword Mapの略）」を取り上げて，可視化を主題としたシステムのデザインと開発の論点を明らかにする．

11.3.1 開発の背景と目的

　近年，各種データベースがインターネット上でかなり整備され，データを探索するためのポータルサイトも増えている．地球環境問題を扱ったデータベースやポータルサイトも例外ではない．たとえば，気候変動適応情報プラットフ

ォーム（A-PLAT）やデータ統合・解析システム（DIAS），地域経済分析システム（RESAS）などのオープンデータを用いて，個別の分野で計測されたデータや収集された資料にアクセスをすることができる．

　しかし，地球環境問題を引き起こす複雑なメカニズム，それを克服するための政策，そして，あるべき生活様式を考えるうえで，注目すべきデータや情報が得られ，それらの関係性を知ることができるような支援サイトは見つからないのが現状である．環境問題は，様々な分野から切り込んで学際的に議論する必要がある．それぞれの分野から他の分野へ横断し，環境問題の全体像を知るための最初の段階は，環境問題を考えるための視点や物事の間にある関係を知ることである．これが支援サイト構築を目指した問題意識である．

　したがって，地球環境研究を進める研究機関が社会および学術コミュニティへ提供する情報サイトとしては，様々な分野・立場の人にとって共有でき，かつ，とくに分野を横断することで環境問題と文化との結び付きを理解するとよい．地球環境学 VKM は，このような趣旨のもと，地球環境学の用語を紹介し，それらの関係性を可視化するコンテンツを通じて，環境と文化の問題に関わる複雑な「つながり」のありようについて探究するために開発された．

　地球環境学の（学術）用語に絵が添えられた「地球環境学キーワードアイコン」を使って，用語同士の関係を調べたり（MAP），用語に紐付く情報を閲覧したりすることができる（キーワード情報）．気になった用語を一時的に保存

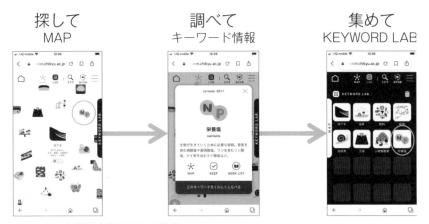

図 11.3 　地球環境学 VKM の特徴

しておくことも可能である（KEYWORD LAB.）（図 11.3）.

　このサイトでの地球環境学キーワードアイコンと関連情報の探検を通して，環境文化の学際研究の勘どころを経験しつつ，これから何を勉強すればよいか（何について調べて，誰のことを知ればよいか）ということに，自ら到達できる.

11.3.2 地球環境学 VKM の可視化機能

　地球環境学 VKM には，主に 3 つの機能がある. 以下，順に説明していこう. そのための準備として，地球環境学 VKM が使用する「地球環境学キーワードアイコン」の説明をしておく.

　地球環境学キーワードアイコンとは，地球環境学 VKM のコンテンツとして制作された，「キーワード」（地球環境学用語を指し示す文字列）と「キーワードアイコン」（キーワードを可視化したグラフィック）の組合せによる構成物を指す. 地球環境学キーワードアイコンには，2 つの種類がある. 一つは，「研究対象キーワードアイコン」である. このサイトを構成する最も基本的なキーワードアイコン群である. 地球環境学の研究対象を扱ったもので，このサイトでは，地球研の研究プロジェクトから抽出された用語よりキーワードを制作している（図 11.4）もう一つは，「研究視点キーワードアイコン」である.

図 11.4　地球研の研究プロジェクトを研究対象キーワードアイコンで表現

これは，現代の地球環境学研究における基礎的な研究視点となるキーワード類をピクトグラムで表現したものであり，地球研の研究プログラムから抽出され，制作されたものである．

(1) 関連するキーワードアイコンの表示：MAP

　選択した研究対象キーワードアイコン（中央）の周辺に，意味において関連した研究対象キーワードアイコンが表示される機能である．ただし，表示された研究対象キーワードアイコン間の距離と意味の近さ／遠さの間に厳密な関係はない（図 11.5）．研究対象キーワードアイコン間の意味連関を記述するための技術には，オントロジー工学の手法を用いている．これについては，11.4 節で説明する．

図 11.5　関連する研究対象キーワードアイコンの表示：MAP

(2) 簡単な用語解説，関連する資料や本，Web サイトの情報の掲載

　「キーワード詳細画面」には，図 11.6 にあるような選択した地球環境学キーワードアイコンのキーワードの簡単な用語解説をしている他，以下のような情報が掲載されている．

- 地球研の本棚：Web 上にある地球環境学関連の書誌に関連する Web サイトとリンクしている．現時点での対象は，地球研に在籍したことのある方の著書，地球研プロジェクトの共同研究員の著書である．
- 地球研アーカイブズ（地球研ニュースを中心に）：定期刊行物：「地球研ニュース」の個別記事を中心に，プレプリント，報告書，発表・講義資料など，所内データベースに格納された成果物とリンクしている．
- 参考サイト：大学，研究機関，NGO・NPO，行政，企業などの各種団体が保有する地球環境学関連の Web サイトとリンクしている．具体的には，各種団体の Web サイト，ブログ，学会の Web サイト，オープンデータを有するサイト，論文（オープンアクセス）が対象である．

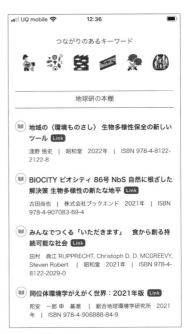

図 11.6　キーワード詳細表示画面（「生物多様性」の例）

　今後は，これらの事項に加えて，これまで地球研に関わった研究者情報と連携するなど，人との連携に焦点を当てた知識情報の探索サービスを提供しようと考えている．現在，整備しているのは，知識を格納する文献や資料を探索す

る機能であるが，知識を有する人物の探索はこれと同様か，それ以上の知識獲
得の機会となることが期待されるからである．

（3）お気に入りのキーワードアイコンを保存：KEYWORD LAB.

　お気に入りの研究対象キーワードアイコンを保存する機能である，KEY-
WORD LAB. には，KEEP ボタンで保存されたキーワードを 24 個まで保存
できる．さらに，研究対象キーワードアイコンを集める過程で，ある条件を満
たすと，ユーザにおすすめの地球研研究プロジェクトが下方に表示される（図
11.7）．

図 11.7　KEYWORD LAB.

11.3.3 地球環境学 VKM のサイトストーリーと可視化の意味について

　サイトストーリーとは，対象とする Web サイトの全体像がどのようなもの
かを表現したものである．地球環境学 VKM は，地球研の研究プログラムの研
究視点のもとで研究対象について考えるという，地球研の研究活動のあり方に
即したサイトストーリーに基づいてデザインされている（図 11.8）．

図 11.8　地球研の研究活動を反映した地球環境学 VKM のサイトストーリー

　出発点は，上部メニューの「さがす」ボタンである．ここから，研究対象キーワードアイコンを検索することができる．フリーワードによる検索の他，研究視点キーワードアイコンを使って，地球環境学キーワードアイコンを絞り込むことができる．SDGs の 17 の目標を表すピクトグラムから関連する研究対象キーワードアイコンを検索することも可能である．

　このようにして探索された研究対象キーワードアイコンから，意味連関する研究対象キーワードアイコンを探索する行為を通じて，地球環境学への理解を関心に即しながら深めていく．地球環境学という知の「森」を自由に散策するイメージをもって，サイトはデザインされている．「天」と「地」でいえば，「地」に立って「森」を見ている，というものである．

　これら，キーワードアイコンのデザイン，ユーザインターフェース，サイトストーリーといったデザイン過程のそれぞれを振り返って，意味に関する議論を最も喚起したのは，キーワードアイコンをデザインするときのデザイナーたちとの議論であった．限られたスペース，配色，詳細度に地球研の研究プログラムや研究プロジェクトのコンテキスト（文脈）をもちながらも，一般性あるいは再利用可能性を確保したデザインを行うためには，キーワードへの相応の理解とエッセンスを明確にする作業が必要である．

　たとえば，「マルチスピーシーズ」の研究対象キーワードアイコン（図 11.9）

をデザインする場合を考えてみよう．この言葉は，他種とともに生きるための考え方であり，人間の生活は他の生物種，環境，ランドスケープ（景観）など様々な要素の上に成り立っており，すべては深く絡み合っているため，偏った視点からの取り組みでは問題解決にはつながらないという考えを基礎に置いている．そのうえで，人類の営為を，他の生物種との関わりにおいて，また人間社会を複数種によって構成されると捉えなおす考え方である．そういった観点から，キーワードアイコンには，人間を含む複数の生物種とともに，森や川といった環境とランドスケープの要素を組み入れている．このように，描かれている内容や位置関係には，すべて意味がある．

マルチスピーシーズ
multispieces

図 11.9　マルチスピーシーズの研究対象キーワードアイコン

　こうして意味付けられたキーワードアイコンは，これに関する簡単な用語解説，関連する資料や本，Web サイトの情報により，また，意味的に連関するキーワードアイコンにより，説明される．キーワードアイコンは，それを参照して広がる文献情報やサイト情報，関連するキーワード情報を見ることにより，むしろ，そのキーワードアイコンが意味することの背景知識や地球環境学での位置付けを知ることになるだろう．デザインと開発の過程から見えてくるのは，参照物としてのキーワードアイコンのデザインの成り立ちを考えることで，あるいは参照することで，再帰的にキーワードそのものの意味を考えるようになるということである．
　地球環境学 VKM は，デザインプロセスに地球環境学の本質を内在させてい

る一方，参照物として機能することで，潜在するものが，可能性あるものとして顕在化するのである（寺田，2021）．

　ところで，このようなメカニズムが計算機の中で機能するためには，キーワードアイコンがもつ意味を計算機上で処理する必要がある．意味処理は，キーワードアイコンがもつ意味を計算機可読の知識として記述することにより行う．次節では，キーワードアイコンに意味を与えるための理論と技法に焦点を当てて，この点の説明を行うことにする．

11.4　知識を記述するということ：地球環境学 VKM のオントロジー開発から

　地球環境学 VKM において意味連関に基づいた可視化が可能なのは，11.1 節で述べた「オントロジー工学（ontology engineering）」という理論によって地球環境学に関する知識が記述されているからである．本節では，地球環境学 VKM のオントロジー構築の事例を通して，明示的な知識記述とはどのようなもので，それが実際に表現可能なのはどういうことなのかを見てみよう．

11.4.1　オントロジーとは

　「オントロジー（ontology）」はもともと哲学の用語で，「存在に関する体系的な理論」のことをいう．オントロジー工学は，それを計算機（コンピュータ）が理解可能な（計算機可読の）形式で表現して工学的に応用するための，知識工学分野の手法である．このオントロジー工学においては，オントロジーは「対象世界に現れる概念（用語）の意味や関係性を明示的に定義した概念体系（溝口，2005）」を意味し，知識の背景にある暗黙的な情報を明示するという重要な役割を担う．たとえば，同じ「資源」という言葉でも，物質資源のみを意味するのか，経済的資源，人的資源，観光資源，情報資源といったものまで含むのかは，分野や文脈によって異なるだろう．このような概念の意味の違いや関係性を対象世界ごとに明確に定義したものがオントロジーである（熊澤他，2011）．

　知識工学を一領域として含む人工知能の立場では，オントロジーに「概念化の明示的な規約（explicit specification of conceptualization）」（Gruber, 1993）

という定義を与え，これに基づいて，対象世界を構成する概念要素の「一般-特殊関係」「全体-部分関係」などをモデル化するための基礎理論や構築の方法論が開発されている．これについて，本項ではオントロジー構築・利用ツール「法造」[3] を用いて解説する（熊澤，2018）．

　オントロジーは，対象世界を記述するための概念と，それらの概念間の関係から成り立っている．概念間関係には，「一般-特殊関係（is-a）」「全体-部分関係（part-of 関係）」「属性関係（attribute-of 関係）」という 3 つの代表的なものがある（來村，2012）．まず，is-a 関係は，A と B の間に〈A is -a B〉という関係が成り立つとき，A は B を特殊化した概念であること，すなわち「A は B の一種である」ことを意味する．このとき，A を「下位概念」，B を「上位概念」と呼ぶ．たとえば図 11.10 では，「groundwater（地下水）is-a water（水）」の関係があり，この場合，water が上位概念，groundwater が下位概念である．ここでの water と groundwater は，「基本概念」と呼ばれる．基本概念とは，定義に当たり他の概念を必要としない概念のことであり，以下，断りがなければ，基本概念のことを「概念（クラス）」[4] と呼ぶ．

　part-of 関係は，構造的な部分関係を表す．たとえば，pumping up groundwater（地下水の汲み上げ）という概念は，input（入力）としての groundwater と output（出力）としての surface との間に，それぞれ part-of 関係（図中の p/o）を有する．

　attribute-of 関係は，ある概念に密接に依存している概念との関係をいう．たとえば図 11.10 の groundwater（地下水）と surface water（表流水）は，それぞれ site（場所）との attribute-of 関係（図中の a/o）を有する．これにより，「water は site によって異なる性質をもつ」ということが表現されている．

　このように，is-a 関係の他に part-of 関係や attribute-of 関係などを用いることで，各概念をより詳細に定義できる．また，先の例で site（場所）と表示されている箇所は，コンテキストに依存して決定される役割を表し，「ロール」

---

[3] オントロジー工学の基礎理論に基づき，対象世界の本質的な概念構造を把握するための，オントロジーの開発・利用環境．http://www.hozo.jp
[4] オントロジーの概念（クラス）は，それに所属する個物（インスタンス）に共通の性質を定義したものである．

と呼ばれる。また，ロールを参照する概念に制約を与えることを「クラス制約」という。クラス制約にはロールを担いうる概念を記述する。たとえば，図11.10 の groundwater（地下水）の定義では，site ロールを担うことができる概念をクラス制約として記述することになる。地下水は地下にある水であるから，それが存在する site（場所）は underground（地下）に限られなければならない。これがクラス制約である。

また，2 つの概念間に is-a 関係があるとき，その下位概念は，上位概念のもつ性質（part-of 関係，attribute-of 関係など）を継承する。これを「性質の継承」と呼ぶ。このように，概念は，「継承」と「特殊化」によるオントロジー構築のプロセスを通して定義される。

ここで注意しなければならないのは，オントロジーが扱うのは，実際にある個々の語彙ではなく，一般性を有するものとしてあらかじめ定義された概念である，ということである。たとえば，実際になんらかの書面に記述された groundwater という文字と一般的な意味での groundwater という概念とを明確に分けて考える。前者は個物（インスタンス）であり，後者は概念（クラス）に当たる。オントロジーで扱うのは概念のほうである。

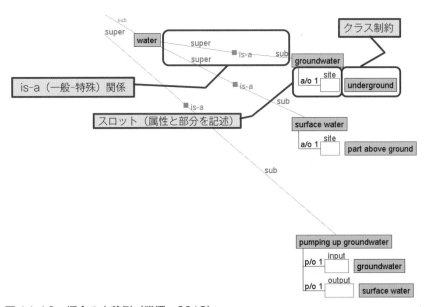

図 11.10 概念の定義例（熊澤, 2018）

11.4.2　地球環境学 VKM のオントロジー構築

　地球環境学 VKM のオントロジー構築の基礎となったのは，地球研において2013 年 4 月〜2018 年 3 月に実施された研究プロジェクト「アジア環太平洋地域の人間環境安全保障　水・エネルギー・食料ネクサス」（以下，環太平洋ネクサスプロジェクト）において構築した「ネクサスドメインオントロジー（Nexus Domain Ontology）」（Endo et al., 2018）である．このオントロジーは，大分県別府市における温泉を中心とした地熱資源をケースに，これを巡る水・エネルギー・食料ネクサスに関する一般的な知識を記述したものである．Endo et al.（2018）では，このオントロジーから生成される因果連鎖により，水・エネルギー・食料ネクサスのトレードオフが，意味連関の図として可視化されている．

　ネクサスドメインオントロジーは，環境問題を発生させる原因側の主要メカニズムである「トレードオフ」の概念を精緻に設計すると同時に，人と自然との相互関係を代表する自然由来の「資源」概念と資源間にある何らかの相互関係を扱っている．さらに，対象としているのは，水・エネルギー・食料という人口増加，グローバル化，経済成長，都市化などの社会的変化と気候変動（Hoff, 2011；遠藤，2018）によりますます圧力がかかっている資源群とそのネクサスである．地球環境学 VKM においても，これらの対象領域（ドメイン）は，定義されるべき基本的な領域である．ネクサスドメインオントロジーを地球環境学のオントロジー構築の起点かつ基礎に据えたのは，そのためである．

　そのうえで，オントロジーの概念（クラス）を順に定義していく．定義の対象は，キーワードアイコンの制作対象として抽出，選定された研究プログラムおよび研究プロジェクトの特徴を表す一つひとつのキーワードである．そのキーワードの語彙を概念（クラス）として定義する．しかし，そのためには，その概念たらしめる part-of 関係や attribute-of 関係，ロールを参照する概念に制約を与えるクラス制約となる概念が定義されている必要がある．図 11.10 の例でいえば，groundwater（地下水）という基本概念を定義するためには，それが存在する site（場所）として underground（地下）という基本概念が，地球環境学 VKM のオントロジーに組み込まれていなければならない．

　こうして，ネクサスドメインオントロジーを起点に，キーワードの語彙を概

念（クラス）として定義するうえで必要な基本概念を定義しつつ，キーワード
の語彙そのものを定義する作業を重ねていった結果，クラス制約の明示という
形で概念の間にある意味連関の実装が果たされ，地球環境学 VKM のキーワー
ドが構成する対象世界の知識の体系化と可視化が実現した（図 11.11）．オント
ロジー工学の理論に基づいて構築されたこの体系を辿ることにより，キーワー
ドの語彙を定義した概念（クラス）同士が意味連関によって結び付く．これが，
図 11.5 の地球環境学 VKM の MAP 機能において，選択した研究対象キーワ
ードアイコン（中央）の周辺に研究対象キーワードアイコンが表示される機能
においての，意味連関を実装するための基盤技術でありメカニズムである．

　このように，オントロジー工学のアプローチは，意味内容連関に基づいて知
識を記述することを可能にするとともに，対象物の意味を考える機会を提供す
ることから，SDGs ネクサス知識を一般的に理解するための最も精緻な可視化
参照物の役割を果たしている．

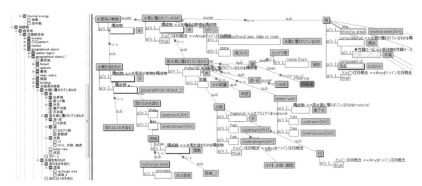

図 11.11　地球環境学 VKM のオントロジー

　しかし，気を付けなければならないことは，オントロジーが扱うのは，実際
にあるもの（個物（インスタンス））ではなく，概念（クラス）である．しか
し，現実世界を表現するのは，人や書物が用いているインスタンスとしての語
彙である．とりわけ SDGs ネクサスの領域では，事例内容の具体性と深さをも
って課題設定がなされることにより，共通理解とリアリティを獲得している．

　一般性を伴った概念（クラス）を用いているオントロジーは，知識をデザイ
ンするためのガイドをする道具にすぎない．しかし，その一般性ゆえに，事例

同士を比べる際の参照点としては中立的な存在として機能する．一般性を確保する範囲に止めた概念定義であるため，具体的で現実味を帯びた個別の事物の分類や表現には向かないが，同じ概念を別の機会に再利用することが可能である．

　そのようなオントロジーも，概念をしっかり定義しようとすればするほど，人の手と判断が入ることになる．このようにして構築に向けて主体の価値判断を拠り所としているオントロジーの構築もまた，一種のデザイン行為として捉えられるのではないか．地球環境学 VKM もまた，地球研の研究者が地球研の研究活動を反映しようとして制作されたものである．地球環境学 VKM については，そのようなコンテキストを有した対象世界を構成することを特徴に掲げているので，このことを積極的に捉えたうえで，一般性を伴った概念（クラス）の定義と知識の体系化を図っている．SDGs ネクサス知識を表現する情報デザインにおいては，ユーザと提供する情報サービスとの関係に加えて，対象世界の知識の構造化に至る過程もデザイン対象になっているのである．

　しかしながら，デザイン行為の一種であるがゆえに，オントロジーをサイエンスとして扱おうとするときには，その検証や評価が常に課題としてつきまとう．構築したオントロジーが，対象世界のコンテキストという限りでの一般性を確保しているか，そもそも概念（クラス）の定義が流通に耐える正しさをもっているのか．これらについては，オントロジーを開発者とそれを支える組織や専門家に委ねられざるをえない．

　設計・実装・デプロイを短期間に繰り返してユーザーが得た価値を学習し適応する，アジャイルソフトウェア開発のアプローチに則って，オントロジーをいったん公開し，利用状況やコメントといったフィードバックを受けながら修正・更新していくプロセスに乗せることで，正確さと利用しやすさを確保する必要がある．

┃ **11.5** SDGs ネクサス知識に触れやすくなるデザインへ

　ここまで，地球環境学 VKM とその知識を記述したオントロジーを題材に，地球環境 SDGs ネクサス知識を表現する情報デザインについて論じた．本章を締めくくるにあたり，可視化参照物として SDGs ネクサス知識を記述する意義

について，改めて考えてみたい．

　地球環境学 VKM では，一つのキーワードアイコンを介して文献情報とサイト情報がつながったり，あるいは，将来的には研究者の紹介サイト同士をつなぐなど，機能面については，実際に実装も果たすとともに議論もされてきた．しかし，11.2.3 項で紹介した「バウンダリー・オブジェクト」として，異なるシステム境界で両者をつなぐ役割を果たす，という観点を改めて検討したときに見えてくるのは，「つなぐ」とはどういうことか，ということである．

　VKM の開発事例で示したつながりの実装は，機能に特化した側面にすぎない．機能以外のところで，ユーザと地球環境学 VKM との関係を考える必要に迫られる．そうであるがゆえに，問題は VKM システムの外側に移る．VKM を参照物として見た場合，ユーザと地球環境学 VKM との関係は，VKM へのデザイン行為によって乗り越えが図られたが，ユーザが VKM に触れるに至るデザインについては，十分に検討されているとはいえない．言い換えると，VKM そのものをコンテンツとして利用したサービスのデザインが課題である．SDGs ネクサス知識を表現する情報デザインにおいては，ユーザと情報サービスとの関係の外側にある情報サービスの利用機会もまた，デザイン対象になっているのである．具体的なメニューに言及するなら，VKM についてはこれを利用した教育コンテンツやワークショッププログラムなどの開発が今後の課題となる．

　このように，SDGs ネクサス知識を表現する情報デザインにおいては，提供する情報サービスだけではなく，その外側にある利用機会の設定から内側にある詳細な概念化に至るまでがデザイン行為の対象となり，その枠での知識共有のあり方が求められている．利用機会のデザインが必要な理由をさらにいえば，たとえば，SDGs ネクサス知識情報に触れやすい環境にいる人とそうではない人がいてしまっては，せっかく提供されている情報サービスに辿り着けない人を生みかねないからである．

　そうであるならば，可視化のように視覚に頼った表現方法についても，問い直しが迫られることだろう．聴覚や嗅覚などの五感の他の機能への変換が検討されて然るべきである．

　このようにして，すべての人が SDGs ネクサス知識へ公平にアクセスできる取り組むこともまた，SDGs が誓う「誰一人取り残さない（Leave no one behind）」を形にする上での重要なアプローチであると考える.

謝辞

　地球環境学 VKM のキーワードアイコンは，総合地球環境学研究所と「といのきデザイン事務所」との共同制作物である．また，本章の地球環境学 VKMの説明の多くを，といのきデザイン事務所の佐々木光氏作成の説明文に負っている．ネクサスドメインオントロジーの領域確定とトレードオフ概念の設計については，遠藤愛子氏（長崎大学大学院水産・環境科学総合研究科教授）との議論に負っている．また，地球環境学 VKM は，科学研究費助成事業（科学研究費補助金）（基盤研究（B））「領域横断型知識統合と領域深造型意味処理を融合するオントロジー利用フレームワーク」（17H01789）で共同開発したオントロジーおよび関連技術を用いている.

参考文献

アレグザンダー，クリストファー（1993）時を超えた建設の道，鹿島出版会.

アレグザンダー，クリストファー（2013）ザ・ネイチャー・オブ・オーダー　建築の美学と世界の本質　生命の現象，鹿島出版会.

岩田伸一郎（2015）デザインと図式．建築のデザイン科学（日本建築学会 編），p. 57，京都大学学術出版会.

遠藤愛子（2018）ネクサス・アプローチと統合概念．地熱資源をめぐる 水・エネルギー・食料ネクサス：学際・超学際アプローチに向けて（馬場健司 他編著），p. 2，近代科学社.

蟹江憲史 編著（2017）持続可能な開発目標とは何か：2030 年へ向けた変革アジェンダ，p. 172，ミネルヴァ書房.

環境省（2018）第五次環境基本計画，https://www.env.go.jp/policy/kihon_keikaku/plan/plan_5.html；本文，https://www.env.go.jp/policy/kihon_keikaku/plan/plan_5/attach/ca_app.pdf

來村徳信（2012）オントロジー工学の基礎概念と広がり．オントロジーの普及と応用（人工知能学会 編集，來村徳信 編著），pp. 1-20，オーム社.

熊澤輝一（2018）オントロジーによるネクサス・シナリオの設計・評価支援．地熱資源をめぐる 水・エネルギー・食料ネクサス：学際・超学際アプローチに向けて（馬場健司 他編著），pp. 186-198，近代科学社.

熊澤輝一・古崎晃司 他（2011）オントロジー工学によるサステイナビリティ知識の構造化，サステイナビリティ・サイエンスを拓く―環境イノベーションに向けて―（原圭史郎 他

編著），pp. 186-209，大阪大学出版会.

近藤康久・マレー，ハイン 編（2022）環境問題を〈見える化〉する―映像・対話・協創，昭和堂.

佐藤哲（2018）意思決定とアクションを支える科学―知の共創の仕組み．地域環境学―トランスディシプリナリー・サイエンスへの挑戦（佐藤哲・菊地直樹 編），pp. 1-15，東京大学出版会.

寺田匡宏（2021）人文地球環境学―「ひと，もの，いきもの」と世界／出来，pp. 296-323，あいり出版.

長坂一郎（2015）クリストファー・アレグザンダーの思考の軌跡，p. 118 など，彰国社.

新田克己（2002）知識と推論，p. 4，サイエンス社.

日本機械学会（1997），https://www.jsme.or.jp/jsme-medwiki/19:1012527

日本デザイン振興会（2022），https://www.jidp.or.jp/ja/about/firsttime/whatsdesign

バーク，ピーター（2004）知識の社会史 知と情報はいかにして商品化したか，pp. 17-29，新曜社.

バーク，ピーター（2015）知識の社会史2 百科全書からウィキペディアまで，p. 16，新曜社.

原研哉（2001）デザインのデザイン，p. 218，岩波書店.

溝口理一郎（2005）オントロジー工学，オーム社.

三宅陽一郎（2016）人工知能のための哲学塾，ビー・エヌ・エヌ新社.

ユクスキュル／クリサート（2005）生物から見た世界，岩波書店.

Endo, A., Kumazawa, T., et al. (2018) Describing and Visualizing a Water-Energy-Food Nexus System, *Water*, 10 (9).

Gruber, T. R. (1993) A Translation Approach to Portable Ontology Specifications, *Knowledge Acquisition*, 5 (2), 199-220.

Gurvitch, G. (1971) The Social Frameworks of Knowledge, Harper & Row. (English translation, Oxford, 1971)

Hoff, J. (2011) Understanding the nexus. Background paper for the Bohn 2011 Conference: The Water, Energy and Food Security Nexus, Bohn, Germany, pp. 16-18, November 2011, Stockholm Environment Institute (SEI).

Simon, H. A. (1947) Administrative Behavior: a Study of Decision-Making Process in Administrative Organization (1st ed.). New York: Macmillan.

Star, S. L. & Griesemer, J. R. (1989) Industrial ecology, 'translations' and boundary objects: amateurs and professionals in Berkeleys's Museum of Vertebrade Zoology, 1907-39. *Social Studies of Science*, 19 (3), 387-420.

van der Leeuw, S. E. (2019) Social Sustainability, Past and Future: Undoing Unintended Consequences for the Earth's Survival, pp. 144-156, Cambridge University Press.

第12章
地球環境 SDGs ネクサスによる 地域間連携

　人間活動による地球環境の劣化が急激に増大した人新世において，地球環境の限界とそれを越える現象の連鎖による危機が危惧されている．その中において，人類はどのように持続可能な社会を構築できるかが問われており，その根底には「人はどのように生きるべきか」という問いがある．人新世における，持続可能な社会を脅かす地球温暖化や生物多様性の減少，水資源の枯渇，貧困や格差の問題は，複合的な地球環境問題として連環しており，これらは科学的な知識がまだ不確実で，人々の異なる価値観がその根底にあり，利害関係が大きい「厄介な問題（wicked problems）」として認識されている．

　このような問題を解決に導くためには，複雑な社会経済生態システムの変化を理解し，人類生存のための規範的な方法を示すとともに，持続可能な社会へと移行・転換する必要がある．さらに，異なる歴史・文化を有する多様な地域と地球環境の課題をつなぐ必要があり，そのためには，これまでのような人と自然との対峙ではなく，人と社会と自然との連環や，地球史・生命史・人類史・文明史を踏まえた，地域により異なる自然・社会構造の違いの理解と，それに応じた社会変革と社会実装の視点が不可欠である．

12.1　自然・社会・人のつながりに基づく地域の構造化

　持続可能な社会の構築に向けて，地域と地域，国と国はどのように依存しあいながら連携していけば良いのか．この問いに答えるためには，それぞれの地域の，地球史・生命史を踏まえた自然環境と，人類史・歴史を踏まえた人間社会環境の両者の理解がまず必要であり，さらにそれをバラバラに理解するのではなく，構造化して理解する必要がある．図 12.1 の左図は宇宙の誕生と地球

誕生から現在までの地質年代を示している．138億年前の宇宙の誕生から，46億年前の地球の誕生を経て，太陽放射と大気水循環によって生命が誕生し，その生命史の結果として生物多様性が生まれた．その中で人類が誕生し，約1万年前には比較的温暖な農耕文明を迎えた．一方，図12.1の右図は，持続可能な社会を考えるうえで提案されたSDGs17の目標の構造を表すSDGsウエディングケーキ（Rockström *et al.*, 2016）である．最下層が，地球誕生から持続的に循環している大気と水，そしてその結果としての生命がもたらした海の生態系・陸の生態系からなる生物圏（biosphere）の層である．中層は社会，上層は経済を表しており，持続可能な社会を支える基礎となる下層ほど古く，その上に，新しいヒストリーが積み重なる形態を表している．このように，持続可能な社会の構築のためには，地域における時間的なヒストリーがそれぞれの地域の社会に埋め込まれていることを理解して，地域の多様な自然・社会環境を構造化する必要がある．この地域社会の構造化は，持続可能な社会（SDGs）の構築へ向けた，社会の構造的理解のための地球史・生命史・人類史・歴史の内在化ともいえる．

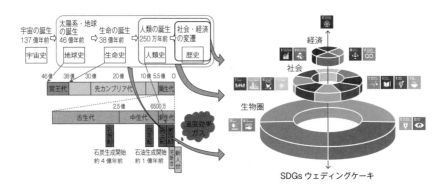

図 12.1 地球史と SDGs ウエディングケーキ

12.1.1 地域の構造に基づく社会の類型化

「人と社会と自然」の構造は，多様な自然，歴史と文化をもつ地域ごとで異

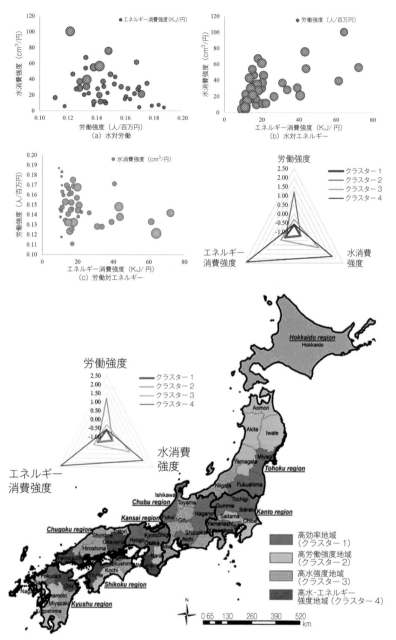

図 12.2　産業セクターにおける水・エネルギー・労働強度による地域区分（Lee et al., 2021）

なる．これを，地域群や国レベル，そしてグローバルに共通の目標をもって進めるためには，地域ごとの好事例を横転換（ボトムアップ）するための，地域群の類型化が必要であろう．ポストコロナ・ウイズコロナでの地球温暖化問題におけるカーボンニュートラルの取り組みなども，目標は同じであるが，地域の人と社会と自然の構造の違いによって，その取り組みも異なってくる．地域の中における人と社会と自然の連関だけではなく，多様な構造をもつ地域同士が連関できる仕組みづくりが重要である．現在の人新世における，単一でわかりやすい価値観に依拠した社会から，「人（心身）と社会と自然」とを一体として認識し，それらのつながり（連関）に基づく，多様な価値観に依拠した社会への転換の仕組みづくりが急務である．

　図 12.2 は 47 都道府県における産業セクターにおける経済活動が，水やエネルギー，労働といった各資源の利用とどのような関係にあるのか（図 12.2 上）をもとに，地域区分した例である（Lee et al., 2021）．水消費強度，エネルギー消費強度，労働強度を基準に，k-mean 法に基づいて分類したものであり，4 つの地域群に分類された（図 12.2 下）．クラスター 1（青）は，水・エネルギー・労働のいずれも使用強度が小さい産業構造からなる地域であり，「高効率地域」とした．クラスター 2（黄緑）は水とエネルギーの消費強度は小さいが，労働強度の大きい産業構造である地域であり，「高労働強度地域」とした．またクラスター 3（橙）は，水消費強度のみが大きい地域で，「高水強度地域」とした．そしてクラスター 4（赤）は，水とエネルギーの消費強度が高い産業構造からなる地域で，「高水・エネルギー強度地域」とした．

　このように 4 つに分類された地域群は，産業セクターにおける水・エネルギー・労働の各資源の利用状況が類似する地域である．これらの類型化は，カーボンニュートラルや SDGs など，共通の目標に向かって未来の社会を構築するうえで，それぞれの地域群がどのようにそれを進めていけば良いかの手がかりとなると考えられる．

12.1.2　人々の行動・意識の類型化

　地域の類型化に加えて，そこに住む人々の意識や行動の類型化も，地球環境問題の解決や持続可能な社会の構築に重要となる．たとえば，地球温暖化に対する人々の態度・行動・意識を類型化し，それぞれに応じてカスタマイズした

温暖化対策を進めていく取り組みが始まっている．イエール大学などのグループが始めたシックス・アメリカズ（Six Americas）では，地球温暖化に対する様々な質問に対する回答から，「警戒」「心配」「注意」「無関心」「疑念」「否定」の 6 つのグループに分類し，それぞれがどのように変化しているかを分析している（図 12.3，Yale University, 2022）．

　2017 年から 2021 年までの継続的な調査からは，地球温暖化を「警戒」している人（最も真剣に捉えている人）の割合が，18% から 33% まで増加していることがわかる．一方で，地球温暖化に対して「疑念」をもっている人と「否定」している人，いわゆる地球温暖化懐疑派の人は，約 2 割程度と一定の割合で存在していることもわかる．このような分類は，それぞれに特化した地球温暖化対策など，よりきめ細やかな対応を考えるうえで有効である．

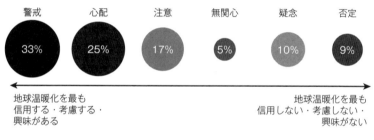

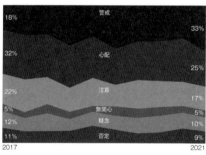

図 12.3　地球温暖化に対する認識・態度の 6 分類（シックス・アメリカズ）とその 5 年間の変化

12.2 持続可能な社会に向けた地球-地域間連携

　様々な地球環境問題は複合課題として連関しており，持続可能な社会の構築には，それぞれの連関を明らかにし，トレードオフやシナジーを含めたネクサス関係を明らかにしたうえで，地域の構造に応じた，ベストミックス政策の構築などが重要である．その中で，トレードオフを減じ，シナジーを増大させ，SDGs の目標の達成などに向けた様々な取り組みにおける観点とその事例を次に紹介する．

12.2.1 平等・衡平・正義

　国連の SDGs では，「誰一人取り残さない（Leave no one behind）」との理念のもと 17 の目標を決めており，世界各国で取り組みが進められている．本書で取り上げている水やエネルギー，食料などに関わる目標の他，平等（equality）や衡平（equity），正義（justice）といった，持続可能な社会の構築の根幹に関わる内容も強く関連している．

　図 12.4 は，平等，衡平，正義の関係を，わかりやすく図化（visualization）したものである（Maeda, 2019）．上図では同じ高さの梯子を使っているのに，一方ではリンゴが取れて，もう一方では取れない状態が「平等であるか？」と問いている．また，中図は，この状態の場合，りんごにアプローチしにくいほうに，より高い梯子を使う（平等ではない）ことが衡平（equity）であることを示している．さらに下図は，アプローチのしやすさ/しにくさ自体を是正し，同じ高さの梯子でりんごを取れるようにすることが「正義（justice）」であることを示している．

　このように，地球環境に関する様々な課題においても，一見，公平（fair）・平等（equality）に見える制度・法律でも，衡平（equity）でない場合があり，気候正義などを含めた正義（justice）が必要となる．たとえば，贅沢品の生産・流通・消費プロセスから排出される CO_2 と，貧困社会において生きるために必要な物資に関する CO_2 排出は，同じ数値でも意味が異なる．これらを一律に取り扱ってよいのかという問題は，衡平性・正義の課題となる．

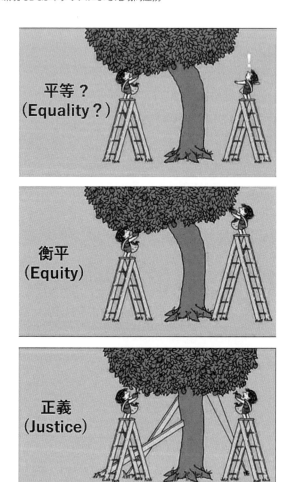

図 12.4　地球環境問題の中の平等・衡平・正義

12.2.2 福井県小浜市の民家の井戸印が示す個と集団の関係

　トレードオフを減じ，資源管理のシナジーを増大させるために，個と地域社会（集団）との関係において，どのようにすれば資源を持続的に管理していけるかを示す事例を，福井県小浜市の例で示したい．小浜市の丹後街道沿いの古い民家には，図 12.5 にあるような札が，表札の隣に掛っており，道から誰でもが見ることができる．井の字の中には漢数字の二や三，泉という文字があり，

これは敷地内に井戸が2本，3本，あるいは湧水（泉）があることを示している．家の敷地内にある井戸水（地下水）や泉は，基本的には土地に帰属する私水として，その土地の所有者のものである．しかし，火災や地震などの災害時には，公共の水として地域の人が使えるように，常時明示しているわけである．これは，平時には私水として，緊急時には公水として用いることで，物理的な境界（地上の土地所有境界）は変わらないが，社会的な境界（水を利用できる権利）を，個と集団でうまく棲み分けて設定している例である．

第二次世界大戦後の我が国の太平洋ベルト地帯を中心にした，工業化による経済成長期においては，地下水の過剰利用による地盤沈下が発生した．これは個々の利益のみを追求して，フリーライダー（free rider）としてタダの地下水を個々が過剰利用することで，共通の被害である地盤沈下を引き起こした「共有地の悲劇（tragedy of commons）」の典型である．2014年に制定された水循環基本法では水の公共性が謳われ，2015年に作られて2020年に改訂された水循環基本計画によって，地下水を含めた水の総合的な管理の計画が進められている．小浜市の例のように，個の利用を集団（地域）での利用と一部でも連続させることは，個の自制的な資源利用につながり，持続可能な社会に向けての資源利用と保全の両立を図る方法の一つとなるかもしれない．

図 12.5　福井県小浜市の丹後街道沿いの民家の玄関で見られる井印

12.2.3　ネクサスゲーム/decision theater

水と食料やエネルギー，土地利用や労働は，それぞれが強く連関しており，トレードオフやシナジーの関係があることがネクサス研究によって明らかにされてきている．しかし，現実の社会においては，それぞれが個別に管理され，

お互いの状況がわからないまま，様々な政策が立案され，実行されている．これらの資源管理におけるガバナンスの分断・不連続性は，開発を担う部署と保全を担う部署間，水・エネルギー・食料（農業）などのセクター間，生産と消費などのプロセス間，地域と国やグローバルの間など，様々なところで見られる．

　それでは，どのようにすればそれらのつながりを理解し，分断を解消することが可能であろうか．そのためにはお互いの立場になって物事を考える共通の場が必要となる．その一つの試みとしてネクサスゲームを紹介したい．これはボードゲームのような簡単なものから，ビッグデータをもとに複雑な関係性（因果関係）を数値モデル化したもの（シリアス・ネクサスゲーム）まで様々である．これらのネクサスゲームの共通点は，それぞれの役割をロールプレイングすることで，これまで気がつかなかった別の資源・セクター・プロセスなどを理解し，俯瞰的にものを考えることである（図12.6）．

　アリゾナ州立大学のキャンパス内には研究者と行政（州都フェニックス）が科学的知見を生かした政策決定を両者の協働のもとに行う「デシジョン・シアター（decision theater）」がある．システム・ダイナミクスモデルと気候変動シミュレーションをベースに，州のビジョンに基づく将来シナリオのもと，そのシミュレーション結果をシナリオごとに示し，その場で瞬時に政策を意思決定する取り組みである．これも，行政側からは水，食料，エネルギーなどのそれぞれの担当セクターから，研究者側からもそれぞれの専門の知見を持ち寄って作られた共創の場の創出である．

図 12.6　水・エネルギー・食料ネクサスボードゲーム

12.2.4 内と外，および個と集団の関係性

　地球環境問題の解決のためには，持続可能な社会のあり方を明らかにするばかりではなく，それを担う私たち，人の生き方が重要である．この人間的側面（human dimension）からの考察を紹介する．図 12.7 は，横軸に人の内と外，縦軸に個と集団の関係をとっている（Shrivastava et al., 2020）．個々人がもつ多様な価値や信念，動機や考え方などの「意味付け」は，それらが外に現われるときには，反応や習慣，実践などの「行動」となって目に見える．また個人がもつ価値が集団で共有され，それらが規範となり，集団として世界観や物語が作られるときに，それらは「文化」となる．しかしこの文化は目には見えない内なるものである．一方，内なる集団としての「文化」が外に現れ，それらが「システム」と形作られるときには，教育や福祉，制度，ガバナンスのような形で目に見えるようになる．

　グローバル社会が広がる中で，均質でわかりやすい（効率性や経済性などの）価値観による社会生態「システム」が，個別の「意味付け」に強く影響を与え，それが個別の「行動」や集団としての「文化」に大きく影響を与えている．個（人）と集合（社会），内と外との関係を考えた場合，内なる（見えない）価値の外在化（図中の左から右）や，自己と他者の分離・分断から価値・実践の共有・制度化（図中の上から下）などが必要であり，これらを通して，人と社会，自然の関係性の変容が必要であろう．

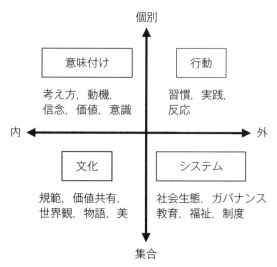

図 12.7　内と外，および個と集合の関係性

12.3　ネクサス研究の国際的展開

　上記のような複合的な地球環境研究や持続可能性研究において，トレードオフを減じ，シナジーを増大させるネクサス研究の国際的な展開について紹介する．

　これまでの地球規模課題研究と持続性研究は，大きく 2 つの流れに分けられる（図 12.8；Shrivastava et al., 2020）．一つは世界気候研究計画（WCRP）や地球圏・生物圏国際共同研究計画（IGBP），生物多様性科学国際共同研究計画（DIVERSITAS），地球環境変化の人間・社会的側面に関する国際研究計画（IHDP）の 4 つの国際プログラムに代表される，主に自然科学（IHDP は人文社会科学が主）を中心に進められてきた．もう一つは，ストックホルムでの世界で初めての国際環境会議である「国連人間環境会議（1972 年）」から始まり，リオサミット（1992 年，その後リオ＋20（2012 年））や国連 MDGs（Millennium Development Goals, 2000 年），そして SDGs（Sustainable Development Goals, 2015 年）へとつながる流れである．それらはお互いに影響を与えながらも個々に進められてきたが，2013 年には Future Earth（フューチャー・ア

ース）として，そして SRI（Sustainability Research Innovation，2020 年）と
して，連携が進められている．なお，国際学術団体も自然科学系の国際科学会
議（ICSU）と社会科学系の国際社会科学協議会（ISSC）が 2018 年に国際学
術会議（ISC）として統合された．

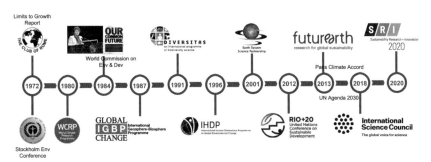

図 12.8 地球規模課題研究と持続性研究の 50 年の流れ（shrivastava et al.,
2020）

　このように，複雑で複合的な地球環境問題を明らかにし，解決に向けていく
ためには，それぞれの学問分野での知の進化と，学問分野をまたがった学際研
究（interdisciplinary study），そして社会の中での学問としての超学際研究の
必要性がフューチャー・アースで指摘されている．

　フューチャー・アースは，近代科学で細分化された学問体系では問題の解決
が困難な，温暖化や生物多様性の減少，水・エネルギー・食料連環（ネクサ
ス）などの「厄介な問題（wicked problems）」に対して，自省的な姿勢で各
自の専門的な内容をも再帰的に検討し直し，縦割りや蛸壺になりがちな社会や
学術の構造を見直すことで，課題解決につなげる取り組みである（谷口，
2018）．この厄介な問題は「事実が不確かで，価値が問われ，利害が大きく，
決定が急がれる（Funtowicz & Ravetz, 1992）」という特徴をもっており，「超
学際的研究が必要となるのは，社会的に重要な問題に関する知識が不確かで，
問題の具体的な性質が問われ，問題に影響を受ける人々と問題を扱う人々の利
害が大きいような場合である」（Pohl & Hirsch 2007）という．ちなみに日本
学術会議は「科学者コミュニティが科学者以外の社会の様々な関係者と連携・
協働して，新たな智の創出を行う研究と実践活動」を総称して「超学際
（transdisciplinary）研究」と定義している（日本学術会議，2014）．

　このような，複雑で多様な原因をもち，結果が不明で社会的に複雑であり，多分野が関わるような厄介な問題の解決には，これまでは研究者のみが携わってきたと考えられがちな知識生産に，研究者以外の関係者も加わるという「知識生産の民主化」と，これまでの法・社会制度には馴染みにくかった「予防原則の社会実装」を進めることが重要である（谷口，2018）．水・エネルギー・食料ネクサス課題も，厄介な問題の一つとして，多様なエントリーポイント（課題の入り口）を有した多様な研究が進んでいる（谷口，2018）．なお，このネクサス課題は，持続可能な地球社会の実現をめざす国際協働研究プラットフォーム（Future Earth）の中では Water-energy-food Nexus KAN[1] や，SSCP（System of Sustainable Consumption and Production）KAN などが取り組んでいる．

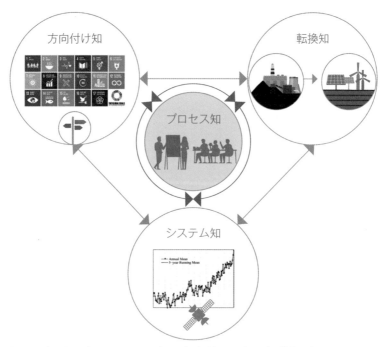

図 12.9　プロセス知，システム知，方向付けの知，転換知（Lawrerce et al., 2021）

---

[1] KAN：知の実践ネットワーク．Knowledge Action Network の略．

　持続可能な地球社会の構築のための研究プラットフォームである「フューチャー・アース」は，国際学術団体や，国連組織，研究資金提供団体などが共同して，研究の推進を行っている．そこでは持続可能な社会の構築に向けて必要とされている様々な知の構築と，それらを行動として社会に実装するために，研究者だけではなく関連ステークホルダーも関与するプラットフォームのネットワーク，知と実践のためのネットワーク（KAN）の構築を進めている．その KAN の一つに「Nexus KAN」がある．Nexus KAN は，フューチャー・アースの 8 つのチャレンジの一つである「すべての人に水・エネルギー・食料を」や，SDGs の目標 2「飢餓をゼロに（食料）」，目標 6「安全な水とトイレを世界中に（水）」，目標 7「エネルギーを皆にそしてクリーンに（エネルギー）」と密接に関連し，これまでは水とエネルギーと食料を個別に議論してきた関係者のプラットフォームをつなぎ，「持続可能な社会の構築」という共通の目標に向けて，相互学習と知の伝達，社会の変革（social innovation）への行動を共に進めようとするものである（谷口，2018）．

　このような複合的で複雑な地球環境問題の理解と解決に向けて，従来の学問分野で得られる「プロセス知（process knowledge）」に加えて必要な知として挙げられているのが，「システム知（system knowledge）」，「方向付けの知（orientation knowledge）」，「変革知（transformation knowledge）である（図12.9，Lawrence et al., 2021）．この 3 つの知の欠如が，複雑で利害関係の大きな「厄介な問題」の解決を阻害しているとの認識のもと，超学際研究の試みが行なわれている（谷口，2018）．

　なお谷口（2021）は，持続可能な社会の構築に向けたグローバル時代の人新世におけるデータ利用と可視化について，以下のように述べている．「研究者と非研究者との協働企画（co-design）は，「厄介な問題」において，「課題の可視化」を通した「認識の違いの可視化」に有効であり，また，因果連鎖のつながりの可視化を通した持続可能性の理解が，「システム知の可視化」に必要である．一方，行動変容（behavior change）や社会の転換につながるデータの可視化には，行動タイプによる違いと，その行動変容を促す意識の変化の違いとしての「警告型」と「共感型」の違いがある．プラネタリー・バウンダリーや，ホットハウス・アースのような「警告型」の可視化に加え，ロールプレイングゲームなど，他者の理解による「共感型」の可視化が必要である．その

両者を通して，持続可能な社会の構築につながる行動変容を促すための，時空間を跨ぐ 3 つの知（システム知・目標知（方向付け知）・社会転換知（変革知）の構築に向けた可視化が可能となるかもしれない）」．

12.4　持続可能な社会へのアプローチ

　地球環境問題のような複雑な課題を解決に導くためには，複雑な社会経済生態システムのつながりと変化を理解し，人類生存のための規範的な方法を示すとともに，持続可能な社会へと移行・転換する道筋を提示する必要がある．さらに，異なる歴史・文化を有する多様な地域と地球環境の課題をつなぎ，人と自然との対峙ではなく，人と社会と自然との連環や，地球史・生命史・人類史・文明史を踏まえた，地域により異なる自然・社会構造の違いの理解も必要である．そして，地域の自然・社会構造に応じた社会変革と社会実装の視点も重要であろう．これらを踏まえて，以下に 3 つのアプローチを提案する．

12.4.1　人の生き方と地球環境をつなぐアプローチ

　1 つ目は，人・社会・自然の連環における被害と恩恵の関係性を踏まえ，価値，倫理，相互理解に基づいた，人の生き方と地球環境問題をつなぐアプローチである．

　自然環境を生存基盤とする人間社会には，水資源の確保と水災害のように，恩恵と被害の相克に「閾値（shreshold）」が存在し（Taniguchi & Lee, 2020），どこにその閾値を定めるかは，人と社会が有する価値や文化によって異なる．価値や文化に基づく被害と恩恵の閾値の新たな設定は，地球環境と人の生き方の関係性を再考し，社会変容と新たな社会実装を促す課題となる．また，地球環境に関する様々なリスクを乗り越えるためには，被害と恩恵の閾値を，自己・他者・社会の間で共有・相互理解するためのコミュニケーションが必要となる．地球温暖化などの様々なリスクにおける被害に対する直感的な判断と，将来の恩恵につながる論理的な判断の接続や，人の特性である利己性と利他性との接続などは，持続可能な社会の構築へのカギとなる．未来の人と社会と自然のつながり方を，人の生き方の倫理・哲学に基づき示し，社会の分断から共創に向けての新たなコミュニケーション方法の開発を通して，人の生き方・価

値と人々の行動および社会の変容，地球環境をつなぐアプローチが必要である．

このアプローチは，被害と恩恵，相互理解（コミュニケーション）を中心に，適応と緩和，感情と論理，利己と利他のような近いものと遠いものをつなぎ，意識の変容や行動の変容につながる（図 12.10）．

適応と緩和 　　　直感・感情と論理 　　　利己性と利他性

図 12.10　人の生き方と地球環境をつなぐアプローチ

12.4.2　地球‒地域ネクサスアプローチ

2つ目は，地球システムの様々な要素間における相乗効果と二律背反を踏まえ，ネクサス，ステークホルダーとの共創，マルチスケールの制度設計などにより，持続可能な地域─地球社会を希求するアプローチである．

人新世においては，多量のモノと情報の移動を通して，それぞれの地域が地域外の外部環境に大きく依存している．このような状況において未来可能な社会を構築するには，人間社会の生存基盤を支える資源間や，社会活動のプロセス間，ステークホルダー間における二律背反を減らし，相乗効果をもたらすネクサスの概念が重要となる．部分最適解ではない地域と地球の制度設計と社会のデザインを，それぞれの地域の自然環境と社会環境の両者の構造的理解のうえで，ステークホルダーと共創して社会実装を進める．またこれまでの地球環境問題に対するグローバルな社会実装フレームは，IPCC や IPBES など，単一課題に関するものであったが，地球環境問題は複合的であり，お互いに二律背反の関係にある場合も多い．学術としての総合や，ステークホルダーとの共創に加え，地域と地球をつなぐマルチスケールの制度設計に関するアプローチが必要である．そのために，地域の構造化と類型化をもとに，地域間の横展開と地球へのスケールアップを行うことで地域と地球をつなぐアプローチが必要である．

このアプローチは，二律背反と相乗効果を含めたネクサス概念と，地球と地

域をつなぐことで，外部環境の内在化により地域内と地域外を接続し，フットプリントやテレコネクションなどのヴァーチャルな連関を現実の連関と接続することにより地域と地球をつなぎ，さらに制度の変容や社会の変容につなげるものである（図12.11）．

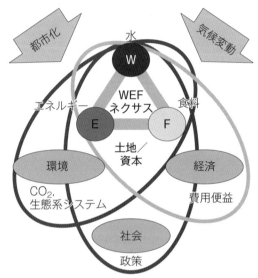

図12.11　ネクサスアプローチ

12.4.3　連環と共創アプローチ

　3つ目は，人・社会・自然の中にある均質性と多様性を踏まえ，経済と環境や，定量と定性等の二項対立を超えて，自然環境と人間社会の共創を進めるアプローチである．

　自然を構成する大気や水は，最も古くから地球上を持続的に循環し，そこから生命史の結果として生物多様性が生まれた．そしてそれらを生存の基盤とした人類史・歴史の結果として，多様な生活様式や文化の多様性（cultural diversity）が生まれ，言語の多様性（language diversity）や芸能・信仰の多様性が，人々のアイデンティティーへと結びついている．一方，効率性や利便性など，わかりやすく均質な価値観による社会では，その価値が早く広がる一方，定量化できる社会における格差を生み出す．経済価値や効率性・利便性に基づ

き，大量に生産・消費される「均質な資源」と，自然・社会の「多様な環境」の相克は，均質性と多様性の対峙の典型である．均質性と多様性，定量と定性の関係性を超えて，循環する自然システムと人間社会の相互作用環の観測・観察やモニタリング，社会生態システムのモデル化などを通して，地球史・生命史・人類史・文明史の時間構造を踏まえた，人と自然の関係性の変容を目指すアプローチが必要である．

このアプローチは，「均質性と多様性」および「時空間認識」の観点から，内なる価値の外在化による「内と外」の接続や，価値の共有による個（人）と集団（社会）との接続，ビジョニングや将来デザインによる現在と未来の接続など，近くのものと遠くのものを接続・連結することにより，人・社会・自然の関係性の変容につなげるものである（図12.12）．

| ビジョニング／デザイン | 変遷と変革 | 連環と共創 |

図 12.12 連環と共創アプローチ

12.4.4 人と社会と自然の新たなあり方の提案

上記3つのアプローチにより目指すものは，新たな人と社会と自然のあり方の提案であり，それらは以下の3つに要約される．

(1)自然と人間社会の対峙・分離から，規範に基づく共生に向けて，人・社会・自然の中にある様々な境界を再考し，再設定する．

(2)自然を資源としてのみ見る価値体系から，多様な自然・社会環境に生かされる人間と見る価値体系への転換を行う．

(3)自己と他者，個と集団，集団間，世代間における衡平性に基づく人・社会・自然の関係性の再構築を行う．

(1)では，アプローチ1の「人の生き方」，「恩恵と被害」，「欲望と規範」や，アプローチ2の部分最適ではない地域配置の仕方などが関連する．また(2)では，

アプローチ2のネクサス概念や，アプローチ3の「均質な資源と多様な環境」などが関連する．さらに(3)では，アプローチ1の相互理解とコミュニケーションや，アプローチ3の「内から外へ」，「個から集団へ」，「ビジョニングと変容」などが関連する．

　図12.13は，地球環境問題と持続可能な社会のあり方，そしてそのための人の生き方を，自然・社会・人の3層として捉えたものである．地球温暖化は，生物多様性減少や水資源枯渇など様々な地球規模課題と複合課題として連関しており，図の最外円の「自然」環境の中だけでも複雑な連関がある．またその「自然」環境は，図の中円の「社会」環境と強くリンクし，水・エネルギー・食料の連関問題や，都市と農村の連関問題，格差や貧困などとつながっている．さらにそれらは，最中心円の「人」の哲学や規範（norm）を通して，人の生き方として強くリンクしている．

　このように，複合的な地球環境問題を解決に導き，持続可能な社会を構築するためには，自然・社会・人を跨いだ連環構造をもとにした，課題の設定とステークホルダーとの共創が必要であり，これがSDGsなどの目標達成に向けた，ネクサスアプローチ（nexus approach）となる．

図12.13　人・社会・自然の連環

参考文献

谷口真人（2018）水文学の課題と未来－学際研究と超学際研究の視点から，日本水文科学会誌，48（3），133-146.

谷口真人（2021）地球環境変化のもとでのコロナ禍における持続可能な社会への新たな連関，学術の動向，2021年11月号.

日本学術会議（2014）Future Earth－持続可能な地球社会を目指して－．日本学術会議フューチャー・アースの推進に関する委員会.

Funtowicz, S. O. & Ravetz, J. R.（1992）Three types of risk assessment and the emergence of post-normal science. *in* Social Theories of Risk（eds. Krimsky, S. & Golding, D.）, pp. 251-274, Praeger.

Lawrence, M. G., Williams, S. et al.（2022）Characteristics, potentials, and challenges of transdisciplinary research, *One Earth*, 5（1）, 44-61

Lee, S. H., Taniguchi, M. et al.（2021）Analysis of industrial water-energy-labor nexus zones for economic and resource-based impact assessment, *Resources, Conservation & Recycling*, 169, 105483.

Maeda, J.（2019）Design in Tech Report 2019, Design in Tech.

Pohl, C. & Hirsch Hadorn, G.（2007）Principles for Designing Transdisciplinary Research. Proposed by the Swiss Academies of Arts and Sciences, oekom Verlag, München.

Rockström, J., Sukhdev, P. et al.（2016）SDGs Wedding cake, Sustainable Development Goals EAT Forum.

Shrivastava, P., Smith, M. S. et al.（2020）Transforming Sustainability Science to Generate Positive Social and Environmental Change Globally, *One Earth*, 2（4）, 329-340.

Taniguchi, M. & Lee, S.（2020）Identifying Social Responses to Inundation Disasters: A Humanity-Nature Interaction Perspective. *Global Sustainability 3*, e9, 1-9.

Yale University（2022）Climate Change Communication, https://climatecommunication.yale.edu/about/projects/global-warmings-six-americas/

索　引

数字
2030年アジェンダ，67

英字
air pollution，46
algorithm，75
anammox，170
Anthropocene，3，178，232
anthroposphere，166
archaea，170
atmospheric deposition，168

backcasting，187
bacteria，169
behavior change，245
Beyond SDGs，79
biochar，113
biodiversity，122
BNF，165
boundary object，212
BVOC，51

C/N 比，171
carbon cycle，103
carbon footprint，18，181
carbon neutrality，105
carbon offset，119
causality，9
CBA，178
CEA，178
chemical fertilizer，174
climate atlas，50
climate change，100，137
comammox，171
COP，105，140
correlation，9
cultural diversity，248
cultural service，128
cyber brain，80
Cyber SDGs，80
cyber society，80
cyber space，80

data-driven，71
decarbonization，176
denitrification，169
digital commons，80
Doughnut Theory，66

ecological footprint，17
ecosystem，122
ecosystem service，128
embedded water，156
empowerment，80
ENSO，10
European Nitrogen Assessment，179
expert judgement，200

feed back，9
FIT，109
flow，7
footprint，17
fossil fuel，100
free rider，239
Future Earth，242

GIS，90
global warming，59，100
Green Revolution，4
green roof，59
grey water，160

Haber-Bosch process，173
heaststroke，54
heat adaption，60

INA，179
influence diagram，195
information，206
INI，178
INMS，179
interaction，9，43
interdisciplinary study，243
IPBES，8，135，136
IPCC，3
ISC，243
isoprene，63

J-COF，120
John Anthony Allan，149
JpNEG，180
justice，237

knowledge，206
knowledge-driven，71

language diversity，248
leaching，171
leverage point，12

lifecycle, 98

man-machine system, 214
MDGs, 242
metaverse, 81

negative feedback, 10
NEF, 115
nexus, 1, 11
nexus approach, 250
nitrification, 168
nitrogen budgets, 181
nitrogen cascade, 177
nitrogen cycling, 165
nitrogen footprint, 181
nitrogen issue, 176
nitrogen pollution, 176
nitrogen waste, 179
norm, 250
NOx, 51, 165

ontology, 223
ontology engineering, 214, 223
open building, 50

pattern language, 210
photosynthesis, 101
planetary boundaries, 1, 66, 178
positive feedback, 10
Post SDGs, 79
PPA, 113, 118

Quality without a Name, 210

radiation cooling, 58
Red List, 74
renewable energy, 73

SDGs, 24, 46, 66, 103, 122, 162, 180, 192,
　206, 233, 235, 242
SDGs ウエデイングケーキ, 69, 233
SDGs ネクサス, 68
SDGs ネクサス知識, 206
SDGs 未来都市, 71
shade tree benefits, 49
shreshold, 246
silent green system, 53
Six Americas, 236
social innovation, 245
SOx, 51
SRI, 243
stakeholder, 187, 210
stoichiometric, 171

supply chain, 12
supporting service, 128
SWOT 分析, 191
synergy, 20, 69
system dynamics, 11

TCFD, 141
teleconnection, 10
telecoupling, 12
TNFD, 141
topology, 214
trade off, 20, 69
tragedy of commons, 239
transboundary resources management, 21
transhuman, 80
transition management, 197

UHI, 46, 57
UHI の影響を緩和する対策, 60
UHI の環境に適応する対策, 60
Umwelt, 210
UNEA, 179
UNEP, 179
unlearning, 197
urban greening, 48
urban heat island, 46
urbanized society, 45

visualization, 212
Volter40, 112
VW (Viurtal Water), 14, 148, 149

water footprint, 154
water-energy-food nexus, 21, 161
water-related disasters, 46
WBGT, 55, 56
wicked problems, 2, 71, 196, 232

あ
アイデンティティー, 248
アジャイルソフトウェア開発, 228
アースオーバーシュートデー, 18
アーバンヒートアイランド (UHI), 46, 57
アルゴリズム, 75, 80
アンモニア (NH$_3$), 164

閾値, 246
意思決定, 240
位相幾何学 (トポロジー), 214
イソプレン, 63
意味関係, 206
意味付け, 241

因果関係, 9
インスタンス, 225
インフルエンスダイアグラム, 195

ヴァーチャルウォーター (VW), 14, 148, 149
ヴァーチャル・コネクション, 1, 13
ヴァーチャル地下水, 15
ヴァーチャル窒素, 16
ヴァーチャル・ランド, 13
ウイズコロナ, 235
ウォーター・フットプリント, 18, 154

エキスパートジャッジメント, 200
エコロジカル・フットプリント, 17
越境資源管理, 21
エネルギーアクセス, 74
エネルギー効率, 33
エネルギー消費強度, 235
エネルギー消費原単位, 24, 32, 38, 42
エネルギー消費効率, 39
エネルギー消費量, 37
エネルギーの地産地消, 110
エビデンスベース政策形成, 202
エルニーニョ現象, 10
沿岸権制度, 153
エンパワーメント, 80

欧州窒素評価書, 179
おおなんきらりエネルギー株式会社, 117
屋上緑化, 59
オゾン (O$_3$), 51
オープンビルディング方式, 50
恩恵, 246
オントロジー, 223
オントロジー工学, 214, 223

か
概念 (クラス), 224
外部性, 12
外部不経済, 12, 159
化学肥料, 174
化学量論的, 171
格差, 250
学際研究, 8, 243
学習棄却, 197
可視化, 212, 245
可視化参照物, 213
化石燃料, 100, 101
家庭部門, 27, 28
ガバナンス, 240
カビ, 170
カーボン・オフセット制度, 120

カーボン・オフセット認証制度, 120
カーボン・オフセットフォーラム (J-COF), 119
カーボンニュートラル, 105, 106, 117, 235
カーボン・ニュートラル認証制度, 120
カーボン・フットプリント, 18, 181
環世界, 210
完全硝化細菌 (コマモックス), 171

機械学習, 71, 76
気候関連財務情報開示タスクフォース (TCFD), 141
気候非常事態宣言, 140
気候変動, 100, 137
規範, 250
基盤サービス, 128
共感型, 245
供給サービス, 128
業務部門, 27, 28
共有地の悲劇, 239
均質性, 248
均質な資源と多様な環境, 249

クラス, 224
クリマアトラス, 50
グリーン WF, 19
グレー WF, 19
グレイウォーター, 160
クレジット, 113
グレート・アクセラレーション, 3

警告型, 245
傾斜生産, 43
嫌気性アンモニア酸化 (アナモックス), 170
言語の多様性, 248
限定合理性, 211

工業化, 3, 24, 25, 30
工業優位, 41
工業用水, 25
光合成, 101
公水, 239
行動変容, 245
後発の利益, 7
衡平, 237
国際窒素イニシアティブ (INI), 178
国際窒素管理システム (INMS), 179
国際窒素評価書 (INA), 179
都道府県内 (京都府内) 総生産, 32
国内総生産 (GDP), 3, 32, 92
国連環境計画 (UNEP), 179
国連環境総会 (UNEA), 179
国連気候変動枠組条約 (UNFCCC), 105

国連人間環境会議，11
古細菌，169
コデザイン（協働企画）ワークショップ，189
コミュニケーション，246
個物（インスタンス），225

さ
細菌，169
最終処分量，92
再生可能エネルギー，73
サイバー空間，80
サイバー社会，80
サイレント・グリーン・システム，53
サービス，229
サプライチェーン，12
産業革命，2，104

ジェントリフィケーション，45
資源生産性，92
私水，239
システム，241
システム・ダイナミクス，11
システム知，245
自然からの恩恵，128
自然関連財務開示タスクフォース（TNFD），141
自然言語処理器，76
自然資本，126，129
自然に根差した解決策，141
持続可能な開発目標（SDGs），46，66，180
持続可能な社会，232
持続可能な生産と消費，126
持続性研究，242
湿球黒球温度（WBGT），55
シックス・アメリカズ，236
シナジー，20，25，69，79，197
シナリオプランニング，186
自伐型林家，112
地盤沈下，239
島根県邑南町，116
シミュレーション，240
社会基盤施設，85
社会経済生態システム，232
社会の変革，245
就業構造，29
循環型社会推進基本計画，92
循環利用率，92
硝化，168
蒸発，103
情報，206
将来シナリオ，240
将来デザイン，249

食料システム，143
暑熱順化，60
人為起源，101
人口扶養力，3
人新世，3，178，232
身体知，209

水害，46
水利権，153
スケール横断，211
ステークホルダー，187，210
ステークホルダーとの共創，247
ストック，7，130
ストック型社会，86

生活用水，25，26，35
生活用水原単位，36
正義，237
政策アリーナ横断，211
政策移転，204
政策の失敗，43
製造業，27
製造業の脱炭素化，40
生態系，122
生態系機能，132
生態系サービス，17，128
成長の限界，11
正の（ポジティブ）フィードバック，10
生物学的窒素固定（BNF），165
生物起源揮発性有機ガス（BVOC），51
生物多様性，122，233，248
生物多様性及び生態系サービスに関する政府間科
　　学-政策プラットフォーム（IPBES），8，135
生物多様性条約，123
生物多様性非常事態宣言，140
生物窒素固定，16
石油危機，37，41
ゼロカーボン，106

騒音問題，46
騒音問題対策，52
相関関係，9
相互学習，245
相互作用，9
相乗効果，20，43
総物質投入量，88
双方向トランスレーター，211
ソーラーシェアリング，21

た
大気汚染，45，50
大気水循環，233

大気沈着, 168
太陽放射, 233
脱炭素化, 100, 176
脱炭素戦略, 43
脱炭素・低炭素型社会, 98
脱窒, 169
多様性, 248
誰一人取り残さない, 66, 229, 237
炭素循環, 103

地域社会の構造化, 233
地域内乗数3 (LM3), 115
近い水, 6
地下水減少, 5
地下水フットプリント, 15, 19
地球温暖化, 59, 100
地球環境学ビジュアルキーワードマップ（地球環
　境学 VKM）, 215
地球環境ファシリティ（GEF）, 179
地球環境問題, 7
地球規模課題研究, 242
地球-地域間連携, 237
蓄積純増, 88
知識, 206
知識駆動, 71
知識情報システム, 211
知識生産の民主化, 244
知識プラットフォーム, 78
窒素（N）, 164
窒素汚染, 4, 176
窒素カスケード, 177
窒素酸化物（NO_X）, 165
窒素収支, 181
窒素循環, 16, 165
窒素フットプリント, 181
窒素フロー, 167
窒素問題, 176
知の伝達, 245
超学際研究, 8, 243
超学際的アプローチ, 188
調整サービス, 128
直感的な判断, 246
地理情報システム（GIS）, 90

締約国会議（COP）, 105, 140
デザイン, 212
デザイン行為, 228
デシジョン・シアター, 240
デジタルコモンズ, 80
データ駆動, 71
哲学, 250

テレカップリング, 12
テレコネクション, 10
電脳化, 80
電力固定買い取り制度（FIT）, 109

遠い水, 6
都市化, 5, 24, 25
都市型社会, 45
都市生活優位, 41
都市と農村, 250
都市の発達段階, 6
都市用水原単位, 41, 42
都市緑化の効果, 48
土地改変, 126
ドーナツ理論, 66
トランジションマネジメント, 197
トポロジー, 214
トランスヒューマン, 80
トレードオフ, 20, 25, 69, 79, 197

な
内容志向, 214
ナラティブ, 76
南方振動, 10

二国間クレジット制度, 105
二酸化炭素（CO_2）, 100, 171
日本窒素専門家グループ（JpNEG）, 180
二律背反, 20
人間圏, 166
人間的側面, 241

ネクサス, 1, 11, 68, 158, 180
ネクサスアプローチ, 250
ネクサスゲーム, 240
ネクサス思考, 197
ネクサス実践, 200
熱射症, 54
熱中症, 54
熱中症の環境要因, 59
ネットワークグラフ, 214

農業用灌漑水, 4
農耕文明, 233
農山村地域, 100

は
バイオキャパシティ, 17
バイオ炭, 113
廃棄窒素, 179
バウンダリー・オブジェクト 212
パタン・ランゲージ, 210

バックキャスティング，187
ハーバー・ボッシュ法，173
パリ協定，105
反応性窒素（Nr），165

被害，246
比較優位の法則，159
ビジョニング，249
人の生き方，250
費用効果分析（CEA），178
平等，237
費用便益分析（CBA），178
貧困，250

フィードバック，9
双子の環境課題，140
フットプリント，1，17
負の（ネガティブ）フィードバック，10
部分最適解，247
プラネタリー・バウンダリー，1，66，178
フリーライダー，239
ブルーWF，19
フロー，7，130
フロー型社会，86
プロセス知，245
文化，241
文化的サービス，128
文化の多様性，248
分野横断，211

ベストミックス政策，237
変革知，245

方向付けの知，245
放射冷却，58
暴風雨，103
保護区，125
保全と利用のバランス，125

ま
マルチスケールの制度設計，247
マンマシンシステム，214

水・エネルギー・食料ネクサス，21，161，188，
　226，243
水資源，149
水循環基本法，239
水使用・エネルギー消費原単位，39
水使用・エネルギー消費効率，40
水使用原単位，24，38，41，42
水使用効率，30，39
水消費強度，235

緑の革命，4

無名の質，210

メタバース，81
メタン（CH4），100

木質バイオマス熱電併給施設，112

や
厄介な問題，2，71，196，232
溶脱，171
予防原則の社会実装，244

ら
ライフサイクル，18，98
乱獲，138

利害関係者，187
利己性，246
利他性，246
緑陰効果，49
緑化，48

類型化，235

レッドリスト，74
レバレッジポイント，12
連環構造，250

労働強度，235
労働集約度，29
労働力，29
労働力原単位，24，34
ローカルSDGs，72
ローマクラブ，11
ロールプレイ，240
論理的な判断，246

〈編者紹介〉

谷口真人（たにぐち　まこと）
1987 年　筑波大学大学院博士課程地球科学研究科博士課程修了
現在　　総合地球環境学研究所　副所長，研究基盤国際センター　教授，理学博士
専門　　地下水学，水文学，地球環境学
主著　　The Dilemma of Boundaries: Toward a New Concept of Catchment（編著，Springer, 2012），地下水流動―モンスーンアジアの資源と循環（編著，共立出版，2011）
担当　　1 章，12 章

〈著者紹介（執筆順）〉

増原直樹（ますはら　なおき）
2007 年　早稲田大学大学院政治学研究科博士後期課程単位取得退学
現在　　兵庫県立大学環境人間学部　准教授，博士（工学）
専門　　環境政策，地方自治
主著　　都市の脱炭素化（共著，大河出版，2021），地熱資源をめぐる水・エネルギー・食料ネクサス（共編著，近代科学社，2018）
担当　　2 章

原口正彦（はらぐち　まさひこ）
2018 年　コロンビア大学大学院地球環境工学研究科博士課程修了
現在　　総合地球環境学研究所　外来研究員，博士（地球環境工学）
専門　　地球環境工学
担当　　3 章

大畠和真（おおはた　かずま）
2020 年　京都大学農学部卒業
現在　　京都大学大学院生命科学研究科博士前期課程 2 年
専門　　植物分子生物学
担当　　3 章

松井孝典（まつい　たかのり）
2005 年　大阪大学大学院工学研究科博士課程修了
現在　　大阪大学大学院工学研究科　助教，博士（工学）
専門　　持続可能性科学
担当　　4 章

谷川寛樹（たにかわ　ひろき）
1998 年　九州大学大学院工学研究科博士課程中途退学
現在　　名古屋大学大学院環境学研究科　教授，名古屋大学国際本部グローバル・エンゲージメントセンター長，博士（工学）（九州大学，2000 年）
専門　　環境システム工学
担当　　5 章

山下奈穂（やました　なほ）
2022 年　名古屋大学大学院環境学研究科博士課程修了
現在　　名古屋大学大学院環境学研究科　助教，博士（工学）
専門　　環境システム工学
担当　　5 章

豊田知世（とよた　ともよ）
2009 年　広島大学大学院国際協力研究科博士課程修了
現在　　島根県立大学地域政策学部　准教授，博士（学術）
専門　　環境経済学
主著　　現代アジアと環境問題－多様性とダイナミズム（編著，花伝社，2020），「循環型
　　　　経済」をつくる（共著，農文協，2018）
担当　　6 章

森　章（もり　あきら）
2004 年　京都大学大学院農学研究科博士課程修了
現在　　東京大学先端科学技術研究センター　教授，博士（農学）
専門　　生態学
主著　　生物多様性の多様性（単著，共立出版，2018）
担当　　7 章

鼎　信次郎（かなえ　しんじろう）
1999 年　東京大学大学院工学系研究科博士課程修了
現在　　東京工業大学環境・社会理工学院　教授，博士（工学）
専門　　水文学
担当　　8 章

林　健太郎（はやし　けんたろう）
2002 年　東京農工大学大学院生物システム応用科学研究科博士課程修了
現在　　総合地球環境学研究所　教授，農業・食品産業技術総合研究機構農業環境研究部
　　　　門　主席研究員，博士（農学）
専門　　生物地球化学，土壌学，大気科学
主著　　図説　窒素と環境の科学－人と自然のつながりと持続可能な窒素利用（編著，朝倉
　　　　書店，2021）
担当　　9 章

馬場健司（ばば　けんし）
2008 年　筑波大学大学院システム情報工学研究科博士課程修了
現在　　東京都市大学環境学部　教授，博士（社会工学）
専門　　環境政策学，合意形成論，政策過程論，行動科学
主著　　気候変動適応に向けた地域政策と社会実装（編著，技報堂出版，2021），Resilient
　　　　Policies in Asian Cities: Adaptation to Climate Change and Natural Disasters（編
　　　　著，Springer, 2019）
担当　　10 章

熊澤輝一（くまざわ　てるかず）
2006 年　東京工業大学大学院総合理工学研究科博士課程単位取得退学
現在　　総合地球環境学研究所　研究基盤国際センター　准教授，博士（工学）
専門　　地域計画学，環境情報学
主著　　サステイナビリティ・サイエンスを拓く－環境イノベーションへ向けて（分担執
　　　　筆，2011，大阪大学出版会）
担当　　11 章

カバーデザイン作成者：
総合地球環境学研究所広報室　寺本　瞬

SDGs 達成に向けた
ネクサスアプローチ
―地球環境問題の解決のために―

Nexus Approach for
Sustainable Development Goals:
Toward Solutions of
Global Environmental Problems

2023 年 2 月 28 日　初版 1 刷発行

検印廃止
NDC 519, 409, 450

ISBN 978-4-320-00613-3

編　者　谷口真人　 ⓒ 2023

発行者　南條光章

発行所　共立出版株式会社
〒112-0006
東京都文京区小日向 4-6-19
電話番号　03-3947-2511（代表）
振替口座　00110-2-57035
www.kyoritsu-pub.co.jp

印　刷　大日本法令印刷

製　本　加藤製本

一般社団法人
自然科学書協会
会員

Printed in Japan